相模湾動物誌

A Book Series from the National Museum of Nature and Science No. 6
Fauna Sagamiana
edited by the National Museum of Nature and Science
Tokai University Press, 2007
ISBN978-4-486-03158-1 C1345

国立科学博物館叢書 ⑥

相模湾動物誌

国立科学博物館編

東海大学出版会

相模湾をのぞむ
(提供:神奈川県立生命の星・地球博物館, 作成:新井田秀一)

まえがき

　相模湾は，東京近郊の人々にとっては気軽に出かけることのできる身近な海である．その沿岸に位置する江ノ島や葉山などは明治時代から避暑地などとして栄え，現在でも海のレジャーを楽しむ人々でにぎわっている．このように大都市東京の人々にとって馴染み深い相模湾は，どのような海なのだろうか．他の海域に比べて相模湾が磯遊びのときに数多くの動物に出会うことができる海であることは，意外と知られていない．相模湾は，世界でも有数の多種多様な海産動物が生息し，また，数多くの生物学的に重要な動物が発見されてきた海なのである．このように相模湾が海産動物の豊富な海であることは，これまでのたゆまぬ調査とその結果収集された「標本」についての研究によってわかってきたのである．

　相模湾での調査は，今からおよそ130年前，文明開化華やかな明治初期にお雇い外国人教師として来日した一人の博物学者の興味がきっかけとなった．興味が高じた調査によって彼が相模湾の価値を発見した後，相模湾の海産動物への関心が先ずヨーロッパを中心に高まったのである．ヨーロッパの研究者によって始められた調査は，日本の研究体制が整うにつれ，数多くの日本の研究者によってなされるようになった．今日に至るまで数多くの相模湾の動物について研究が進み，記載された．これほどまでに長期にわたって調査が行われている海域は珍しいが，相模湾では調査が行われれば行われるほどさらに新しい発見がなされているのである．

　これまでの調査で数多くの貴重な「標本」が収集されてきた．明治期にヨーロッパの分類学者によって研究が行われた標本は，現在でもまだヨーロッパ各地の博物館に大切に保管されていることがわかってきた．日本においても天災や戦災を免れた標本が博物館で大切に保存されている．最近になって，改めて日本の分類学者がこれらの標本の再研究へと乗り出している．この再研究によって，分類学的研究の基礎であるとともに，時代の生き証人ともなりうる標本の重要性が改めて浮き彫りとなってきた．

　国立科学博物館では，日本列島の生物相の実体や特性を明らかにするためにさまざまな調査研究を行ってきている．平成13年度から17年度に行われたプロ

ジェクト「相模灘およびその沿岸地域の動植物相の経時的比較に基づく環境変遷の解明」もその1つで，世界有数の豊かな海産動物相を誇る相模湾に焦点をあて，館内外ののべ66名もの研究者が参加して，調査研究が実施された．このプロジェクトでは現在の相模湾およびその周辺の動植物相を明らかにするとともに，博物館に保管されている「標本」資料をもとにして，過去の生物相を復元し現在の生物相と比較することにより，この地域の生物相がどのように変化してきたのかを考察することを目的とした．このような研究から，近代の人間活動の海産動物に与える影響を評価することによって，相模湾の類いまれなる生物相をどのように保護していく必要があるか，将来へのヒントを得ることができるだろう．

　本書では，相模湾ならびにその周辺の海域で過去130年間に行われた調査研究を振り返るとともに，これら長期にわたる数多くの研究によって明らかとなった相模湾の豊かな海産動物相をさまざまなエピソードを交えて紹介する．

　本書が，身近な海である「相模湾」を知って頂き，私たちが海の動物とどのように関わっていったらよいかを考えるきっかけとなれば，幸いである．また，博物館標本の役割について改めて考え，これからの博物館の方向性を探っていくきっかけとしたいと思っている．

藤田敏彦・並河　洋

目　次

まえがき　　vii

第1部　相模湾生物相調査史　　1

第1章　豊かな動物相を支える相模湾―生物海洋学的な特性―／藤田敏彦・並河　洋　　3

第2章　相模湾調査前史
　　―西洋人の日本の生物への関心：ヒルゲンドルフとモースと―／矢島道子　　7

第3章　ホッスガイを求めて―デーデルラインの相模湾調査―／藤田敏彦・西川輝昭　　16

第4章　デーデルライン・コレクションの再発見／並河　洋・馬渡峻輔　　22

第5章　欧州に渡ったデーデルライン・コレクション
　　／尼岡邦夫・藤田敏彦・駒井智幸・今原幸光・渡辺洋子　　28

第6章　三崎臨海実験所の自然史研究における足跡／藤田敏彦・赤坂甲治　　57

第7章　ドフラインの相模湾深海調査／藤田敏彦　　68

第8章　研究が待たれるドフライン・コレクション／藤田敏彦・今原幸光・馬渡峻輔　　77

第9章　相模湾を見つめて60年―生物学御研究所の相模湾調査―／並河　洋　　85

第10章　相模湾で発見された化学合成生物群集
　　―無人探査機ハイパードルフィンで潜る―／藤倉克則　　94

第11章　21世紀初頭の相模湾―国立科学博物館の「相模灘の生物相調査」―／並河　洋　　105

●コラム1　環境変遷による相模湾産生物相の変化／池田　等　　112

●トピックス1　東京湾のアマモの消滅と再生事業／田中法生　　114

第2部　相模湾の豊かな動物相　　119

第12章　相模湾の魚たちと黒潮―ベルトコンベヤーか障壁か―／瀬能　宏・松浦啓一　　121

●コラム2　幕末・明治・大正にアメリカへ渡った魚類標本／篠原現人　　134

●コラム3　エノコロフサカツギの正体を求めて／西川輝昭・並河　洋　　136

第13章　相模湾の棘皮動物／藤田敏彦　　138

●コラム4　相模湾沿岸の海浜性半翅類／友国雅章・林　正美　　144

●コラム5　ヒルゲンドルフ，デーデルラインおよびドフラインが日本で採集したクモ類／小野展嗣　　146

第14章　相模湾の十脚甲殻類／駒井智幸・小松浩典・武田正倫　　148

第15章　相模湾の多毛類／今島　実　　157

第16章　相模湾の貝類／長谷川和範・齋藤　寛　　162

●コラム6　魚類寄生虫の多様性を探る／倉持利明　　176

第17章　相模湾の刺胞動物／並河　洋・今原幸光・柳　研介　　178

第18章　相模湾の海綿類／渡辺洋子・並河　洋　　186

●トピックス2　相模灘の海藻相研究／北山太樹　　194

相模湾の生物相調査通史　　198

索　引　　201

第1部
相模湾生物相調査史

相模湾は，130年の長期にわたって調査されてきたという世界的にもまれな海である．この調査のきっかけをつくったデーデルラインという人物をはじめ，相模湾の動物相解明に貢献した重要な人物や、博物館などの研究機関の活動に焦点をあてて，調査の歴史を振り返ってみる．

第1章　豊かな動物相を支える相模湾
―生物海洋学的な特性―

藤田敏彦・並河　洋

　日本は非常に豊かな海産動物相に恵まれている国といえる．たとえば，海産動物の属や種の数を日本と地中海，北米の東岸，北米の西岸と比較すると，多くの分類群で日本の方がかなり多いことがわかる（駒井，1948；西村・鈴木，1971）．その理由として，南北に長い日本は，熱帯系の種から冷水系の種までを産し，また固有種も多いことをあげており，さらに，海岸地形や海底地形の複雑なことを指摘している．その中でもとくに，海産動物相が豊かなのが相模湾であり，小さな海域に途方もなく多様な動物が存在している．相模湾の位置や気候，地形が豊かな海産動物相を擁する条件にかなっている（磯野，1988）．
　ルートウィヒ・デーデルライン（Ludwig Heinrich Philipp Döderlein：1855-1936）の発見以来，とくに深海性の動物が注目されてきたが，これは相模湾の海底地形が大きく影響している．相模湾の中央部には相模トラフとよばれる水深1000 mを超す海底谷がある（図1）．湾の地形は急峻な所が多く，とくに，湾の北西側では大陸棚がほとんどなく，陸から1000 mを超す海底まで急激に深くなっているため，わずかな距離で深海に到達できるのである．また，急峻なため，深海性の動物が比較的浅みに出現しやすい．日本近海は4つのプレートがからみあって海底地形を作り上げているが，相模湾は2つのプレートの境界に位置し，南から動いてくるフィリピン海プレートが北米プレートに沈み込む場所となっている（日本水路協会，1985）．このプレートの衝突によって，相模湾では複雑な地形が作られている．相模トラフの北東側には，海底谷に隔てられて，相模海丘，三浦海丘，三崎海丘，沖ノ山（＝沖ノ瀬）といった海丘が北西から南東方向に並んでいる．これらはか

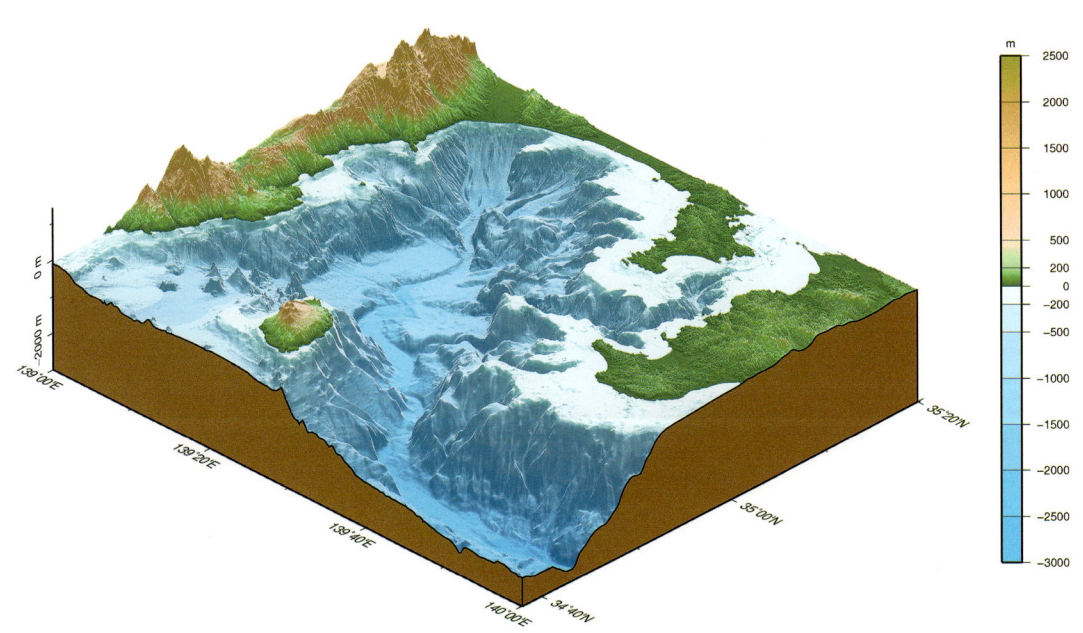

図1　相模湾の海底地形（提供：財団法人日本水路協会海洋情報研究センター）．

図2　三浦半島（神奈川県）のさまざまな海岸地形．A：転石海岸（葉山町芝崎海岸）．B：砂浜（三浦市三浦海岸）．C：荒磯（三崎町諸磯）．D：干潟（三崎町小網代湾奥）．（提供：神奈川県立生命の星・地球博物館，新井田秀一，国土地理院）

つての相模トラフに堆積した堆積物が本州側に付加することによってできたと考えられており，複雑な地形となっている．このような海山状の地形では，海流の変化が激しく，海底の底質も変化に富むため，独特の多様な動物が生息しており，とくに，沖ノ山は動物学の宝庫として古くから知られてきた（磯野，1988）．たとえば，トリノアシは堅い基質があり，かつ海底地形が凸になって比較的底層流が強いところにのみ生息している（Fujita et

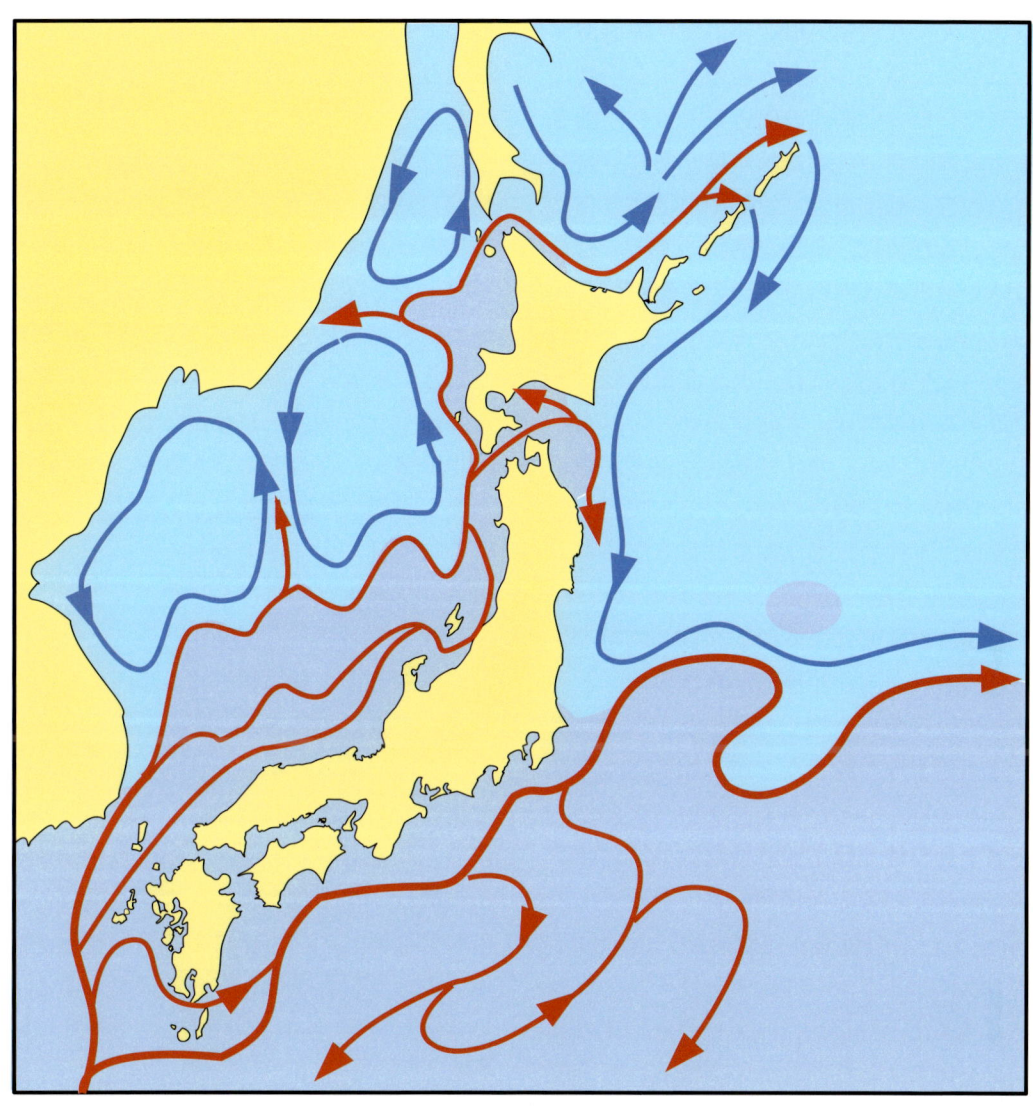

図3 日本周辺の海流と水塊．西村（1981）を改変（提供：倉持利明）．

al., 1987)．一方，相模トラフの西側では，南北方向に急な崖が連なっている．

　1984年に，海洋科学技術センター（現：海洋研究開発機構）の潜水調査船「しんかい2000」によって，相模湾初島沖の水深約1100mに大量のシロウリガイを主体とした特異な生物群集が発見された（第10章参照）．この深海冷湧水群集は，堆積物から浸出するメタンや硫化水素を利用する化学合成細菌を基幹とする特殊な生物群集であり，このような群集にしか見られない固有な種も多い．現在では初島沖だけでなく，沖ノ山など相模湾の数カ所に存在することが確認されている．沈み込み帯にあたる相模湾であるからこそ，このような特異な生物群集も存在し，深海動物相をさらに豊かなものにしていることが，潜水艇による調査を可能にした科学技術の発展に伴って，ようやく最近わかってきたのである．

　海岸の動物に目を向けると，変化に富む海岸地形も動物の多様性を高めている要因であろう．荒磯，潮だまりが多い岩礁，転石地，砂浜，泥浜，干潟と，相模湾にはこれらのあらゆるタイプの海岸地形が見られ，それぞれに異なる動物相が形成されているのである（図2）．

東京大学大学院理学系研究科附属三崎臨海実験所は最初に建てられた入船の地から小網代へと移動した．小網代の周辺をみると，油壺湾や諸磯湾の湾口付近には藻場があり，転石帯，岩礁帯，砂浜などと地形や環境が変化に富んでいるために，多様な生物がすんでおり，諸磯崎や油壺湾は潮間帯生物の採集にはうってつけの環境を提供している．

本州の太平洋側のほぼ中央，北緯35度付近に位置する相模湾は，南北両方からの海流の影響を受けている．フィリピンの東方から北上し，日本の南岸沿いにやってくる暖流である黒潮は，本州の太平洋岸を蛇行しながら東に流れ，房総半島の近海で日本から離れる（図3）．相模湾の南側にある伊豆諸島の間を流れており，その一部が相模灘から相模湾へと入り込んでいるため，遠くの南の海から運ばれてくる亜熱帯性の動物などが，相模湾の沿岸までたどり着くことがある．相模湾東部にある三浦半島の沖では，亜熱帯起源の造礁サンゴが分布していることが知られており（小川，2006），また，相模湾の内部の磯にも，毎年，夏から秋になると，ベラ科，チョウチョウウオ科，スズメダイ科など，熱帯や亜熱帯域のサンゴ礁を代表する魚の幼魚が多数現れる（第12章参照）．そのほとんどは成魚まで成長せず水温が低下する冬には姿を消してしまう死滅回遊魚であるが，黒潮が海産動物相に大きな影響を与えることがわかる．一方，寒流である親潮は南千島の南側を南西に流れ三陸沖に達するが，厳冬の年などその勢力が強いときは冬から春に南に張り出し房総沖まで達することがある（図3）．親潮は南下するにつれて深い方へと沈み親潮中層水となるが，中層性の魚では，たとえばマメハダカのような北方に分布する種もこの親潮中層水によって南へと分布を広げており相模湾でも採集されている．ほかにもいくつかの北方に分布する魚類が相模湾から記録されている（山田，1999）．

このように，暖水系，冷水系の両方の動物種が入り込むことが相模湾の海産動物の多様性を高める一因となっている．

フランツ・ドフライン（Franz Doflein：1873-1924）も考察しているように，相模湾の深海底は，深海にもかかわらず陸からの距離が短いため陸起源の堆積物が多くそのため海底の底質環境に変化があることや，上で述べたように暖流と寒流が混ざり合う海域でもあるためマリンスノーが豊富となることも深海動物が豊かになる理由であろう．

豊かな深海動物相を擁する相模湾のもう一つの特徴は，大都市東京から近いという点である．首都東京から近かったからこそ，デーデルラインが注目し足繁く訪れることができ相模湾が豊かな動物相を持つ場所であることを発見できたのであり，また，当時の動物学の牽引役であった東京大学も本学からそれほど遠くなく臨海実験所を置くことができる位置でありえたのである．大都市東京から近い相模湾は，都市化の影響を大きく受けている場所でもあり，都市化による環境変遷が生物相に大きな影響を与えている湾でもある．

文献

Fujita, T., S. Ohta and T. Oji. 1987. Photographic observations of the stalked crinoid *Metacrinus rotundus* Carpenter in Suruga Bay, central Japan. *J. Oceanogr. Soc. Japan*, 43: 333-343.

駒井 卓．1948．日本の動物．上巻．冨書店，京都，140 pp.

磯野直秀．1988．三崎臨海実験所を去来した人たち．日本における動物学の誕生．学会出版センター，東京，vi+230 pp.

日本水路協会．1985．海のアトラス．丸善，東京，111 pp.

西村三郎・鈴木克美．1971．海岸動物（標準原色図鑑全集16）．日本の海産動物相のなりたち．西村三郎：保育社，大阪，pp. 170-179.

西村三郎．1981．地球の海と生命—海洋生物地理学序説．海鳴社，東京，284 pp.

小川数也．2006．相模灘海域のイシサンゴ類相．国立科博専報，(40): 103-112.

山田和彦．1999．相模湾の北方系魚類．潮騒だより，(10): 2-6.

第2章　相模湾調査前史
―西洋人の日本の生物への関心：ヒルゲンドルフとモースと―

矢島道子

　日本が長い鎖国を解いて1854年（安政元）に門戸を解放したとき，欧米で花開いていた生物学もさまざまな形で日本に入ってきた．東京大学理学部の初代生物学教授になったエドワード・モース（Edward Silvester Morse：1838-1925）は非常に有名だが，そのほかにもたくさんの生物学者がやってきている．そして，彼らは，相模湾の豊富な生物相を享受するとともに，日本人にそのすばらしさを伝えている．ここでは，比較的早い時期に来日して，モースよりも長く滞日したけれど，まったく無名の分類学者フランツ・ヒルゲンドルフ（Franz M. Hilgendorf：1839-1904）に焦点をあてて，明治初期の相模湾生物調査の様子を紹介したい．

図1　オキナエビス（撮影：佐々木猛智）．

図2　4円切手　ベニオキナエビス．

オキナエビス（長者貝）

　オキナエビスというのは日本近辺の深い海にすむ美しい巻貝である（図1）．オキナエビスの仲間は4円切手の図案に使われている（図2）．少し大きめの巻貝で，殻の口のところに切れ込みがある．切れ込みの意味を知らないと殻が割れたのかと思うが，この貝は切れ込みを保持しながら成長しているのである．この切れ込みが重要なのだ．恐竜の生きていた中生代の巻貝は多くがこの切れ込みをもっている．新生代あるいは，現在生きている巻貝にはふつうこの切れ込みはない．だから，オキナエビスは「生きている化石」なのだ．1877年，ドイツの雑誌にオキナエビスは「生きている化石」の説明付きで，新種として報告された．

　この論文を読んだ大英博物館自然史部門（現在の自然史博物館）は，生きているオキナエビスに1個100ドルという大枚の報償金を付け，東京大学に標本の提供を要求した．三崎にあった東京大学臨海実験所の採集人青木熊吉（1864-1940, 通称：熊さん）が採集して，金30円を得た．当時三崎から東京までの船賃が10銭の時代だったから，金30円といったら，家が建つほどの高額であった．このことからオキナエビスには長者貝という別名が付いている．

　1877年にドイツの雑誌に報告したのが，お雇い外国人ヒルゲンドルフである（図3）．ヒルゲンドルフはオキナエビスを江ノ島のおみやげやの店頭で見つけたという．

フランツ・ヒルゲンドルフ

　ヒルゲンドルフは1839年12月5日にマルク・ブランデンブルクのノイダムで商人の家

図3 ヒルゲンドルフ (ヒルゲンドルフ展企画実行委員会・矢島道子 (編), 1997より).

の三男として生まれた．1859年ベルリン大学に入学したときは言語学を学ぼうとしていた．その後チュービンゲン大学に移り，1863年，論文『シュタインハイムの淡水成石灰』でチュービンゲン大学より学位を得た．ドイツの中新世の巻貝化石で進化系列を提唱したもので，ダーウィン（Charles Robert Darwin：1809-1882）の『種の起原』第6版に引用されている新進気鋭の論文であった．すぐには就職口もなく，ベルリン大学動物学博物館（現在はフンボルト大学自然史博物館）での研究補助員，ハンブルクの動物園園長，ドレスデン皇立レオポルド・カロリン・ドイツ自然科学院の図書館長，ドレスデン工科大学の私講師を経て，東京医学校（東京大学医学部の前身）の博物学教師として来日した．

ヒルゲンドルフの在日期間は1873年（明治6）3月2日から1876年（明治9）10月24日の3年半で，ヒルゲンドルフ33～36歳の時であった．東京医学校の基礎科学教育として，多いときには週24時間も授業していた．住居は現在の東京大学学内の安田講堂の裏あたりにあった加賀屋敷である．『ベルツの日記』（トク・ベルツ編，岩波文庫）を読むと，エルウィン・ベルツ（Erwin von Bälz：1849-1913）は1876年（明治9）6月26日，「前任者ヒルゲンドルフ博士の客分としてこの家へ迎えられた」と書いてある．ヒルゲンドルフとベルツは4カ月あまり同居していたことになる．ただ，ヒルゲンドルフは東京医学校の講義をほぼ終え，日本各地に採集旅行に出ており，留守がちであったはずだ．

離日後はベルリン大学動物学博物館の魚類学部長として活躍し，1880年40歳のときに結婚し，2男1女をもうけた．図4は1892年の第2回ドイツ動物学会の写真である．当時のドイツ生物学界をリードしていた人々の顔が並んでいる．ヒルゲンドルフ，マルテンス（Carl Eduard von Martens：1831-1904），メービウス（Karl August Moebius：1825-1908），デーデルラインなど日本になじみの生物学者の顔が見える．後ろのほうに立っている日本人は丘浅次郎（1868-1944）である．ヒルゲンドルフは，1893年には教授の称号を得たが，1904年7月1日，ベルリンのクラウディウス通りにある自宅で死亡した．享年64歳．生涯で論文数は110を超え，魚類について42篇，甲殻類について23篇，その他の生物の記載が42篇，『シュタインハイムの淡水成石灰』に含まれている化石について9篇を数えている．ヒルゲンドルフがベルリン大学動物学博物館で整理した標本は甲殻類が1万弱，魚類は1万6000を超える．ベルリン大学動物学博物館の記載台帳には，ヒルゲンドルフの手で多くの書き込みがなされている．

帰国後も，ヒルゲンドルフは日本の魚学，水産学の発達にも積極的に協力した．1880年にベルリンで行われた万国漁業博覧会で日本からの出品の担当者となり，東京医学校時代からの弟子である松原新之介をよく助けた．松原は大日本水産会や水産伝習所（東京海洋大学の前身）の設立に尽力している．

図4 ドイツ生物学会1892年（ヒルゲンドルフ展企画実行委員会・矢島道子（編），1997より）．

ヒルゲンドルフの日本での活動

東京医学校は和泉橋橋詰籐堂和泉守の屋敷（現在JR秋葉原駅近く）にあった．医学生の多くは邸内に下宿していた．ヒルゲンドルフは加賀屋敷から毎日医学校へ通った．ヒルゲンドルフの記載した生物のタイプ産地は加賀屋敷内や上野不忍池，浅草の寺，深川の寺，あるいは，上野の墓地の花を生けてある竹筒だったりしている．ヒルゲンドルフの給料は300円（後に400円）と高かったが，東京医学校での授業科目は，博物学，植物学，顕微鏡用法，理学階梯（物理の基礎のようなもの），数学，幾何学，ドイツ学，地理学など大変多く，ヒルゲンドルフの研究は，朝早く魚河岸へ足繁く通って魚の観察をしたり，休暇に函館，日光，箱根，仙台，秋田，千葉等に旅行し，多くの標本を採集する形となった．1874年（明治7）夏，北海道に採集旅行をし，函館でハーバー事件に遭遇した．これは，ドイツ国領事ルートビッヒ・ハーバー（ノーベル化学賞を受賞したフリッツ・ハーバーの叔父）が旧秋田藩士田崎秀親の凶刃に倒れた事件である．ヒルゲンドルフもあわや一命を落とすところであった．世情はまだ落ち着いてはいなかったが，ヒルゲンドルフは積極的に採集に励んだ．

在日しているドイツ人たちは，マックス・フォン・ブラント（Max von Brandt：1835-1915）公使を会長にドイツ東亜博物学民族学協会（OAG，現在も会は社団法人ドイツ東アジア協会として活発に活動している）を1873年（明治6）3月22日設立し，定期的に江戸と横浜で例会を行い，会誌を出版し，時に小さな展覧会を芝で行っていたりした．総会の後は，横浜のゲルマニア亭でパーティを催している．ヒルゲンドルフはブラント公使と同じ，イギリスの蒸気船マドラス号で来日した．船の中でドイツ東亜博物学民族学協会の計画は練られたと思われる．すでに1872年（明治5）10月，イギリス系外国人の日本アジア協会が発足して，会報も発行していたので，これに対抗したようである．ヒルゲンドルフは発会時には書記であり，2年後には副会長になっている．ヒルゲンドルフが離日し

た1876年（明治9）には会員は189名となっていた．ヒルゲンドルフはこの会で積極的に活動し，会誌にスルメイカ，モグラ，ニホンカモシカ，ミズムシ，ハネコケムシ，タラ，クスサン，ヘビ，サケ等の生物について報告したほか，アイヌの毛髪，東天に見られた異常な現象などについての10篇の論文を発表し，14回講演している．

チャレンジャー号来日

　ヒルゲンドルフはドイツ東亜博物学民族学協会というドイツ人社会で精力的に活動するだけでなく，イギリス系の日本アジア協会とも活発に交流したと思われる．開成学校の化学教師であるアトキンソンの日本アジア協会での講演の案内状がヒルゲンドルフのところに届いている．

　また，1875年（明治8）4月11日，イギリスの調査船チャレンジャー号が横浜港に入港した．横須賀造船所で船の修理のために6月16日まで江戸近辺に滞在し，艦長，研究員，上級士官などは明治天皇に拝謁もしている．もちろん，ヒルゲンドルフは研究員たちと会っている．航海途中，太平洋上で病死したルドルフ・フォン・ヴィレメース－ズーム（Rudolf von Willemoes-Suhm：1847-1875）はもともとドイツ系であるので，ヒルゲンドルフとは楽しく歓談し，6月12日にはドイツ東亜博物学民族学協会で講演もしている．修理の終わったチャレンジャー号は相模湾から，石廊崎，大島港，神戸，明石海峡，瀬戸内海を経て，もう一度横浜へ帰ってから，太平洋へ旅立った．

ヒルゲンドルフ以前に知られていた日本の動物相

　日本の生物相を海外に知らせたのは，ケンペル（E. Kaempfer），ツンベルク（C. P. Thunberg），シーボルト（P. F. von Siebold）とビッグネームが並ぶが，実はヒルゲンドルフが来日する数年前，幕末の1859年（安政6）にプロイセンは東アジアに遠征隊を出し，1860年（万延元）9月に日本に到着して，日本に5カ月滞在している．この遠征隊を率いたのは，フリードリヒ・アルブレヒト・オイレンブルク（Friedrich Albrecht Graf Eulenburg：1815-1881）で，1861年（万延元）1月に幕府と日普修好通商条約を締結した．その後清国に赴き，同様の条約を成立させ帰国し，1862年にビスマルク内閣の内務大臣に就任している．この遠征隊の随員として，マックス・フォン・ブラントも来日したし，学術随員として，地理学者のリヒトホーフェン（F. F. von Richthofen）や，軟体動物学者のマルテンス（E. von Martens，図5，のちにベルリン大学動物学博物館の館長として，ヒルゲンドルフの上司となっている）も来日している．マルテンスの採集したテングコウモリやニホンアシカをヒルゲンドルフの恩師であるペータース（Peters）教授が記載している．ヒルゲンドルフは，マルテンス〜ペータース〜ヒルゲンドルフというほぼ必然的な関係で日本に送り込まれたといえよう．

ヒルゲンドルフの研究した，あるいは採集した相模湾の生物

ホッスガイ（ガラスカイメン）

　ヒルゲンドルフは1874年（明治7）7月5日のドイツ東亜博物学民族学協会横浜例会で，ホッスガイを江ノ島（図6）の見せ物小屋で見つけたと報告している．また，江ノ島沖の採集では，途中で暴風に出会い，船頭たちはただちに引き返そうとしたが，ヒルゲンドルフは採集が大事であると船頭たちを説得し，みごとにホッスガイを入手できたこともあったという．

ハリダシクーマ

　ヒルゲンドルフは1894年，ベルリン自然科

図5　マルテンス（ヒルゲンドルフ展企画実行委員会・矢島道子（編），1997より）．

図6　明治初期の江ノ島（提供：横浜開港記念館）．

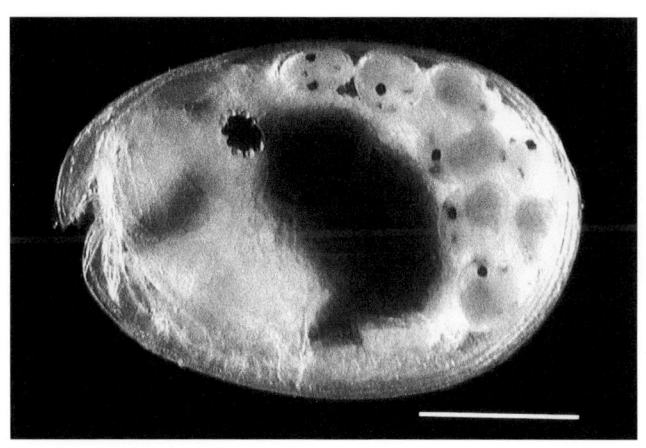

図7　ウミホタル（提供：若山典央）．

学者友の会の会合で，その直前に死亡したマルクーセン（Marcusen）の手紙を報告した．江ノ島沖12尋でネットを使用して採集したクーマ類を *Eocuma hilgendorfi* という新属新種にしたという報告である．マルクーセンは雌個体のみを記載しているが，ヒルゲンドルフが雄個体をもっていたので，雄個体はヒルゲンドルフが記載した．

ウミホタル

ウミホタル（図7）は，東京湾アクアラインのパーキングエリアの名前になっているが，背甲を有する甲殻類で，オストラコーダの仲間である．大きさは成虫だと3 mmくらいになり，オストラコーダとしては大きく，肉眼でもよく見える．刺激すると青白い光を海中で発するので，この和名が付いている．学名は *Vargula hilgendorfii* という．ヒルゲンドルフに献名されている．ウミホタルはヒルゲンドルフが日本で採集し，ベルリンの甲殻類研究者ミューラー（G. W. Müller）が *Cypridina hilgendorfii*（現在は *Vargula hilgendorfii*）として1890年に記載した．ヒルゲンドルフの持ち帰った資料をもとにしている．ミューラーは資料の採集地については日本の海岸（水深12尋）としか記載しなかったが，標本台帳には採集地 Enoshima と書いてある（図8）．私が調査したのは1996年であるが，それまで，ウミホタルのタイプ標本はフンボルト大学自然史博物館にあるかどうか疑問視されていた．

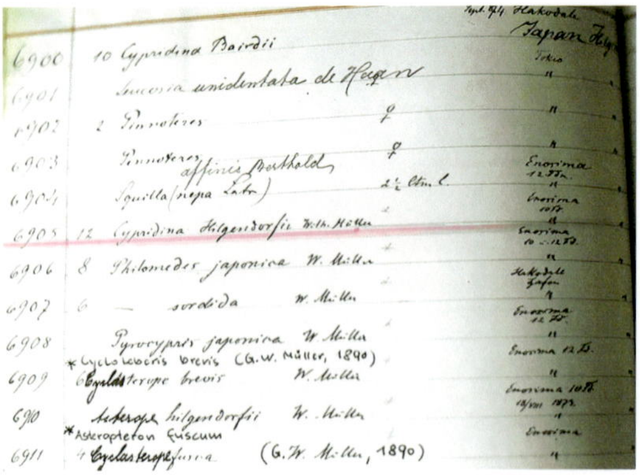

図8　フンボルト大学自然史博物館の標本台帳.

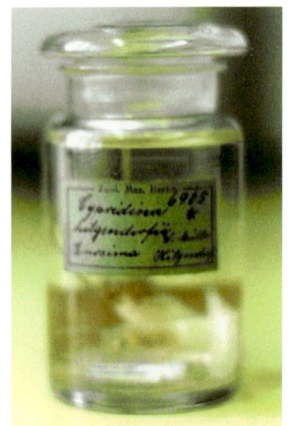

図9　ウミホタル液浸標本.

図10　ウミホタル解剖スライド.

ベルリンは戦争の被害がひどく，標本をどこかに疎開したかもしれないともいわれていた．ミューラーは，戦後，ナポリのオストラコーダを研究したので，ウミホタル標本はナポリにあるかもしれないともいわれていた．ウミホタル研究者でタイプ標本を見たことのある者は，1996年まで誰もいなかった．タイプ標本は液浸標本1瓶（図9）と解剖スライド2枚（図10）である．

なお，他のオストラコーダとしては*Asteropteron*属のタイプ種 *Asteropteron fusca* Müller, 1890 のタイプ産地も江ノ島である．

ヒルゲンドルフと進化論

日本で最初に進化論の講義をしたのは，東京大学理学部生物学初代教授のエドワード・モースといわれている．しかし，ヒルゲンドルフは明らかにモースよりも前に進化論の講義をしていた．ヒルゲンドルフは，学位論文が巻貝化石の進化系列であり，この論文は当時の権威あるドイツ生物学者の論議をよび，また，ダーウィンの『種の起原』には引用されていた．この論争に関する論文を日本からもドイツへ送っていたヒルゲンドルフが進化論の授業をしないわけはない．

ヒルゲンドルフの授業を東京医学校で聴講した森鴎外（1862-1922）のノート（図11）から，明らかになっている．森鴎外は1874年（明治7）1月東京医学校に入学した．医学校卒業試験の直前に火事に遭い，多くのノートを紛失して，大学ノートは1冊しか残っていない．これに，ヒルゲンドルフの講義が几帳面なドイツ語でノートされていた（図12）．ヒルゲンドルフは，博物学の講義で，いろいろな動物の話をし，サルの話の後に，進化論の講義をしている．キュヴィエ（Georges Cuvier）の反進化論の後に，ダーウィンの進化論が提唱されたこと，生物が進化している理由などを述べた後，自分の巻貝化石の進化の例を紹介していた．モースの来日はヒルゲンドルフの帰独後である．

伊藤圭介との出会い

ヒルゲンドルフは明治初年代に来日した生物学者であるが，進化論を積極的に支持し，か

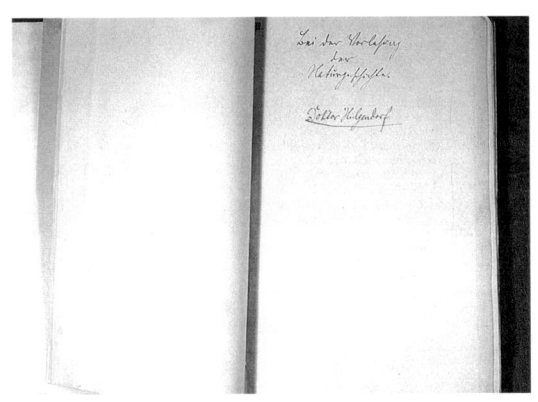
図11 森鷗外の聴講ノート— 表紙.

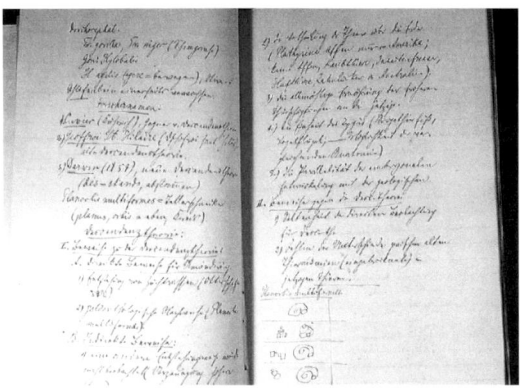
図12 森鷗外の聴講ノート— 進化論.

図13 来日時のモース（遠藤，1990より）.

図14 「臨海実験所」室内（E・S・モース著，石川欣一訳『日本その日その日』平凡社，1970より）.

つドイツの博物館に勤務していたこともあって，近代的な博物学を熟知していた．また，ドイツ東亜博物学民族学協会を創設して，アカデミー＝学会活動も積極的に行っていた．明治初年代は，日本の自然史博物館の形成期でもあった．ヒルゲンドルフは東京医学校の博物学教師という肩書きであるが，日本の自然史博物館形成に，彼をなぜ使わなかったのだろうかと，常々，不思議に思っていた．最近，伊藤圭介（1803-1901）の日記を見るチャンスがあった．伊藤圭介はヒルゲンドルフの存在を知っていた．1873年（明治6）から1875年（明治8）6月1日までは，好人物であり，博物館に起用してもいいと伊藤は考えていた．ところが，何があったのか，1875年（明治8）8月29日には，ヒルゲンドルフの人柄がよく

ないと書いてあり，関係は決裂している．とても残念である．

エドワード・モースの登場

ヒルゲンドルフが離日してすぐモース（図13）が来日した．1877年（明治10）6月17日のことである．モースはいろいろな経歴をもっているが，20歳代の頃，ハーバード大学比較動物学教室初代教授のルイ・アガシー（Louis Agassiz）の助手になった．そして来日の数年前にはベニキース島臨海実習会で2回講師をしていた．だから，7月12日に東京大学理学部生物学教授となると，早速7月17日には江ノ島にやってきた．7月21日には漁師小屋を借りて，7月26日に日本で最初の「臨海実験所」を創設した（図14）．これらのことは『日

第2章　相模湾調査前史 —— *13*

本その日その日』（東洋文庫）に詳しい．モースに関する研究書は多いので，「実験所」の場所もほぼ確定している．この「実験所」は漁師の小屋をちょっと改造したものであり，ほぼ30日間しか設置されていなかったのであるが，モースは「太平洋地域で最初の動物研究所」と自負した．

モースの日本に滞在した期間は短い．1877年（明治10）は11月5日には帰米している．1878年（明治11）は4月23日に妻子とともに来日し，江ノ島にやってきたのは9月15日から17日までである．このときには海藻を採集している．1879年（明治12）9月3日には帰米した．1882年（明治15）から1883年（明治16）にかけて来日したときには，江ノ島へは行かなかった．

モースの江ノ島での調査

モースは『日本その日その日』でこまごまと雑事まで記しているが，モースと付き合った日本人の日記にも，モースの行動は，きちんと記載されている．モースが亡くなったときに，松村任三（1856-1928）が日記を公開して，モースの思い出を記している．松村任三はモース来日時，浜尾新総理補により，江ノ島に居るモースの助手を命じられたのであり，後に東京大学理学部植物学教室の2代目の教授になった人である．それによれば，

1877年（明治10）7月21日　横浜グランドホテルを4時に出発し，腕車（人力車のこと）で江ノ島へ出かけた．午後9時に江ノ島着．岩本楼に泊まる．

- 7月24日　小舟で岩屋を調査．クモ，コオロギを採集して，その後，横浜に帰る．
- 7月25日　横浜より江ノ島に戻る．
- 7月26日　新築の実験室に行き，海辺で貝類の採集をする．夜，大雨で，実験器具を持って岩本楼に避難する．
- 7月27日　早朝，海辺で貝類採集．東京より採集器具が来る．

（7月30日松村抜きでドレッジ）

- 8月1日　山岡義五郎氏を伴い，小舟に乗り，手探り網で魚採集．
- 8月2日　七里ガ浜の沖でドレッジ，豊漁．船酔いがひどかった．鯨も見ることができた．
- 8月3日　モースは帰京し，弟子だけで手探り網．
- 8月5日　モースも含めて，皆で手探り網で採集．大漁．
- 8月8日　片瀬川で淡水の貝類採集．
- 8月10日　玄翁で磯を破って採集．
- 8月11日　片瀬付近で地引網を観覧．魚類採集．午後5時過ぎに海水浴．
- 8月15日　海底ドレッジ．
- 8月20日　陸の植物採集．
- 8月26日　帰京

（8月28日実験所を閉鎖し，8月29日江ノ島を離れる．8月30日東京に着く．標本は船で8月31日に東京へ着く．）

7月30日，8月28-31日は松村任三の日記に記載がないので，モースの『その日その日』のデータを加えた．ドレッジは都合3回行い，念願のシャミセンガイを大量に採集することができた．このとき，お土産物屋にはやはり，ホッスガイが並んでいて，モースは購入している．松村任三によると，貝は35属採集したとして，属名を列記してある．モースは残念ながらオキナエビスは見つけなかったようである．

ヒルゲンドルフとモース

ヒルゲンドルフもモースも同じお雇い外国人教師で，給料はあまり変わらなかったが，ずいぶん待遇が違った．ヒルゲンドルフは一博物学教師であり，弟子としては，松原新之

助が知られているだけである．モースは東大理学部教授として，まわりがよく接待していた．松村任三のほか，乙骨太郎乙，二見鏡三郎，外山正一，山岡義五郎，そして地質学科の学生の富士谷孝雄まで登場する．モースは2回目の来日では家族を連れていたことも違っていた．またヒルゲンドルフは来日直前も帰独後もずっと，分類学者として，自然史博物館をベースに活動しているが，モースのほうは，今風にいえば，アウトリーチに優れた人であった．アメリカ科学振興協会の理事から会長まで歴任しており，来日以前にもアメリカで進化論の講義をしていた．著書『日本その日その日』もアウトリーチの1つとも考えられる．

しかし，日本の生物相のほうは，2人に同じように接した．まず，現在とは違って，日本全国どこでも豊かな生物相が見られた．江ノ島は，箱根や日光と並んで，東京や横浜から近く，日本人もその自然を享受する観光地であったし，外国人も多く訪れていた場所であった．江ノ島は海水浴が日本ではじめて行われた場所でもある．相模湾が特別に豊かな生物相であることは，まだよくわかっていなかった．それでも，江ノ島に太平洋域で最初の「臨海実験所」を開設したのは，アメリカで臨海実験所の重要性を熟知していたモースならではの業績であろう．

文献

遠藤欣一郎．1990．モースを愛した人々．モース研究，4: 19-20.

Hilgendorf, F. M. 1877. Vorlegung eines von ihm in Japan gesammelten Exemplares einer Pleurotomaria. *Sitzu. Ges. naturf. Freunde Berlin*, Vol. 2-3.

ヒルゲンドルフ展企画実行委員会・矢島道子（編）．1997．日本の魚学・水産学事始め ―フランツ・ヒルゲンドルフ展．ヒルゲンドルフ展企画実行委員会，小田原，72pp.

磯野直秀．1990．江ノ島の臨海実験施設．モース研究，4: 9-12.

圭介文書研究会．2004．伊藤圭介日記第10集．名古屋市東山植物園，名古屋，227 pp.

松村任三．1926．江ノ島滞在中のモールス博士．人類学雑誌，41: 54-56.

モース，E. S. 1970．日本その日その日．石川欣一訳．平凡社東洋文庫，東京，258 + 296 + 236 pp.

Müller, G. W. 1890. Neue Cyprididen. *Zool. Jb., Syst.*, 5: 211-252.

第3章　ホッスガイを求めて
―デーデルラインの相模湾調査―

藤田敏彦・西川輝昭

　今からおよそ130年前の1879年（明治12）11月22日，一人のドイツ人学者が，東京大学医学部予科の3代目のお雇い博物学教師として日本の土を踏んだ．まだ24歳のルートウィヒ・デーデルラインである（図1）．デーデルラインという名は，一般にこそあまり知られてはいないが，日本でさまざまな生物を収集した生物学者として学問的には有名な人物である．彼は，とくに海産動物を熱心に収集しており，神奈川県三浦半島の三崎周辺の海に，他では見られないような多様な動物がすんでいることを発見し，相模湾の豊かな動物相を世界に紹介した最初の研究者なのである．デーデルラインの発見が契機となり，その後，多くの研究者が相模湾に生息する動物を使って数多くの動物学的な発見を成し遂げることとなり，また三崎の地には日本で最初となる臨海実験所が東京大学によって設置されることとなるのである．本章では，デーデルラインを紹介し，2年間の日本滞在中の彼の足跡をたどりながら，相模湾で行った調査について述べることとする（Koch, 1938；磯野，1986, 1988；Jangoux, 1986；西川・ショルツ，1999；並河ほか，2000などを参考にした）．

お雇い教師デーデルライン

　ルートウィヒ・デーデルラインは1855年にドイツはラインランドのベルクツアベルンで生まれた．ミュンヘン大学などで自然科学を学んだ後，独仏戦争後にドイツ帝国領となったばかりのシュトラスブルク（現：フランス国ストラスブール）大学で助手として働きながら1877年に理学博士号を取得した．その後，高校の補助教員をしているときに，この大学に留学していた大澤謙二（後の東京大学医学部教授，日本の生理学の草分け）にスカウトされたのである（西川，2002a）．
　マルセイユから1カ月半の船旅で彼がたどり着いた日本は，明治維新によって政治体制が大きく変わり，学問の世界にも西洋の近代科学が本格的に入ってきた時期にあたる．近代化を主に担ったのが，明治政府に雇用された外国人教師たちだ．博物学においても，これまでの本草学からの学問の近代化は，これらお雇い外国人教師の働き抜には語ることができない．デーデルラインもその一人で，東京大学医学部と契約を結び，ちょうど2年間，初年度は博物学，次年度は動物学や植物学の授業を受け持っている（図2）．月給は235円．これは当時にしては相当な高給で，大臣などにも匹敵するような額であった．東京大学では，本郷加賀屋敷，つまりは現在の本郷キャンパスの中に外国人教師用の宿舎があり，デ

図1　ルートウィヒ・デーデルライン
（提供：スザンヌ・フォレニウス-ビュッソウ）．

図2　デーデルライン（前列中央右側）と同じドイツ人お雇い外国人教師のレオポルト・シェンデル（前列中央左側）と東京大学医学部の学生ら．1881年撮影．（提供：スザンヌ・フォレニウス－ビュッソウ）．

ーデルラインもそこを住まいにしていた．ヒルゲンドルフやモースもまたそうしたお雇い外国人であったが，このような欧米出身の教師の熱心な指導によって，近代的な動物分類学が日本でも始まったわけである．

　デーデルラインは来日中，日本各地を旅行して，いろいろな動植物を収集し，また紀行文なども残した．もっともよく知られている旅行先は，鹿児島県の奄美大島である．この旅行の一番の目的は海産動物の採集だったが，残念ながら滞在中に台風に見舞われたりして，仕事はあまりうまく進まなかったようだ．しかし，彼の紀行文には，奄美大島の自然や人々の暮らしなど，ありとあらゆることが記されていて，この時代の奄美地方の民族学的な情報源として非常に貴重なものとなっている（Döderlein, 1881）．

　こうした旅行に助手として付き添ったのが，高松数馬である．彼は1858年（安政5）に京都府舞鶴の士族の家に生まれた．デーデルラインより3つ年下である．医学者を志し，東京大学医学部で学んだが，デーデルライン帰国後，その道をあきらめたらしく，「博物館」（現在の東京国立博物館のルーツで，当時は農商務省博物局が所管）に勤務した後，1883年（明治16），方向転換して海軍兵器局に入った．そこでは，語学をはじめ広い学識を生かし，海軍火薬の製造・研究開発を初期から一貫して担い，海軍造兵大佐となった（西川，2002b）．デーデルラインの曾孫のもとには，高松が「博物館」における日常を綴り，帰国後の彼に送った手紙が残されている．

デーデルラインと相模湾

　デーデルラインの学問上の最大の貢献は，三崎周辺の相模湾の動物相の動物学的な価値に初めて気づき，研究を進め，世の中に紹介したことである．その経緯は『日本の動物相の研究：江ノ島と相模湾』（Döderlein, 1883；磯野直秀［訳］, 1988）に詳しく書かれているので，それをもとに彼が行った相模湾の調査をたどってみたい．

第3章　ホッスガイを求めて ── 17

デーデルラインは，神奈川県の江ノ島に足繁く通った．ここは当時，東京や横浜に住む外国人にとっては日帰りで行ける手ごろな行楽地として人気があった．江ノ島には弁財天があり，名勝地としても知られていた．そこで彼が注目したのは土産物屋だ．海で採れる物が多数並んでおり，貝殻，ウニの殻など目を引くさまざまな品が売られていた．それはまさに動物学者にとって宝の山であった．「週1回は江ノ島を訪れてすべての土産物屋を徹底的に探し回るならば，一流の博物館に陳列することができるほどの海産動物コレクションをかなり短期間で整えることができよう」と彼は書き残している．実際に，甲殻類，棘皮動物，コケムシ類，海綿動物を中心として，かなりのコレクションを江ノ島の土産物屋から入手したようだ．

デーデルラインは，足繁く江ノ島に通ううちに，このように売られている動物が，季節によって異なることに気づいた．とくに珍しい動物は水深100 mから700 mほどの深い場所から採取されるもので，魚やカニを対象とした延縄漁の漁獲に混じっていることをつきとめた．この延縄漁は11〜4月の冬季に限って行われるため，珍しい動物も冬の間だけ土産物屋に並ぶのである．

ホッスガイを求めて

これらの珍しい動物を実際に自分で採集したいと思うのは当然の流れであろう．デーデルラインは，江ノ島周辺を手始めに，海の動物を一生懸命調査した(図3)．浅い砂地の海底では漁師を伴って網を曳き，干出した磯でも採集を行っている．いろいろな動物群が採集されているが，ヒトデ類を例にとると，砂地からはモミジガイが，磯ではアカヒトデが記録されている．アカヒトデについては，体内に寄生するアカヒトデヤドリニナという巻貝についても，その形態や生態の一端を記述

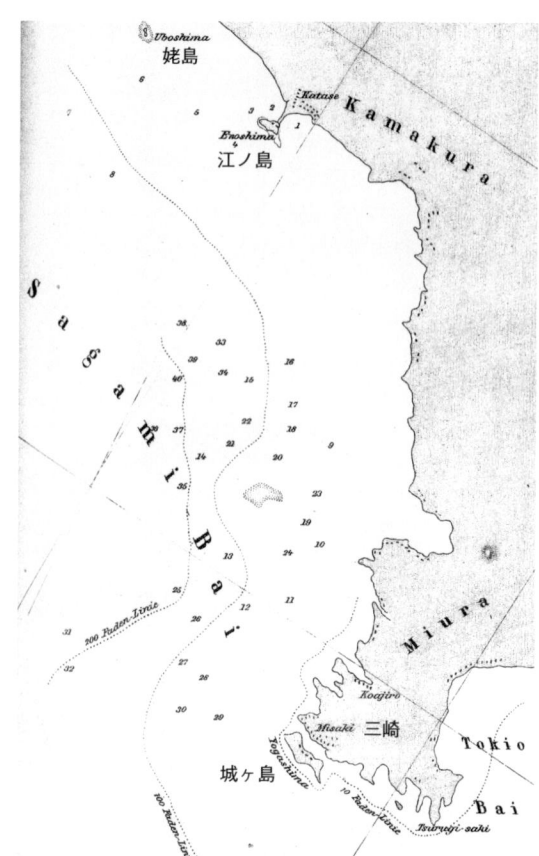

図3 デーデルラインが調査した地点．小さな数字が地点を示している．日本語の地名は著者が挿入した．他にも，相模湾，鎌倉，三浦といった地名が見える．等深線は浅いほうから10, 100, 200ファゾム（それぞれ18.3, 183, 366 m）である（Döderlein, 1883に基づく）．

している．

とはいえ，デーデルラインの本命は，土産物展にならぶ珍奇な深海動物であり，その象徴がガラス海綿の仲間のホッスガイであった（図4）．しかし，こうした深海動物の採集場所は秘密にされていて，教えてもらえなかった．少なくとも江ノ島の近くではなさそうである．ホッスガイの産地がわかれば，他の珍しい深海性動物も一緒に入手できるに違いないと考えた彼は，ホッスガイ探しに精を出すことになる．

デーデルラインはまず，江ノ島と江ノ島の西にある姥島との間で，サンゴ網を使って底生生物を採集した．位置を特定するための精密な六分儀などは使わず，照準装置付きのコ

図4　A：ホッスガイ *Hyalonema sieboldi* (Gray, 1835)（チモール海，水深約300 mから採集された標本）（撮影：並河　洋）．B：沖縄トラフ伊平屋海嶺の水深1400 mで撮影されたホッスガイと同属の一種（*Hyalonema* sp.）の生態写真（提供：独立行政法人海洋研究開発機構）．

ンパスで山立てによって位置を決めたようだ．この姥島の調査は残念ながらあまり大きな成果があがらずに終わり，東京に戻ろうとしたときに，たまたまある漁師からホッスガイを含む採集品を見せられた．そして，それらが江ノ島付近ではなく，少し南の三崎の地から採取されたことを教えられる．1カ月半後，あらためて江ノ島を訪れ，その漁師の舟で三崎に向かう途中，水深約50〜100 mの場所でサンゴ網を入れたところ「まあまあ」の物が採集された．三崎に着くと，漁師の家を回って動物を購入したり，たずねたりした結果，江ノ島で売られている珍奇な深海生物は，実は三崎の漁師たちが採取していることが確認できたのである．

　三崎で一泊し，江ノ島への帰路では，前日よりも少し沖合で，サンゴ網を入れてみた．そして城ヶ島から5.5マイル，三浦半島の岸から4マイルの水深290〜380 mの地点で，ついに宝の山の一角を手にすることとなる．ホッスガイこそ採れなかったものの，その破片や，カニ類，ウニ類，腕足類，コケムシ類などなど，珍しいいろいろな種が採集された．

　その後も，帰国も迫ってきた9月と11月に，

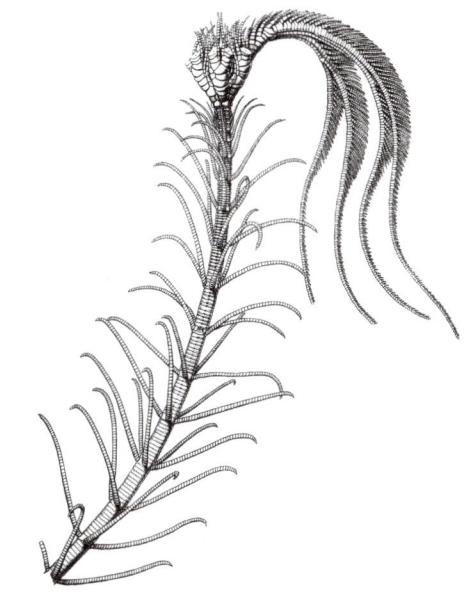

図5　トリノアシ（Carpenter, 1884より引用）．

江ノ島から三崎周辺の相模湾への採集を試みた．9月には，水深130 mの地点で，珍しい動物として知られていた茎のあるウミユリ類であるトリノアシを採集している．この標本に基づき，トリノアシはCarpenter (1884) によって *Metarcinus rotundus* として記載された（図5）．採集されてから，海水中で30分ほど生きており，その間は，冠部の腕はコップ

第3章　ホッスガイを求めて —— *19*

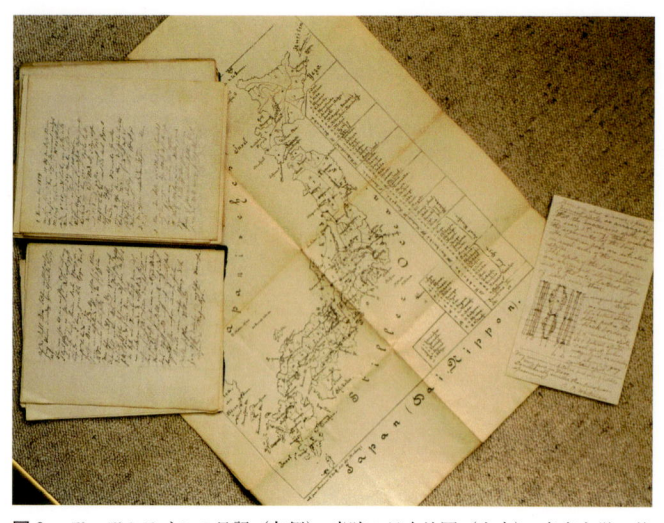 

図6 デーデルラインの日記（左側），当時の日本地図（中央），東京大学の第二代動物学教授ホイットマン（57頁参照）からの書簡（右側）．スザンヌ・フォレニウス−ビュッソウさん所蔵．（提供：ヨアヒム・ショルツ）．

図7 スザンヌ・フォレニウス−ビュッソウさんの自宅に飾られているデーデルラインが日本から持ち帰った品々．

状の形をしていたと記述されている．さらに，11月には，城ヶ島の西の深さ360 mの地点で大きな収穫があり，ついにここで，念願のホッスガイを数個体入手できたのである．

帰国まで間がないデーデルラインにとっては，十分な調査ができずに不満が残ったが，これらの調査によって，三崎の近海が世界でもまれにみる希少な動物の宝庫であることが発見されたのである．デーデルラインは『日本の動物相の研究：江ノ島と相模湾』の中で，日本のどこかに臨海実験所を作るのであれば，三崎こそ最適の場所であると述べている．このデーデルラインの発見と提言がきっかけとなって，デーデルラインが帰国してから数年後，三崎の地に，日本で初めての臨海実験所が誕生することになるのである．この東京大学の三崎臨海実験所の設立の経緯については，第6章で詳しく述べることとする．

帰国後のデーデルライン

1881年（明治14）11月に東京大学との契約が終了し，京都などにしばらく滞在した後，デーデルラインは12月25日に帰国した．ドイツ南西部のランダウに住んでいるデーデルラインの曾孫にあたるスザンヌ・フォレニウス−ビュッソウさんのお宅には，数多くのデーデルラインの遺品が大切に保管されており，その中にはデーデルラインが日本に滞在していた間の日記や書簡など動物学的，民俗学的に非常に貴重なものが含まれており，日本の工芸品なども多数飾られていた（西川・ショルツ，1999；図6，7）．帰国後のデーデルラインはシュトラスブルクの博物館に館員として勤務し，日本から持ち帰った膨大なコレクションを同館に収め，その整理を行った．海綿類，棘皮動物，魚類などについては自ら研究を進め，数多くの新種を含む分類学的な研究を進めるとともに，他の動物群についても，それぞれの専門家に研究を依頼した．1885年には博物館長に就任し，シュトラスブルク大学でも教鞭をとり，後に日本にやってくることとなるドフラインなどの多くの生物学者も育てた．しかし第一次世界大戦後にシュトラスブルクのあるアルザス・ロレーヌ地方がフランス領となったため，1919年ドイツ人であったデーデルラインはこの地を離れざるを得なくなったのである．自ら育て上げた博物館とそのコレクションのほとんどをそのまま残し，

図 8　ミュンヘン市南部にあるデーデルラインが眠る墓.

ミュンヘンへと移り住むこととなった.

しかし,その後,ミュンヘンでも棘皮動物などの研究を続け,1931年から1932年にかけて出版された『ドイツ産動物検索』など専門書の執筆も精力的に行った.ミュンヘンにある国立動物学博物館館長,ドイツ動物学会会長といった要職を歴任し,1936年3月23日に81歳でその生涯を閉じた.今は,ミュンヘン市南部にあるヴァルトフリートホフという墓地に,デーデルラインは静かに眠っている(図8).

文献

Carpenter, P. H. 1884. On three new species of *Metacrinus*. *Trans. Linn. Soc., Ser. 2 (Zool.)*, 2: 435-446.

Döderlein, L. 1881. Die Liu-kiu-Insel Amami Oshima. *Mitt. Dtsch. Ges. Natur. Volk. Ostasiens*, 3: 103-117.［クライナー,J.・田畑千秋(訳).1981.琉球諸島の奄美大島.沖縄文化研究,8: 1-110.この翻訳と解説は1992年に那覇市のひるぎ社から『ドイツ人のみた明治の奄美』と題する単行書として出版.］

Döderlein, L. 1883. Faunistische Studien in Japan: Enoshima und die Sagami-Bai. *Arch. Naturgesch.*, 49: 102-123.［磯野直秀(訳).1988.日本の動物相の研究:江ノ島と相模湾.慶應義塾大学日吉紀要・自然科学,4: 72-85.］

磯野直秀.1986.お雇いドイツ人博物学教師.慶應義塾大学日吉紀要・自然科学,2: 24-47.

磯野直秀.1988.お雇いドイツ人博物学教授たち.木原　均・篠遠喜人・磯野直秀(監修),近代日本生物学者小伝.平河出版社,東京,pp. 69-76.

Jangoux, M. 1986. La collection d'echinodermes du Musee Zoologique de Strasbourg. *Bull. Ass. Philomath. Alsace Lorraine*, 22: 125-131.

Koch, W. 1938. Ludwig Döderlein. *Z. Säugetierkunde*, 12: 304-309.

並河　洋・馬渡峻輔・藤田敏彦・西川輝昭・渡辺洋子・駒井智幸・尼岡邦夫.2000.デーデルラインと日本の海産動物.国立科学博物館ニュース,369: 4-13.

西川輝昭.2002a.大澤謙二とデーデルライン.東京大学史紀要,20: 91-96.

西川輝昭.2002b.博物館から海軍へ ―デーデルラインの協力者,高松数馬の生涯.南紀生物,44: 82-87.

西川輝昭・ショルツ,J. 1999.ランダウの街で ―デーデルラインの曾孫との出会い.遺伝,53(4): 66-68.

第4章　デーデルライン・コレクションの再発見

並河　洋・馬渡峻輔

デーデルライン・コレクションとの出会い

　デーデルラインは，1881年（明治14）東京大学医学部との2年契約が満期になると，相模湾をはじめとして日本各地で精力的に収集した標本とともに当時ドイツ領であったシュトラスブルク（現：フランス国ストラスブール）に帰っていった．持ち帰った標本の一部についてはデーデルライン自身で，また，専門家に依頼して分類学的研究がなされ，新種も多く記載された．手近な動物図鑑にも *Clypeaster japonicus* Döderlein（タコノマクラ）（第5章図13）などデーデルラインが相模湾から採集し命名した種がたくさん並んでいる．

　新種などを発表するときに，種の特徴を文章や図で説明することを「記載」という．動物によっては，当時の記載が簡単であったために，その後の分類が混乱している分類群も少なくない．たとえば，相模湾産コケムシ類についてはデーデルライン採集の標本に基づきアーノルド・オルトマン（Arnold Ortmann）がすでに研究し，159種を記載していた（Ortmann, 1890）．著者の一人馬渡は，コケムシを専門に研究しているが，この記載をいくら読んでも最近相模湾から採集された標本がオルトマン記載のどの種にあたるのか正確にわからないのである．なぜなら，オルトマンの記載では，ごく短い文章にごく簡単な図が添えられて説明されていたにすぎなかったからである．これでは，似通った種を識別することはとうてい不可能であった．この分類学的混乱を解消するためには，新種記載のもととなった標本（タイプ標本）を直接調べる以外に方法はない．しかし，2度の戦火の中でオルトマンが記載した種のタイプ標本がどこに行ってしまったのか誰も知るすべがなかった．ところが，1992年に馬渡のところに，ある知らせが届いた．それはまさに朗報であった．デーデルラインが採集したコケムシ標本がフランスのストラスブール動物学博物館（Musée Zoologique Strasbourg）に保存されているというのである．早速，1993年に馬渡はストラスブールに飛び，動物学博物館の標本庫で調査を行った．すると，何とそこにはコケムシ類だけでなくデーデルラインが日本から持ち帰った膨大な海産無脊椎動物標本が大切に保存されていたのである．しかも，その中にはこれまで行方不明であったタイプ標本が含まれていた．海産無脊椎動物だけではない．これまで魚類研究者の間ではウィーンの自然史博物館にあるとされていた魚類標本がこのストラスブール動物学博物館にも数多く保管されていることも明らかとなった．さらに，研究されていない未知の標本が埋もれている可能性も十分にうかがえた．

デーデルライン・コレクションを再調査する意義

　ストラスブール動物学博物館がデーデルライン・コレクションの宝庫であることがわかった．そこにはどういう意味があるであろうか．まず，先にも述べたように，記載が不十分な種のタイプ標本を捜し出して，再研究して種の実体を明らかにすることが可能となる．コケムシ類以外にも日本の磯にいるヤドカリなどの普通種でも分類が混乱しているものがあるので，タイプ標本の再研究はとても重要である．しかしながら，タイプ標本だけが重

要なのではない．標本には，学名のほかに採集地と採集日のデータが付されたラベルが添えられている．つまり，標本は，その動物がそのときその場所に生きていた証となり得るのである．すでに姿を消してしまった種がその当時存在していたことを示す標本がこのコレクションの中にあるかもしれない．約130年前の相模湾の姿をそれらの標本をもとに再現する試みができるのである．さらに，デーデルライン・コレクションから新種が新たに発見される可能性があり，分類学に大いに貢献できる．つまり，デーデルライン・コレクションの全容を解明することは，日本の海産動物の分類学や自然史研究において大きな意義をもつのである．

デーデルライン・コレクションは宝の山

このデーデルライン・コレクションの全容を把握すべく，文部省の科学研究費補助金の交付を受けて現地調査がなされることとなった．まず1997〜98年に名古屋大学の西川輝昭が研究代表者となった海産動物分類の専門家チームが結成されストラスブールへと向かった（図1）．ストラスブールで標本調査を行っていると，不思議なことにさらに新たなことがわかってくる．現地調査で見つかったのは標本だけではない．標本をやり取りした折の手紙など，標本にまつわるさまざまな資料も大切に保管されていることがわかってきた（図2，3）．これらの資料からデーデルライン・コレクションのヨーロッパでの移動や変遷が明らかになった．デーデルラインが採集した標本がミュンヘンやベルリン，さらに，欧州各地の博物館にもあるというのである．2年間と時間が限られているために，第一期では，ストラスブールのほかにミュンヘン国立動物学博物館（Zoologische Staatssammlung München）（図4）とベルリン・フンボルト大学自然史博物館（Museum für Naturkunde der

図1　ストラスブール動物学博物館玄関．

図2　研究者ごとにファイルされた手紙などの資料（ストラスブール動物学博物館）．

図3　手紙など資料を調べる（ストラスブール動物学博物館）．

図4　ミュンヘン動物学博物館（撮影：ベンハード・ルーテンシュタイナー）．

図5　フンボルト大学自然史博物館（撮影：矢島道子）．

図6　ウィーン自然史博物館（撮影：尼岡邦夫）．

Humbolt Universität zu Berlin）（図5），そして，魚類標本についてはウィーンの自然史博物館（Naturhistorisches Museum Wien）（図6）での現地調査を行った．その後，2000～2002年に第二期として馬渡が研究代表者となってヨーロッパ各地の博物館でデーデルライン・コレクションを追跡し，新たな標本を発掘したり，デーデルラインの当時の調査資料や日記の発見（図7）など数多くの成果をあげることができた（西川，1998；西川・ショルツ，1999；馬渡，2003）．これらの現地調査においては，ストラスブール動物学博物館のラング（Lang）館長をはじめ各博物館の研究者，コレクションマネージャー，図書館司書の皆さん，さらに，デーデルラインのご子孫の方々に全面的に協力をいただいた．

のべ20名にのぼる分類学研究者による現地調査の結果，デーデルライン・コレクションとして原生生物（有孔虫類）の1種ならびに後生動物の9門にわたる約3550点の標本

図7 ご子孫のもとで保存されていたデーデルラインの日本滞在の記録など. A：日誌. B：肖像など. C：日本滞在時の写真.

が発見された．発見された標本は，海産動物がほとんどであるが，ニホンザルを含む哺乳類標本27点も含まれていた．標本はストラスブール動物学博物館に約2400点，ミュンヘン国立動物学博物館に約600点，ウィーン自然史博物館に約420点，ベルリンのフンボルト大学自然史博物館に約140点，ジュネーブ自然史博物館に28点，バーゼル自然史博物館に17点，そしてベルン自然史博物館に5点保存されていることが判明した（図8）．標本の保存状態はおおむね良好であり，タイプ標本に基づき再記載など詳細な研究が可能な状態であった．デーデルラインが採集した標本をもとに記載された種や亜種は，有孔虫類の1種，海綿類の74種，イシサンゴ類の1種，ヒル類の1種，コケムシ類の99種，十脚甲殻類の55種，魚類の54種など総計約370種に達する．再発見されたデーデルライン・コレクションに関する研究は着々と進み，コケムシ類や十脚甲殻類におけるタイプ標本に基づく再記載などこれまでにかなりの数の論文が出版された．とくに，コケムシ類においては，このコレクションから新種も発見されている．また，デーデルラインの日本滞在時の日記などの解読も進められていて，日本における調査の詳細も明らかにされつつある．たとえば，デーデルラインの調査資料や日記から，明治期の動物学やそれを支えた博物館の歴史に関して新事実が明らかになった（西川，2002）．

図8 第一期デーデルライン調査報告書.

デーデルライン・コレクション調査の発展

このデーデルライン・コレクションの調査の過程で，ドフラインなど日本を訪れた他の研究者が蒐集した標本もかなり良好な状態で保管されていることが明らかとなってきた（第7，8章参照）．また，デーデルラインたちが活躍した時代には，ヨーロッパから日本に何人もの標本商が訪れ，日本で採集した標本をヨーロッパの博物館に売っていたことも明らかとなった．現在，デーデルライン・コレクション調査が端緒となり，さらに，ドフライン・コレクションの調査など新たな展開に進もうとしている．

このようにヨーロッパの博物館に保管されていた資料のすべてがデーデルライン・コレ

図9　フンボルト大学自然史博物館標本室（無脊椎動物）．この窓の外には銃弾の痕が残っていた．

図10　日本人研究者とボランティアの大学院生（右端）．

図11　地元紙DNAの紹介記事．顕微しているのは駒井智幸氏．

クションやそれにまつわる事柄を解き明かしてくれることに大きな役割を果たしてくれた．自然史にかかわる標本，資料を網羅的に収集し保存することに心血を注いできたこれらの博物館の姿勢に感服してしまう．これが，自然史博物館の本当の姿なのであろう．

財産としての学術標本

　ヨーロッパの博物館で標本調査をしている間に，書物の上でしか見ることのなかった研究者たちが100年以上前に採集した標本が次々と見つかった．デーデルラインのほかに，日本とかかわりの深いヒルゲンドルフやシーボルト採集の日本産標本，さらに，「個体発生は系統発生を繰り返す」という言葉で有名なヘッケル（Haeckel）がセイロン（現：スリランカ）で採集したイシサンゴ標本等々である．最初に現地調査のなされたストラスブールは戦争のたびにドイツ領となったりフランス領となったりと歴史に翻弄された街であった．ベルリンやミュンヘンにも戦争の傷跡が深く残っている．実際，標本調査を行っていたフンボルト大学自然史博物館の標本室の窓からは，激しい爆撃や銃撃の跡を残す外壁が見えていた（図9）．標本が幾多の戦禍をくぐって守られてきたのである．この事実には驚かされた．しかも，これらの標本は，一般市民のボランティア活動に支えられて守られてきたとのことである．とくに，戦火の中で市民が標本を守るために懸命に働いたということには，敬意の気持ちで一杯である．このような学術標本の価値を一般の人々が十分に理解している国こそ，文化国家とよべるのではないだろうか．

　自然史研究を支える文化は今も生きている．それは，ストラスブールのルイ・パスツール大学で神経生理学を研究する昆虫好きの大学院生3人が積極的に調査に参加してくれたことにも現れている（図10）．彼らは，標本の大

切さを十分に理解し，ボランティアとして標本調査活動を支えてくれた．彼らのおかげでわれわれは順調に調査を進めることができたのである．さらに，1999年6月には，ルイ・パスツール大学で日仏交流を記念するシンポジウムが開催され，馬渡が「デーデルライン・コレクション：日仏学術交流の架け橋」という題で講演に駆けつけた．日本から調査隊がやって来たことで，一般の人々は自分たちの博物館が遠い異国の重要標本を保管していることをあらためて知るところとなり，大いに喜び，また，誇りに思ったようだ．ストラスブール動物学博物館での調査の折，地元のマスコミもわれわれの調査に注目し新聞やテレビも取材にやって来た．記事の内容はきわめて的確に調査の学問的重要性に言及していた（図11）．これらのことは，人々がわれわれの調査を本当の意味での日仏文化交流ととらえていた証ではないかと考えられる．

デーデルラインによる130年前の丹念な標本収集は，その後，1886年に設立された東京大学三崎臨海実験所での日本人研究者によるさまざまな研究，1929年からの皇居内生物学御研究所の60年にわたる相模湾の生物相ご研究，さらに，21世紀初頭に国立科学博物館が行った「相模灘の生物相調査」へと受け継がれていったのである．研究の舞台の相模湾は，その動物学的な価値が高まりこそすれ，まだまだ未知の部分を秘めている．その未知の部分を解明すべく，さらに調査の努力を重ねなければならない．そして，調査で得られた標本は，これまで蓄積し守られてきた標本と同様，われわれ人類の将来への財産となるのである．

文献

馬渡駿介．2003．デーデルライン・コレクション：日欧学術交流の架け橋．生物科学ニュース，369: 11-16.

西川輝昭．1998．デーデルライン・コレクションを訪ねて．遺伝，52: 78-82.

西川輝昭．2002．博物館から海軍へデーデルラインの協力者，高松数馬の生涯．南紀生物，44: 82-87.

西川輝昭・ショルツ，J. 1999. ランダウの街で ―デーデルラインの曾孫との出会い．遺伝，53(4): 66-68.

Ortmann, A. 1890. Die Japanische Bryozoenfauna. *Arch. Naturgesch.*, 54(1): 1-74.

第5章　欧州に渡ったデーデルライン・コレクション

尼岡邦夫・藤田敏彦・駒井智幸・今原幸光・渡辺洋子

　デーデルラインが日本滞在中に採集した海産動物標本のコレクションは相模湾やその周辺から採集したものを中心に日本全国におよんでいる．どれくらいの数の標本があり，それらは現在ヨーロッパのどこの博物館に保管されているのか，デーデルライン・コレクションの全貌を明らかにするための調査が行われてきた（第4章参照）．ここでは，その調査によってわかった結果を，魚類，棘皮動物，十脚甲殻類，八放サンゴ類，海綿動物を取り上げて，それぞれの動物群ごとにまとめていくこととしたい．

1．魚　類 ………………………………………………尼岡邦夫

　北海道大学理学部の馬渡峻輔教授から，フランスのストラスブール動物学博物館にデーデルラインによって日本から集められた魚類標本が保存されていると聞いた時には，私は大変驚いた．

　魚類研究者間ではデーデルラインによって日本から集められた魚類標本はすべてウィーンの自然史博物館に保管されていると思われていた．デーデルラインの集めた魚類標本は彼自身によって1882年に報告された（Döderlein, 1882）1種以外は，その当時魚類の研究者として著名で，ウィーンの自然史博物館にいたスタインダヒナー（Steindachner）と一緒に研究し，Steindachner and Döderlein として1883年から1887年にかけて4回に分けて報告されていたからだ（Steindachner and Döderlein, 1883a, b, 1884, 1887）．その後，ベルリンのフンボルト大学自然史博物館にもデーデルラインの魚類標本があることがわかった．そこで，フランス，ドイツおよびオーストリアの3国に保管されているデーデルラインの標本を調査した．

　デーデルラインが日本から集めた標本のほとんどは「Tokio」または「Yedo」とラベルされていたが，多くは相模湾から集めていたことは間違いない．このことは，彼が書いた最初の論文の中で，この新種は豊富な動物が採集される場所として有名な江ノ島沖で底引き網によって捕らえられたと述べられていることや，彼のコレクションの中に多くの深海魚が含まれていることからも明らかである．

ストラスブール動物学博物館

　私は今まであまり知られていなかったストラスブール動物学博物館にどのような標本が保管されているのか非常に興味があった．と

図1　ストラスブール動物学博物館で魚類標本を調査中の藤井亮史さんと筆者．

図2　ストラスブール動物学博物館に保管されていた魚類タイプ標本．A：ホテイエソ（MZUS 1437），Enoshima, Döderlein. B：ミヤコヒゲ（MZUS 1804），Tokio, Döderlein. C：ハシキンメ（MZUS 2021），Tokio, 1883, Döderlein. D：エボシカサゴ（MZUS 892），Tokio, 1883, Döderlein. E：ツマグロハタンポ（MZUS 924），Tokio, 1883, Döderlein. F：ミギマキ（MZUS 2239），Tokio, 1883, Döderlein. G：イトベラ（MZUS 294），Tokio, 1883, Döderlein. H：オキトラギス（MZUS 655），Tokio, 1883, Döderlein. I：キツネメバル（MZUS 76），Tokio, 1883, Döderlein. J：カゴカキダイ（MZUS 65），Tokio, 1883, Döderlein.

くに彼が単著で発表した最初の魚に関する論文"日本のホテイエソ"の中で記載されたタイプ標本がここで発見されるかもしれないという期待があった．

机の上に並べられた大小の標本瓶は全部で177本あり，いずれの標本も保存状態はきわめて良好で，魚体に明瞭な縞模様などが残っている標本，体側が銀白色に輝いている標本もあった（図2 A-H）．そのほかに28個体の骨格標本が並べられていた（図2 I-J）．

第5章　欧州に渡ったデーデルライン・コレクション —— 29

まず，標本のラベルの記録を読み取る仕事から始めた（図1）．それらには，デーデルラインによって採集され，採集地が読み取れる標本148瓶（208個体），28個体の骨格標本，採集者名が明記されていない，あるいはデーデルライン以外の人の採集によるものが29瓶（46個体）があることが判明した．ほとんどの採集地に東京（Tokio, Yedo）と書かれていた．それ以外に，日本，江ノ島，丹後，舞鶴，高知，鹿児島，奄美大島，琉球があったが，Oshima, Tagawa, Tanagawa のようにはっきりと確定できない地名もあった．これらの標本を上記の5冊の論文の中に記載されている種名と照合することから始めた．このうち78種が上記の論文の中で記載されていたが，残りの73種の標本は報告されていなかった．記載されていた種のうち，Döderlein (1882) あるいは Steindachner and Döderlein (1883a, b, 1884, 1887) によって新種にされたミギマキ，オキトラギス，イトベラ，エボシカサゴ，ツマグロハタンポ，ハシキンメ，ミヤコヒゲなど17種（彼らの論文の中でデーデルラインによる新種と指定された5種を含む）のタイプ標本が含まれていた（図2A-J）．また，デーデルライン以外の人が採集したか，あるいは採集者が不明の29種のうち10種がこの論文の中で報告されていた．全個体の液浸標本を瓶から出して，体長を測定してから，窓際の明るいところを選んで標本のカラー写真を写した．標本は最近の文献によって再査定をした．その結果，標本につけられていた種名はかなりの種でもはや他種のシノニムになり，現在使われていなかった．とくに，彼らによって新種として公表された17新種のうち，現在も有効な種としてどれくらい残っているかに興味があったが，ホテイエソ，ミヤコヒゲ，ハシキンメ，エボシカサゴ，ツマグロハタンポ，ミギマキ，イトベラ，オキトラギスおよびアカトラギスの9種が残っていることが確認された（図2A-J，図3A-B）．結局，ここには22目，83科，151種（タイプ17種），273個体の標本（タイプ26個体）が保存されていることが明らかになった（表1）．

最初の新種は江ノ島産

　ストラスブールの標本の中で，私をもっとも喜ばせた成果はデーデルラインの最初の論文で記載されたホテイエソのタイプ標本を発見したときであった．思わず「やった」と大声で叫んでしまった．デーデルラインが「この地の漁師も今まで見たことがない」と書いているこの魚は，体が細長く，口は大きく開き，そこから大きな歯がのぞいている．体全体は真っ黒で，側面には銀色の発光器が並ぶ独特の深海魚の姿をしていた．頭を下にして細長い標本瓶に入れられ，ラベルには「Enoshima, Döderlein」と記されていた．右側の口が少し壊れている以外はほとんど無傷の立派な標本だった．この標本の全長は約24 cmであることから，彼の最初の論文で記載されたタイプ標本であることは明らかであった（図2A）．彼が1881年5月15日に東京で記載した（論文の最後に記されている）標本を116年経たいま私が手で触れることに感激を覚えた．

幻の10新種

　未発表の標本を調査中に，ボトルのラベルに *Lepidotrigula tokioensis* Döderlein のようにデーデルラインによって新種（n. sp.）として学名が付けられた10種，14個体が発見された．しかしこれらの種は発表された形跡はなく，当然無効となってしまった幻の種である．これらの種にハゼ類がもっとも多く，この類の分類に自信がなかったのか，体が小さいので査定が困難だったのか，記載し，原稿にする時間がなかったのか今では知るよしもない．未発表の標本の中に奇妙な運命をたどって復活した種があるので紹介しておきたい．未発

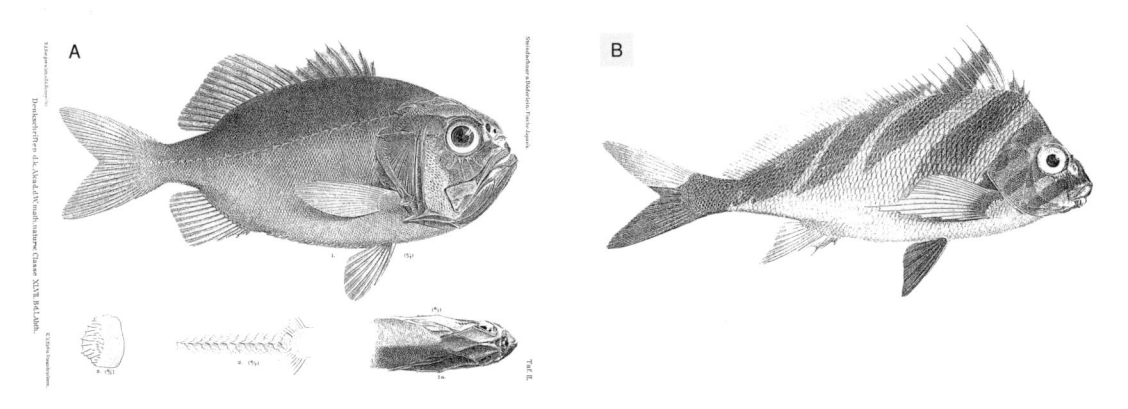

図3　Steindachner and Döderlein に描かれた原図. A：ハシキンメ（1883a より）. B：ミギマキ（1883b より）.

表1　デーデルラインが日本から採集し，3博物館に登録されている魚類の科数，種数および個体数. 括弧内の数字はタイプ数.

	ストラスブール動物学博物館 (MZUS)			ウイーン自然史博物館 (NMW)			フンボルト大学自然史博物館 (ZMB)		
	科数	種数（タイプ）	個体数（タイプ）	科数	種数（タイプ）	個体数（タイプ）	科数	種数（タイプ）	個体数（タイプ）
メクラウナギ目							1	1	1
ネコザメ目	1	1	2						
メジロザメ目	3	5	15	1	2	4	2	2(1)	2
エイ目	4	4	9				2	2(1)	2
ウナギ目	4	7(1)	12(1)	3	4	11	2	3(1)	3(1)
ニシン目	1	1	9						
コイ目	2	4	6				2	2	3
ナマズ目	3	4(2)	12(8)	1	1	3	2	2(1)	4(2)
キュウリウオ目	2	3	9						
ワニトカゲギス目	1	1(1)	1(1)						
ヒメ目	2	2	3	2	2	6	1	1	1
ギンメダイ目	1	1	1	1	1	5	1	1	1
アシロ目				1	1(1)	1(1)			
タラ目	1	1(1)	1(1)	1	2	3			
アンコウ目	2	2	2	3	3	5			
ボラ目	1	1	1	1	3	4			
トウゴロウイワシ目	1	1	1	1	1	4			
ダツ目	3	4	6	1	1(1)	1(1)			
キンメダイ目	2	2(1)	5(1)	4	6(1)	8(1)	2	2(1)	2(1)
マトウダイ目	1	1	1	2	2	4			
トゲウオ目	2	7	11	2	3	7			
カサゴ目	5	21(3)	29(3)	7	31(9)	65(21)	3	4(4)	4(2)
スズキ目	38	72(8)	137(11)	44	106(20)	243(61)	12	21(13)	31(11)
カレイ目				3	6	15			
フグ目	3	6	9	1	1	1			
合計	83	151(17)	273(26)	79	176(32)	390(85)	30	41(15)	54(17)

表の新種 *Chilodactylus zebra* Döderlein の標本はスタインダヒナーに送られ（図8 G），それを調べた彼は Steindachner and Döderlein (1883b) の論文の中で，この標本（*Chilodactylus zebra* の学名が付いている）は彼の手元にあったタカノハダイ *C. gibbosus* Richardson ［現在使われている学名 *C. zonatus* (Cuvier)］と比較された結果，両標本は区別できないと書いている．つまり，両種は同種と考えられたわけである．さらに，彼は同属のもう1種，ユウダチタカノハ *C. quadricornis* (Günther) も同種と考えていた．しかし後の研究者によって

図4　フンボルト大学自然史博物館の標本庫．A：ペプケ（Hans-Joachim Paepke）さんと筆者．B：標本調査中の藤井さん．

これらの3種は別種であることが解明された．現在，ミギマキの有効な種名としてデーデルラインの *Goniistius zebra* (Döderlein, 1883) が使われている．区別できないと書かれた記載の中にあったたった1行たらずの *C. zebra* の特徴を示す文章とその個体の図版（図3B）が決め手となり，その種の有効性が認められたのだと思われる．これはゾンビのような種名である．

フンボルト大学自然史博物館の調査

ベルリンのフンボルト大学自然史博物館にもデーデルラインの標本があることが判明したため，翌年（1988年）ストラスブールと同様な方法で標本の調査を行った．ここでは日本に関係したコレクションはヒルゲンドルフのものが有名である．大学は旧東ドイツにあり，建物のいくつかは戦災で破壊されたまま残されていたが，標本は無事だった．どこか安全なところへ避難していたのだそうだ．建物は古かったが標本はよく管理され，大切に保存されてきたことがよくわかった（図4A-B）．

ここにはデーデルラインが日本から採集した標本は54個体あり，41本の標本瓶に入れられていた．いつものように標本を瓶から出して，体長を測定してから，査定をし，標本の写真を写した．また，瓶の中のラベルと瓶に貼られているラベルを照合し，それらを書き取った．ここでは11目，30科，41種が確認された（表1）．それらの中に Steindachner and Döderlein (1883-1887) の中で新種として記載された15種，17個体のタイプ標本（図5A-E）および未発表の7新種（無効種）があった（図6A-E）．この博物館の標本はすべてストラスブールから移されたものと考えられる．

ウィーン自然史博物館

2001年に念願がかなって，デーデルラインの多くの標本が保存されているウィーン自然史博物館へ来ることができた．

1997年の標本調査でストラスブールを訪問したとき，ここに立ち寄ったが，そのときは，標本庫が改修中で標本を見ることができなかったので，標本カードからデーデルラインが採集した標本のリストを作っていた．今回はそれに基づいて標本を調査することができた（図7A）．魚類部門は天井の高い大きなアンティークな部屋が5室ほどあり，そのうちの1室の窓側に大きな机があり，スタインダヒナーが使っていたものだと説明してくれた．私はそこに座らせてもらってご満悦であった（図7B）．中央の大きな机の上にはスタインダヒナーの頃に作られた大きなサメやナマズの剥製が置かれていた．彼がこの研究室でデーデルラインが日本から採集した魚を観察し，デーデルラインと一緒に論文を書いて

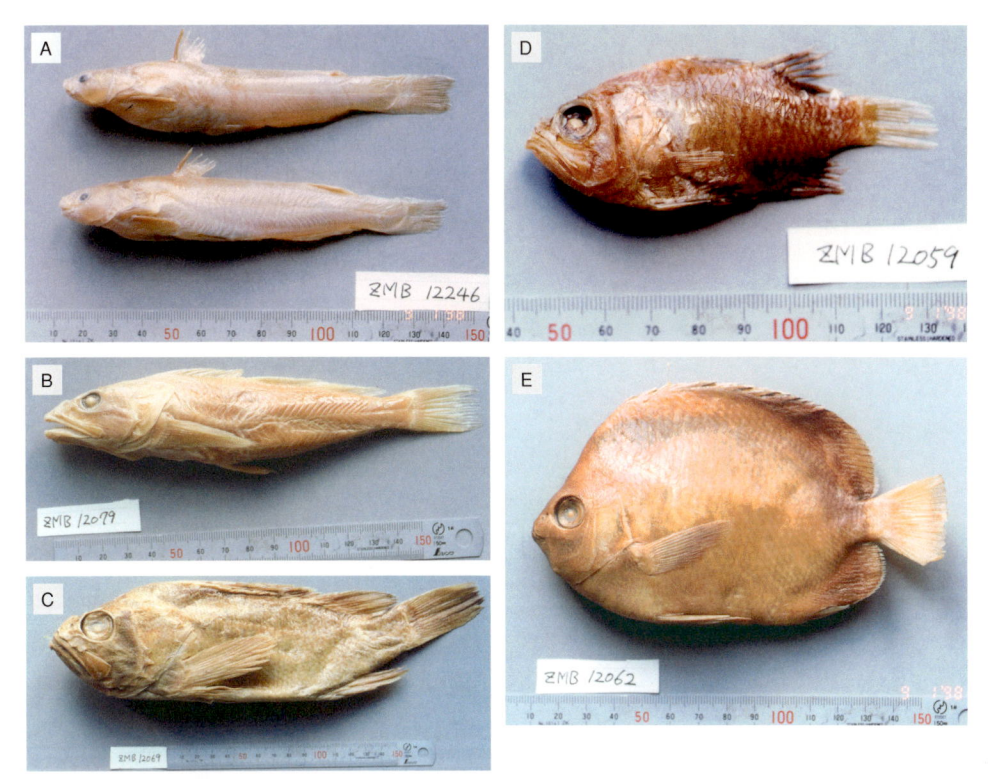

図5 フンボルト大学自然史博物館に保管されていた魚類タイプ標本．A：ギバチ（ZMB12246），Tokyo，Döderlein．B：アナハゼ（ZMB12079），Yedo，Döderlein．C：キツネメバル（ZMB 12069），Yedo，Döderlein．D：クロイシモチ（ZMB12059），Yedo，Döderlein．E：シラコダイ（ZMB12062），Yedo，Döderlein．

図6 デーデルラインが新種として命名したが公表されなかった幻の新種（無効種名）．A：*Carcharia nippon* Döderlein クロヘリメジロ（ZMB 12248），Tokyo，Döderlein．B：*Ophichthys halys* Döderlein モンガラドウシ（ZMB 12247），Tokyo，Döderlein．C：*Lepidotrigula tokioensis* Döderlein ヒメソコカナガシラ（ZMB 12071），Yedo，Döderlein．D：*Labrichthys affinis* Döderlein ササノハベラ（ZMB 12243），Tokyo，Döderlein．E：*Gobius rana* Döderlein ドロメ（ZMB 12081），Tokyo，Döderlein．

図7　ウィーン自然史博物館．A：標本庫と島崎光臣さん．B：スタインダヒナーの机と筆者．

いたことをイメージしながら彼らの論文を読んでいると1880年代へタイムスリップしたような錯覚におちいった．

日本から採集した魚の最大のコレクション

　ある日，標本室の片隅で日本のものと思われる色紙を発見した．それは京都大学でタイ型魚類の研究をしていた故赤崎正人博士が，この博物館のキュレーターであった故カウスバウアー（Paul Kähsbauer）博士に贈ったものであることがわかった．彼はデーデルラインが日本（Tokio）から採集したタイ科魚類のタイプ標本を研究するために1977年にここに滞在していたのであった．著者の先輩である赤崎博士が調べたタイプ標本を今回再び調べる機会を得たが，これから幾人の研究者がこの標本を見ていくのであろうか．タイプ標本は，これからも新たな研究者との出会いを待ち続けていくことであろう．

　ここにはデーデルラインが日本から採集した標本が390個体あり，260本の標本瓶の中に保存されていた（図8 A-H，図9 A-D）．それらは18目，79科，126属，176種に査定された．その中にユメカサゴ，サツマカサゴ，アヤアナハゼ，ハナススキ，オオメハタ，スミクイウオ，ツボダイ，ミギマキ，アカトラギスなどの32種85個体のタイプ標本が含まれていた（図8 A-H）．それら以外にも，クロアナゴとヨメゴチの全身の骨格標本，オオクチイシナギの頭骨の標本があり，ノトイスズミの内臓の標本が目を引いた（種名はいずれもラベルから読み取ったものである．図9 E-I）．とくに印象に残った標本はシロギス（体長127 mmと132 mm）とアオギス（体長187 mm）の立派な標本で（図9 B-C），いずれもラベルから東京で採集されたことがわかる．脚立に乗って釣るアオギス釣りは東京湾での風物詩だったそうだ．アオギスは非常に神経質なキスなのでこの釣り方が考えられたらしい．しかしこのアオギスはすでに東京湾から絶滅している．「君は東京湾のどこにすんでいたのかい」と尋ねたら，「今は陸の上」だと答えが返ってきそうだった．全個体の全長と体長を測定した後，窓際の明るいところでカラーフィルムにて撮影した．

3つの博物館の標本の特徴

　デーデルラインが日本から集めた標本を3博物館で比較してみた（表1）．もっとも多くの標本（176種，390個体）を保有しているのはウィーンで，次にストラスブール（151種，273個体）で，もっとも少ないのはベルリ

図8 ウィーン自然史博物館に保管されていた魚類タイプ標本.A:ユメカサゴ (NMW 12946), Tokio, 1883, Döderlein. B:サツマカサゴ (NMW 76575), Kagoshima, Döderlein. C:アヤアナハゼ (NMW 92827), Tokio, 1883, Döderlein. D:ハナススキ (NMW 38846), Tokio, 1883, Döderlein. E:オオメハタ (NMW 54982), Tokio, 1883, Döderlein. F:ツボダイ (NMW 82877), Tokio, 1883, Döderlein. G:ミギマキ (NMW 72193), Tokio, 1883, Döderlein. H:アカトラギス (NMW 76783), Tokio, 1883, Döderlein.

ン（41種，54個体）だった．ウィーンが多いのはここでスタインダヒナーと一緒に研究し，論文を作成していたので，標本をここに集めたためではないだろうか．次にストラスブールが多いのはやはりここは彼の居城だったためだろう．ベルリンとデーデルラインとのつながりはよくわからないが，ベルリンでの標本が少ないのは彼とこの博物館との関係がもっとも薄かったためではないだろうか．

タイプ標本はウィーンでは32種85個体，ストラスブールでは17種26個体，ベルリンでは15種17個体だった．ウィーンで多いのはやはりスタインダヒナーと一緒に研究し，新種を記載したことが影響しているのだろう．

次に，新種として発表する予定で名前が付けられたにもかかわらず，未発表の種がストラスブールでは10種14個体ともっとも多く，次はベルリンの7種7個体，そしてウィーンではもっとも少ない3種3個体が保存されていた．ストラスブールにもっとも多いのはやはりここで研究して発表する予定で手元に置いていたのだろう．次いでベルリンに多いのはストラスブールがドイツ領からフランス領になったことで混乱した標本の所属問題と密接に関係しているのかもしれない．ウィーンに少ないのはデーデルライン自身で発表する予定であったからだと考えられる．

科数について，ストラスブールの博物館が

図9　ウィーン自然史博物館に保管されていた魚類標本．A：アカグツ（NMW 76759），Tokio, 1883, Döderlein. B：シロギス（NMW 84649），Tokio, 1883, Döderlein. C：アオギス（NMW 59961），Tokio, Döderlein. D：キンチャクダイ（NMW 70749），Tokio, 1883, Döderlein. E：クロアナゴ？の骨格標本（NMW 93631），Tokio, 1883, Döderlein. F：ヨメゴチ？骨格標本（NMW 94142），Tokio, 1883, Döderlein. G：オオクチイシナギ？の頭骨（NMW 41384），Tokio, 1883, Döderlein. H：カレイの骨格（NMW 91964），Tokio, 1883, Döderlein. I：ノトイスズミ？の内臓（NMW 83485），Tokio, 1883, Döderlein.

もっとも多く，科の多様性に富んでいることがわかる．サメ・エイ類のほかにウナギ目，コイ目，ナマズ目，キュウリウオ目およびワニトカゲギス目の下位の真骨魚類が多いことも本館の特徴で，そのうちネコザメ目，エイ目，ニシン目，コイ目，キュウリウオ目およびワニトカゲギス目はウィーンの博物館でも見られなかった．メクラウナギ目はベルリンの博物館にだけ見られ注目に値する．また，不思議なことにカレイ目魚類はウィーンにしか保存されていなかった．すでに出版されていた論文ではカレイ類はまったく記載されていなかったことと関係があるのかもしれない．最後に，3博物館で共通していえることは種類，個体数ともにもっとも多かったのはスズキ目で，それに次いでカサゴ目だったことである．これら両目で全種数の占める割合はウィーンでは79%，ストラスブールとベルリンでとも

に61%を占めている．これは日本の魚類相を反映した結果であろう．

　いずれの博物館の標本も非常によい状態で保存されていて，斑紋がまだ鮮やかに残り116年も経っているとは思われないほどである．

　日本からの標本がこんなにも大切に保管されていることに感謝するとともに，ヨーロッパの標本に対する伝統と歴史に頭が下がる思いである．それがその国の文化というものであろう．金儲けと合理主義が横行する現在少しは見習いたいものである．

文献

Döderlein, L. 1882. Ein Stomiatide aus Japan. *Arch. Naturgesch.*, 48: 26-31, pl. 3.

Steindachner, F. and L. Döderlein. 1883a. Beiträge zur Kenntniss der Fische Japan's. (I.). *Denkschr. Akad. Wiss. Wien.*, 47: 211-242, pls. 1-7.

Steindachner, F. and L. Döderlein. 1883b. Beiträge zur Kenntniss der Fische Japan's. (II.). *Denkschr. Akad. Wiss. Wien.*, 48: 1-40, pls. 1-7.

Steindachner, F. and L. Döderlein. 1884. Beiträge zur Kenntniss der Fische Japan's. (III.). *Denkschr. Akad. Wiss. Wien.*, 49: 171-212, pls. 1-7.

Steindachner, F. and L. Döderlein. 1887. Beiträge zur Kenntniss der Fische Japan's. (VI.). *Denkschr. Akad. Wiss. Wien.*, 53: 257-296, pls.1-4.

2．棘皮動物　　　　　　　　藤田敏彦

　デーデルラインが相模湾をはじめとする日本各地で収集した棘皮動物の多くはデーデルライン自身によって研究が行われた．本人以外が採集した標本も合わせて分類学的な研究を行い日本産の棘皮動物に関しては，ウニ類，ヒトデ類，クモヒトデ類のうちのツルクモヒトデ類について6編の論文をまとめ，新種（または新変種）も数多く記載した（Döderlein, 1885, 1887, 1902a, b, 1906, 1911）．また，一部の標本については，他の研究者により研究が行われた．

　これらの研究成果を踏まえながら，1997，1998，2000，2001年の4年にわたり実施したデーデルライン・コレクション調査によって明らかとなった，ヨーロッパの各博物館に所蔵されているデーデルラインが収集した棘皮動物標本の概要を紹介する．

　棘皮動物標本は，ストラスブール動物学博物館，ミュンヘン国立動物学博物館，ベルリンのフンボルト大学自然史博物館，バーゼル自然史博物館，ジュネーブ自然史博物館，ウィーン自然史博物館の各博物館に保管されていることが確認され，ウミユリ類1種，ヒトデ類8種，クモヒトデ類5種，ウニ類17種，計31種のタイプ標本を含む総計232点の棘皮動物標本の所在がつきとめられた（表2）．これらの博物館のうちフンボルト大学自然史博物館を除く5つの博物館のタイプ標本については，ベルギーの棘皮動物学者ジャンゴー（Michel Jangoux）と共同研究者らによって棘皮動物のタイプ標本カタログが出版されていた（Jangoux, 1985, 1986；Jangoux *et al.*, 1987；Jangoux and De Ridder, 1990）．しかし，デーデルライン・コレクション調査のスタート地点となったストラスブール動物学博物館では，その棘皮動物タイプ標本カタログ（Jangoux, 1986）では日本で収集した標本によって記載された種のタイプ標本はまったく見いだされていなかったものの，今回の調査によって新たにヒトデ類の1タイプ標本が発見された．タイプ標本およびそれ以外の標本とももっとも標本数が多かったのは，ミュンヘン国立動物学博物館であり，デーデルラインがストラスブールからミュンヘンへと移動した際に棘皮動物標本の多くは運んだようだ．また，デーデルライン・コレクションの

表2 デーデルライン・コレクションの日本産棘皮動物.

A：全標本のロット数

博物館	ウミユリ類	ヒトデ類	クモヒトデ類	ウニ類	ナマコ類	計
ストラスブール	4	6	5	11	1	27
ミュンヘン	0	34	53	68	0	155
ベルリン	0	1	0	3	0	4
バーゼル	0	8	0	9	0	17
ジュネーブ	1	9	2	16	0	28
ウィーン	0	0	0	1	0	1
計	5	58	60	108	1	232

B：タイプのみのロット数

博物館	ウミユリ類	ヒトデ類	クモヒトデ類	ウニ類	ナマコ類	計
ストラスブール	0	1	0	0	0	1
ミュンヘン	0	7	6	24	0	37
ベルリン	0	0	0	0	0	0
バーゼル	0	0	0	0	0	0
ジュネーブ	1	3	0	0	0	4
ウィーン	0	0	0	0	0	0
計	1	11	6	24	0	42

C：タイプのみの種数

博物館	ウミユリ類	ヒトデ類	クモヒトデ類	ウニ類	ナマコ類	計
ストラスブール	0	1	0	0	0	1
ミュンヘン	0	6	5	17	0	28
ベルリン	0	0	0	0	0	0
バーゼル	0	0	0	0	0	0
ジュネーブ	1	2	0	0	0	3
ウィーン	0	0	0	0	0	0
計	1	8[注]	5	17	0	31

注）ヒトデの総計が9にならないのは同一種のタイプ標本が複数の博物館に分散して保管されているため．ジュネーブの3種はロリオルが記載した種で，それ以外はデーデルラインが記載した種である．

一部の標本はジュネーブの生物学者ドゥ＝ロリオル（Parceval de Loriol）によって研究され（de Loriol, 1899, 1900）そのタイプ標本はジュネーブの博物館に保管されていた．

ラベルに書き込まれた標本の採集地点は日本全国におよぶが，相模湾とその周辺の地名だけでも，東京，東京湾，城ヶ島，江ノ島，三崎，相模湾，勝山（千葉県）という地名が見られ，相模湾周辺からの標本が多数あることがわかった．

以下には，それぞれの綱ごとに，興味深い標本を取り上げ見てみることにしたい．

図10 *Antedon döderleini* de Loriol, 1900のホロタイプ［＝ *Dichrometra doederleini* (de Loriol, 1900), スベスベウミシダ］．ジュネーブ自然史博物館所蔵．

ウミユリ類

de Loriol（1900）により記載されデーデルラインに献名された *Antedon döderleini* de Loriol, 1900［＝ *Dichrometra doederleini*, スベスベウミシダ］のタイプ標本がジュネーブの博物館に保管されていた（図10）．原記載やラベル等からはデーデルラインが採集した標本である直接の証拠は見いだせなかったものの，

記載された標本の採集地は鹿児島であり，デーデルラインが採集した標本である可能性が高いと思われる．デーデルライン・コレクションに基づき記載されたウミユリ類は本種のみで，その他の記載研究論文はない．デーデルライン・コレクション調査においても，ストラスブールに Metacrinus rotundus Carpenter, 1882［トリノアシ］と未同定標本（6個体で，実際には3種が混在していた）が見つけられたのみであり，他のウミユリ標本の有無や所在は不明である．

ヒトデ類

Döderlein (1902b) が記載した6新（変）種のタイプ標本はミュンヘンに保管されている．そのうち，Asterias nipon Döderlein, 1902［= Distolasterias nipon, ニッポンヒトデ］については，タイプ標本の5本ある腕のうち1本だけが切り離され，乾燥標本としてミュンヘンの博物館に保管されていたが，残りの部分はストラスブールの博物館から発見されたのである（図11）．ヒトデ類の骨格を観察するときには乾燥させたほうがはっきりと観察しやすい場合があり，1本の腕だけをデーデルラインが乾燥標本にしたものと考えられる．ニッポンヒトデが新種として発表された1902年にはデーデルラインはストラスブールで研究を行っていたが，その後ミュンヘンへと移動せざるを得なくなったとき，この1本腕の乾燥標本のほうだけを持っていったのであろう．

クモヒトデ類

デーデルラインは，日本産のクモヒトデ類についてはツルクモヒトデ類のみを扱っている．Döderlein (1902a) ではツルクモヒトデ類6新種の記載を行っているが，それらのうち自分で採集した標本に基づくものは4種で，タイプ標本はいずれもミュンヘンの博物館に保管されている．また，Döderlein (1911) では

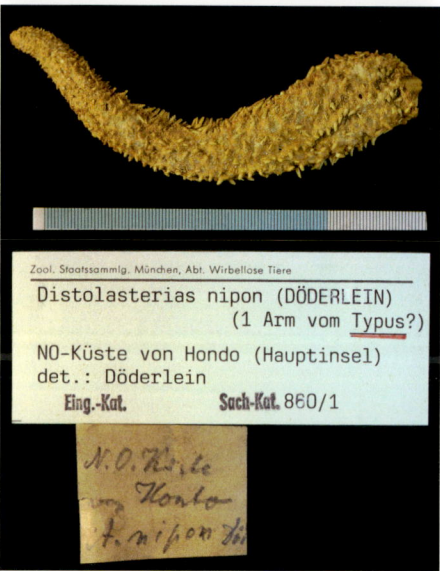

図11　Asterias nipon Döderlein, 1902のホロタイプ［= Distolasterias nipon (Döderlein, 1902)，ニッポンヒトデ］．液浸標本（上）はストラスブール動物学博物館所蔵，乾燥標本（下）はミュンヘン国立動物学博物館所蔵．

25種を報告し7新種を記載した．これらのうち，Ophiocreas enoshimanum Döderlein, 1911［= Ophiocreas japonicum (Koehler, 1907)，ホソタコクモヒトデ］はデーデルラインが日本滞在中に江ノ島の漁師から手に入れた標本によるものである（図12）．

ウニ類

デーデルラインが日本滞在中に収集した標本に基づき，Döderlein (1885) によって奄美大島を含む日本産のウニ類として22新種を含む47種が報告された．これら22新種のうち17種のタイプ標本はミュンヘンの博物館に

図12 *Ophiocreas enoshimanum* Döderlein, 1911のホロタイプ［= *Ophiocreas japonicum* (Koehler, 1907), ホソタコクモヒトデ］．ミュンヘン国立動物学博物館所蔵．

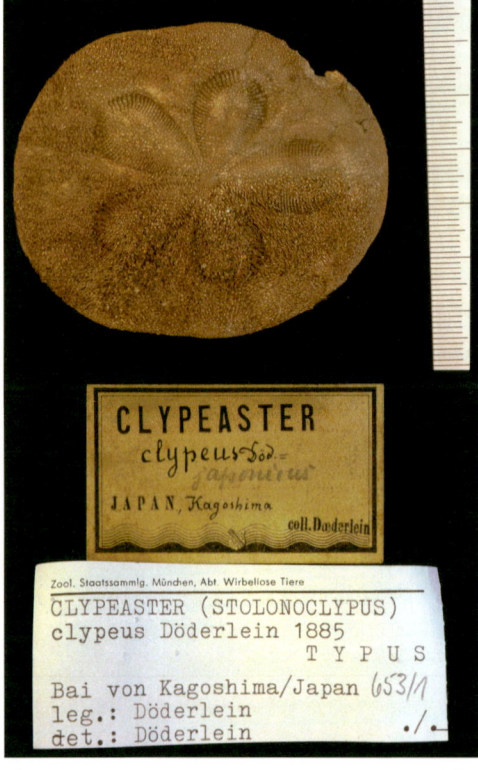

図13 *Clypeaster clypeus* Döderlein, 1885のホロタイプ［= *Clypeaster japonicus* Döderlein, 1885, タコノマクラ］．ミュンヘン国立動物学博物館所蔵．

保管されているが，残りの5新種については所在が確かめられなかった．ミュンヘンの博物館に所蔵されていた *Clypeaster clypeus* Döderlein, 1885［= *Clypeaster japonicus* Döderlein, 1885, タコノマクラ］の標本には，ストラスブール動物学博物館のラベルも合わせて保管されており，デーデルラインとともにストラスブールからミュンヘンへと標本が運ばれた様子がうかがえる（図13）．

ナマコ類

不思議なことにデーデルライン・コレクションに基づく日本産ナマコ類の研究論文は知られていない．標本の有無やその所在もこの調査ではつきとめられておらず，ストラスブールに *Polycheira rufecens* (Brandt, 1835)［ムラサキクルマナマコ］の標本を1ロット確認したのみである．

文献

de Loriol, P. 1899. Notes pour servir a l'etude des Echinodermes. VII. *Mem. Soc. Phys. Hist. Nat. Geneve*, 33: 1-34, 3 pls.

de Loriol, P. 1900. Notes pour servir a l'etude des Echinodermes. VIII. *Rev. suisse zool.*, 8: 55-96, pls. 6-9.

Döderlein, L. 1885. Seeigel von Japan und den Liu-Kiu-Inseln. *Arch. Naturgesch.*, 51(1): 72-112.

Döderlein, L. 1887. Die Japanischen Seeigel: Thiel I, Die Familien Cidaridae und Saleniidae. E. Koch, Stuttgart, 59 pp., 11 pls.

Döderlein, L. 1902a. Japanische Euryaliden. *Zool. Anz.*, 25: 320-326.

Döderlein, L. 1902b. Japanische Seesterne. *Zool. Anz.*, 25: 326-336.

Döderlein, L. 1906. Die polyporen Echinoiden von Japan. *Zool. Anz.*, 16: 515-521.

Döderlein, L. 1911. Über japanische und andere Euryalae. *In*: Doflein, F. (ed.), Beiträge zur Naturgeschichte Ostasiens. *Abh. math.-phys. Kl. Kongl.-Bayer. Akad. Wiss., Suppl.*, 2(5): 1-123, 9 pls.

Jangoux, M. 1985. Catalogue commente des types d'echinodermes actuels conserves dans les collections nationales suisses, suivi d'une notice sur la contribution de Louis Agassiz a la connaissance des echinodermes actuels. Geneve Museum d'Histoire Naturelle, Geneve, 67 pp.

Jangoux, M., 1986. La collection d'echinodermes du Musee Zoologique de Strasbourg. *Bull. Ass. Philomath. Alsace Lorraine*, 22: 125-131.

Jangoux, M. and C. De Ridder. 1990. Annotated catalogue of Recent echinoderm type specimens in the collection of the Naturhistorisches Museum Wien. *Ann. Naturhist. Mus. Wien*, 91B: 205-213.

Jangoux, M., C. De Ridder, and H. Fechter. 1987. Annotated catalogue of Recent echinoderm type specimens in the collection of the Zoologische Staatssammlung München. *Spaxiana*, 10: 295-311.

3. 十脚甲殻類　　　　　　　　　　　　　　　　　　　　　　　　　　　駒井智幸

　デーデルラインが日本滞在中に収集した十脚甲殻類資料は，オルトマンにより研究された．論文は8編のシリーズとして1890年から1894年にかけて刊行された（Ortmann, 1890, 1891a, b, 1892a, b, 1893a, b, 1894）．このオルトマンの研究では，当時のシュトラスブルク動物学博物館に所蔵されていたすべての材料が扱われたわけだが，日本産のものについては計263種が取り扱われ，そのうち60種が新種として記載されたものである（変種として記載されたものも含む；新置換名は除く）．1997，1998，2000，2001年の4年にわたる調査で，標本の所在を確かめ，見つかったものについて再検討することができた（筆者が調査に参加したのは1997，1998年の2年間だけ）（図14）．十脚類標本はすべてストラスブール動物学博物館に保管されており，他の機関に所蔵されている例は見つからなかった．保存の形態は液浸と乾燥で，現存する標本のほとんどが良好な状態で保管されていることがわかった（図15, 16）．

　再調査の結果，248種が同定された．標本が発見できなかったものもいくつかある．オルトマンの記載した新分類群では6種のタイプ標本が見つからなかった．調査にあたっては，発見されたすべての標本について再同定を試みた．すべてについて説明することはできないので，オルトマンが新種あるいは新変種として記載した種分類群の再同定結果について表3にまとめた．以下，下目ごとに調査・研究の状況について説明する．

クルマエビ下目：1新種がオルトマンによって記載された．すでに *Parapenaeopsis tenella* の下位シノニムであることが指摘されていたが（Kubo, 1949），タイプ標本の再検討によりそのことが支持された．

図14　ストラスブール動物学博物館で標本を観察する筆者．棚にはたくさんの標本が並ぶ．

図15　液浸標本．ガラス瓶が使用されている．赤いラベルはタイプ標本を示す．

図16　乾燥標本の例．イチョウガニ *Cancer japonicus* Ortmann, 1894のシンタイプ．状態は良好であった．

表3　オルトマンによって新種（新変種を含む）として記載された分類群の再同定結果.

オルトマンによる命名	再同定結果	適用される和名
クルマエビ下目		
クルマエビ科		
Penaeus crucifer n. sp.	*Parapenaeopsis tenella* (Bate, 1888)	スベスベエビ
コエビ下目		
テッポウエビ科		
Alpheus dolichodactylus n. sp.	*Alpheus dolichodactylus* Ortmann, 1890	ハシボソテッポウエビ
モエビ科		
Latreutes acicularis n. sp.	*Latreutes acicularis* Ortmann, 1890	ホソモエビ
Latreutes laminicrostris n. sp.	*Latreutes laminicrostris* Ortmann, 1890	ヘラモエビ
テナガエビ科		
Leander longirostris var. *japonicus* nov.	*Exopalaemon orientis* (Holthuis, 1950)	シラタエビ
Leander longipes n. sp.	*Palaemon ortmanni* Rathbun, 1902（所在未確認）	アシナガスジエビ
Coralliocaris superba var. *japonica* nov.	*Jaocaste japonica* (Ortmann, 1890)（所在未確認）	カタテモシオエビ
Coralliocaris inaequalis n. sp.	*Coralliocaris graminea* (Dana, 1852)（所在未確認）	クサイロモシオエビ
イセエビ下目		
イセエビ科		
Puer pellucidus n. sp.	*Panulirus japonicus* (von Siebold, 1824)	イセエビ
アナジャコ下目		
アナエビ科		
Eiconaxius farreae n. sp.	*Eiconaxius farreae* Ortmann, 1891	
スナモグリ科		
Callianassa subterranea var. *japonica* nov.	*Nihonotrypaea japonica* (Ortmann, 1891)	ニホンスナモグリ
異尾下目		
ワラエビ科		
Chirostylus dolichops n. sp.	*Chirostylus dolichops* Ortmann, 1892	ムギワラエビ
Uroptychus japonicus n. sp.	*Uroptychus japonicus* Ortmann, 1892	
コシオリエビ科		
Munida heteracantha n. sp.	*Munida heteracantha* Ortmann, 1892	
Galacantha camelus n. sp.	*Munidopsis camelus* (Ortmann, 1892)	ツノナガシンカイコシオリエビ
Munidopsis taurulus n. sp.	*Munidopsis taurulus* Ortmann, 1892	
カニダマシ科		
Polyonyx carinatus n. sp.	*Pisidia dispar* (Stimpson, 1858)	ネジレカニダマシ
ヤドカリ科		
Paguristes palythophilus n. sp.	*Paguristes palythophilus* Ortmann, 1892	スナギンチャクヒメヨコバサミ
Paguristes acanthomerus n. sp.	*Paguristes acanthomerus* Ortmann, 1892	トゲヒメヨコバサミ
Paguristes kagoshimensis n. sp.	*Paguristes digitalis* Stimpson, 1858	ヤスリヒメヨコバサミ
ホンヤドカリ科		
Anapagurus pusillus var. *japonicus* nov.	*Anapagurus japonicus* Ortmann, 1892（所在未確認）	ユミナリヤドカリ
Eupagurus dubius n. sp.	*Pagurus minutus* (Hess, 1865)	ユビナガホンヤドカリ
Eupagurus triserratus n. sp.	*Lophopagurus triserratus* (Ortmann, 1892)	セルプラヤドカリ
Eupagurus similis n. sp.	*Pagurus similis* (Ortmann, 1892)（所在未確認）	ヤマブキホンヤドカリ
Eupagurus barbatus n. sp.	*Pagurus japonicus* (Stimpson, 1858)	ヤマトホンヤドカリ
Eupagurus obtusifrons n. sp.	*Propagurus obtusifrons* (Ortmann, 1892)	ヨコヤホンヤドカリ
Eupagurus ophthalmicus n. sp.	*Diacanthurus ophthalmicus* (Ortmann, 1892)	メナガホンヤドカリ
Lithodes turritus n. sp.	*Lithodes turritus* Ortmann, 1892	イバラガニ
短尾下目		
コウナガカムリ科		
Dicranodromia doederleini n. sp.	*Dicranodromia doderleini* Ortmann, 1892	コウナガカムリ
カイカムリ科		
Cryptodromia canaliculata var. *ophryoessa* nov.	*Paradromia japonica* (Henderson, 1888)	ニホンカムリ
マメヘイケガニ科		
Cyclodorippe dromioides n. sp.	*Tymolus dromioides* (Ortmann, 1892)	
Cyclodorippe uncifer n. sp.	*Tymolus uncifer* (Ortmann, 1892)	アシナガマメヘイケガニ
コブシガニ科		
Cryptocnemus obolus n. sp.	*Cryptocnemus obolus* Ortmann, 1892（所在未確認）	ウスヘリコブシ
Ebalia conifera n. sp.	*Ebalia conifera* Ortmann, 1892	

オルトマンによる命名	再同定結果	適用される和名
Ebalia longimana n. sp.	*Ebalia longimana* Ortmann, 1892	テナガエバリア
Ebalia scabriuscula n. sp.	*Ebalia scabriuscula* Ortmann, 1892	サメハダエバリア
Philyra heterograna n. sp.	*Philyra heterograna* Ortmann, 1892	ヘリトリコブシ
Philyra syndactyla n. sp.	*Philyra syndactyla* Ortmann, 1892	ヒラコブシ
カラッパ科		
Calappa japonica n. sp.	*Calappa japonica* Ortmann, 1892	ヤマトカラッパ
クモガニ科（広義）		
Achaeus superciliaris n. sp.	*Achaeus superciliaris* Ortmann, 1893	アケウスモドキ
Doclea japonica n. sp.	*Doclea japonica* Ortmann, 1893	ケブカツノガニ
Hyastenus diacanthus var. *elongatus* nov.	*Hyastenus elongatus* Ortmann, 1893	マルツノガニ
Paramithrax (*Leptomithrax*) *bifidus* n. sp.	*Leptomithrax bifidus* (Ortmann, 1893)	ヒメコシマガニ
Majella brevipes n. sp.	*Majella brevipes* Ortmann, 1893	クワガタケアシガニ
Naxia mammillata n. sp.	*Naxioides lobillardi* (Miers, 1882)	エダツノガニ
Pugettia minor n. sp.	*Pugettia minor* Ortmann, 1893	ヒメモガニ
ヒゲガニ科		
Podocatactes hamifer n. sp.	*Podocatactes hamifer* Ortmann, 1893	トゲヒゲガニ
イチョウガニ科		
Cancer pygmaeus n. sp.	*Cancer amphioetus* (Rathbun, 1898)	コイチョウガニ
Cancer japonicus n. sp.	*Cancer japonicus* Ortmann, 1893	イチョウガニ
ワタリガニ科		
Gonioneptunus subornatus n. sp.	*Charybdis bimaculata* (Miers, 1886)	フタホシイシガニ
エンコウガニ科		
Pilumnoplax glaberrima n. sp.	*Carcinoplax longimana* (de Haan, 1833)	エンコウガニ
ヒシガニ科		
Hetrocrypta transitans n. sp.	*Heterocrypta transitans* Ortmann, 1893	カワリヒシガニ
Lambrus (*Parthenopoides*) *pteromerus* n. sp.	*Garthambrus pteromerus* (Ortmann, 1893)	ミツカドヒシガニ
ケブカガニ科		
Pilumnus major n. sp.	*Pilumnus tomentosus* Latreille, 1825	オオケブカガニ
カクレガニ科		
Pinnaxodes major n. sp.	*Pinnaxodes major* Ortmann, 1894	フジナマコガニ
Pinnotheres pisoides n. sp.	*Pinnotheres phoradis* de Haan, 1835	カギツメピンノ
Pseudopinnxa carinata n. sp.	*Pseudopinnixa carinata* Ortmann, 1894	ウモレマメガニ
Tritodynamia japonica n. sp.	*Tritodynamia japonica* Ortmann, 1894	ヨコナガピンノ
モクズガニ科		
Cyclograpsus intermedius n. sp.	*Cyclograpsus intermedius* Ortmann, 1894	アカイソガニ
オサガニ科		
Macrophthalmus laniger n. sp.	*Macrophthalmus latreillei* (Desmarest, 1822)	ノコバオサガニ

コエビ下目：7種が新種として記載され，そのうち4種が有効であることが確認された．そのうち，1種（シラタエビ）には新置換名が既に与えられていた．タイプの所在が確認できなかった分類群についても，分類学的な位置は判明している．*Leander longipes* は有効種であり，後に置換名が与えられ，現在では *Palaemon ortmanni* Rathbun, 1902（アシナガスジエビ）として知られている．*Coralliocaris superba* var. *japonica* も有効種で，現在は *Jacaste japonica* という学名で知られる（和名カタテモシオエビ）．*Coralliocaris inaequalis* は *Coralliocaris graminea* (Dana, 1852)（クサイロモシオエビ）の下位シノニムと考えられる．

イセエビ下目：1新種 *Puer pellucidus* が記載された．この分類群はイセエビ *Panulirus japonicus* (von Siebold, 1824) の後期幼生であることがすでに指摘されていた（George and Holthuis, 1965）．

アナジャコ下目：2新種が記載されたが，そのうちの1種（ニホンスナモグリ）は変種として記載されたものである．現在のところ，いずれも有効種と考えられる．

図17 千葉県富津市沖浦賀水道で採集されたスナギンチャクヒメヨコバサミ *Paguristes palythophilus* Ortmann, 1892の標本. 本種の同定を決定するうえで決定的な役割を果たした.

異尾下目：17新種が記載された．ワラエビ科の2種，コシオリエビ科の3種，タラバガニ科の1種は有効種であると考えられる．*Uroptychus japonicus* と *Munidopsis taurulus* の2種は最近再記載された（Baba, 2001）．カニダマシ科の *Polyonyx carinatus* は，タイプを再検討した結果，*Pisidia dispar*（ネジレカニダマシ）の下位シノニムであることが判明した．

ヤドカリ類については，オルトマンによる同定およびその後の研究に多くの混乱があることがわかった．*Paguristes*（ヒメヨコバサミ属）については，5種が日本産標本中に同定され，そのうち3種が新種としてオルトマンにより記載された．再調査の結果，*P. acanthomerus*（トゲヒメヨコバサミ）については，新種としたオルトマンの判断が正しかったことが確認された．さらに，下記のことがわかった．*P. palythophilus* のタイプ標本は一度乾燥状態になってしまったらしく，おまけに粉々に粉砕してしまっていた．破片をかき集めて，断片から見る限り，確かに他の既知種とは異なるような印象はもったが，その時点では確定できなかった．この種については，後に千葉県富津市沖の浦賀水道から本種に該当する標本が得られ（図17），形態や色彩の標徴形質が明らかとなり，種の位置を確定することができた．このケースは，タイプ標本単独では種名の決定にあたって不十分であり，新しく採集されたタイプ産地由来の標本とのコンビで問題が解決した一例である．なお，オルトマン以後の文献で *P. palythophilus* として記録された標本群の中には別種が混じっていることがわかった．国内の図鑑類で *P. palythophilus*（スナギンチャクヒメヨコバサミ）として紹介されているのは，この別種のほうであった．*Paguristes kagoshimensis* はカゴシマヒメヨコバサミという和名で知られていた種であるが，タイプを調べたところ，*Paguristes digitalis* Stimpson, 1858（ヤスリヒメヨコバサミ）に同定されてしまった．それでは，オルトマン以後，*Paguristes kagoshimensis*（カゴシマヒメヨコバサミ）として記録されてた種は何者なのか？ 研究を進めたところ，結局未記載種だったことがわかった．

上記の結果を踏まえたうえ，さらにドフライン，バルス（Balß），三宅らによって報告された標本の再検討も行い，その結果をまとめたのが Komai (2001) である．オルトマンによって報告されたヒメヨコバサミ属5種を再検討し，各種を再記載した．*Paguristes palythophilus*, *P. kagoshimensis*, *P. setosus* と誤同定されていた3未記載種については，正式に命名・記載した（*P. albimaculatus*, *P. versus* および *P. doederleini*）．しかし，ヒメヨコバサミ属については，まだまだ問題がたくさんあり，現在，インドネシア LIPI のラハユ（D. L. Rahayu）博士と筆者による共同研究が進行中である．

ホンヤドカリ科についても問題を解決する手がかりが与えられた．*Anapagurus pusillus* var. *japonicus* のタイプは見つからなかった．この種は現在でも有効と考えられており（Garcia-Gomez, 1994），タイプ産地近くである館山湾で採集された標本を検討して

確認することができた（Komai and Takeda, 2006）．*Eupagurus* として記載された 6 種のうち，*E. triserratus*，*E. obtusifrons* および *E. ophthalmicus* の 3 種は有効種であることがわかった（McLaughlin and Gunn, 1992；McLaughlin and Forest, 1997 も参照）．いずれも最近の研究により属は変更されている（表3）．ただし，原記載以後 *Pagurus obtusifrons* という学名が適用されていた種は別種であること，*Eupagurus obtusifrons* がヨコヤホンヤドカリ *Pagurus yokoyai* Makarov, 1938 と同種であることが明らかとされた（Komai and Yu, 1999）．誤同定されていた種は *Pagurus confusus* Komai and Yu, 1999 として新種記載された．*Eupagurus dubius* のタイプ標本中には，同所的に生息する *Diogenes nitidimanus* Terao, 1913（テナガツノヤドカリ）の標本が紛れ込んでいた．さらにその後，オーストラリアのシドニーがタイプ産地とされている *Pagurus minutus* のタイプを調べた結果，*Pagurus dubius* のタイプ標本群と同種であることがわかった．*Pagurus minutus* のタイプ標本の産地の記録は誤りであることは間違いなく，この学名が先取権をもつ（Komai and Mishima, 2003）．本種はユビナガホンヤドカリという和名で知られ，日本を含む東アジア沿岸汽水域で普通に見られる種であるが，学名の変更はやむを得ないものとなった．*Eupagurus similis* と近縁種間についてのややこしい問題も解決された．*Eupagurus similis* のタイプ標本（鹿児島産）は発見できなかったのだが，オルトマンにより *Eupagurus japonicus* と同定された標本は液浸の良い状態で保存されていた．この標本はなんと，国内の文献，図鑑などで *Pagurus similis*（ベニホンヤドカリ）とされているものであった．実は事前の筆者の調査で，*Pagurus similis* に同定される標本群が 2 種を含んでいることがわかっていた（図18, 19）．オルトマンに

図18 *Pagurus similis* と同定されていた 2 種のうちの 1 種．研究の結果，こちらが真の *Pagurus similis*（Ortmann, 1892）と判明した．

図19 *Pagurus similis* と同定されていた 2 種のうちのもう 1 種ベニホンヤドカリ．オルトマンが *Eupagurus japonicus* Stimpson, 1858 と同定した標本と同種であることがわかった．研究の結果，未記載種であることがわかり，*Pagurus rubrior* と命名された（Komai, 2003）．

よる *Pagurus similis* の原記載には（Ortman, 1892a），彼が *P. japonicus* と同定した標本との相違点が詳しく記述してある．検討したところ，やはり混同されている 2 種のうちの一方が *P. similis* に該当するという結論に達した．オルトマンの *P. japonicus* は，誤同定である．さらに，オルトマンが新種として認識し

図20 *Eupagurus barbatus* Ortmann, 1892のシンタイプ．再検討の結果，ヤマトホンヤドカリ *Pagurus japonicus* (Stimpson, 1858) であることが判明した．

た *Eupagurus barbatus* のシンタイプ（図20）が，真の *Pagurus japonicus*（ヤマトホンヤドカリ）の大型個体であるという結論に達した．ベニホンヤドカリ（＝オルトマンの *Eupagurus japonicus*）は新種 *Pagurus rubrior* として命名記載された（Komai, 2003）（図19）．この混乱は，オルトマンの *Pagurus japonicus* についての誤った解釈がもたらしたものであった．

短尾下目：32新種が記載された．シノニム関係については，Sakai (1976) を参照すれば，大体の経緯がわかる．Sakai (1976) の見解と異なる部分について記述する．*Tymolus dromioides* は *T. japonicus* (Stimpson, 1858)（マメヘイケガニ）のシノニムと考えられたが，Tavares (1992) が指摘したように，有効種であることが支持された．*Ebalia conifer* は，*Ebalia tuberculatus* A. Milne-Edwards, 1873

（ヤマトエバリア）のシノニムとされていたが，タイプ標本を検討した結果，多くの形態的な相違があり，別種と考えるのが妥当であると考える．今後，追加標本を得たうえで，再記載を行う必要がある．*Doclea japonica* は *Doclea ovis* の下位シノニムとされていたが，最近，別種であることが明らかとなった（Griffin and Tranter, 1986）．

以上のように，十脚類については，ある程度，現地調査の結果を踏まえての分類学的研究が進んでいる．分類学は，命名規約のルールにのっとって進めなければならないので，過去の標本の調査が不可避の場合も多い．標本がきっちりと残されていれば，いくらでも再調査は可能である．あらためてそのことを痛感した次第である．

文献

Baba, K. 2001. Redescriptions of two anomuran crustaceans, *Uroptychus japonicus* Ortmann, 1892 (Chirostylidae) and *Munidopsis taurulus* Ortmann, 1892 (Galatheidae), based upon the type material. *Crustac. Res.*, 30: 147-153.

Garcia-Gomez, J. 1994. The systematics of the genus *Anapagurus* Henderson, 1886, and a new genus for *Anapagurus drachi* Forest, 1966 (Crustacea: Decapoda: Paguridae). *Zool. Verh.*, 295: 1-131.

George, R. W. and L. B. Holthuis. 1965. A revision of the Indo-West Pacific spiny lobsters of the *Panulirus japonicus* group. *Zool. Verh.*, 72: 1-36, pls 1-5.

Griffin, D. J. G. and H. A. Tranter. 1986. The Decapoda Brachyra of the Siboga Expedition. Part VIII. Majidae. *Siboga-Exped., Monogr.*, 39C4: 1-335.

Komai, T. 2001. A review of the northwestern Pacific species of the genus *Paguristes* (Decapoda: Anomura: Diogenidae), I. Five species initially reported by Ortmann (1892) from Japan. *J. Nat. Hist.*, 35: 357-428.

Komai, T. 2003. Identities of *Pagurus japonicus* (Stimpson, 1858) and *P. similis* (Ortmann, 1892), with description of a new species of *Pagurus*. *Zoosystema*, 25(3): 377-411.

Komai, T. and S. Mishima. 2003. A redescription of *Pagurus minutus* Hess, 1865, a senior synonym of *Pagurus dubius* (Ortmann, 1892) (Crustacea: Decapoda: Anomura: Paguridae). *Benthos Res.*, 58: 15-30.

Komai, T. and M. Takeda. 2006. A review of the pagurid hermit crab (Decapoda: Anomura: Paguroidea) fauna of the Sagami Sea and Tokyo Bay, central Japan. *Mem. Natn. Sci. Mus., Tokyo*, 41: 71-144.

Komai, T. and H.-P. Yu. 1999. Identity of *Pagurus obtusifrons* (Ortmann), with description of a new species of *Pagurus* (Decapoda: Anomura: Paguridae). *J. Crustac. Biol.*, 19: 188-205.

Kubo, I. 1949. Studies on penaeids of Japanese and its adjacent waters. *J. Tokyo Coll. Fish.*, 36: 1-467.

McLaughlin, P. A. and J. Forest. 1997. Crustacea Decapoda: *Diacanthurus* gen. nov., a new genus of hermit crabs (Paguridae) with both recent and fossil representation, and the descriptions of two new speces. *Mém. Mus. natn. Hist. nat., Paris*, 176: 235-259.

McLaughlin, P. A. and S. W. Gunn. 1992. Revision of *Pylopagurus* and *Tomopagurus* (Crustacea: Decapoda: Paguridae), with the descriptions of new genera and species. Part IV. *Lophopagurus* McLaughlin and *Australeremus* McLaughlin. *Mem. Mus. Victoria*, 53: 43-99.

Ortmann, A. 1890. Die Decapoden-Krebse des Strassburger Museums, mit besonderer Berücksichtigung der von Herrn Dr. Döderlein bei Japan und bei den Liu-Kiu-Inseln gesammelten und zur Zeit im Strassburger Museum aufbewahrten Formen. I. Die Unterordnung Natantia Boas. *Zool. Jahrb., Abt. Syst., Geogr. Biol. Thiere*, 5: 437-542, pls 36, 37.

Ortmann, A. 1891a. Die Decapoden-Krebse des Strassburger Museums, mit besonderer Berücksichtigung der von Herrn Dr. Döderlein bei Japan und bei den Liu-Kiu-Inseln gesammelten und zur Zeit im Strassburger Museum aufbewahrten Formen. II. Versuch einer Revision der Gattungen *Palaemon* sens. strict. und *Bithynis*. *Zool. Jahrb., Abt. Syst., Geogr. Biol. Thiere*, 5: 693-750, pl. 47.

Ortmann, A. 1891b. Die Decapoden-Krebse des Strassburger Museums, mit besonderer Berücksichtigung der von Herrn Dr. Döderlein bei Japan und bei den Liu-Kiu-Inseln gesammelten und zur Zeit im Strassburger Museum aufbewahrten Formen. III. Die Abtheilungen der Reptantia Boas: Homaridea, Loricata und Thalassinidea. *Zool. Jahrb., Abt. Syst., Geogr. Biol. Thiere*, 6: 1-58, pl. 1.

Ortmann, A. 1892a. Die Decapoden-Krebse des Strassburger Museums, mit besonderer Berücksichtigung der von Herrn Dr. Döderlein bei Japan und bei den Liu-Kiu-Inseln gesammelten und zur Zeit im Strassburger Museum aufbewahrten Formen. Theil. IV. Die Abtheilungen Galatheidea und Paguridea. *Zool. Jahrb., Abt. Syst., Geogr. Biol. Thiere*, 6: 241-326, pls 11-12.

Ortmann, A. 1892b. Die Decapoden-Krebse des Strassburger Museums, mit besonderer Berücksichtigung der von Herrn Dr. Döderlein bei Japan und bei den Liu-Kiu-Inseln gesammelten und zur Zeit im Strassburger Museum aufbewahrten Formen. V. Die Abtheilungen Hippidea, Dromiidea und Oxystomata. *Zool. Jahrb., Abt. Syst., Geogr. Biol. Thiere*, 6: 532-588, pl. 26.

Ortmann, A. 1893a. Die Decapoden-Krebse des Strassburger Museums, mit besonderer Berücksichtigung der von Herrn Dr. Döderlein bei Japan und bei den Liu-Kiu-Inseln gesammelten und zur Zeit im Strassburger Museum aufbewahrten Formen. VI. Abtheilung: Brachyura (Brachyura genuina Boas). I. Unterabtheilung: Majioidea und Cancroidea, 1. Section Portuninea. *Zool. Jahrb., Abt. Syst., Geogr. Biol. Thiere*, 7: 23-88, pl. 3.

Ortmann, A. 1893b. Die Decapoden-Krebse des Strassburger Museums, mit besonderer Berücksichtigung der von Herrn Dr. Döderlein bei Japan und bei den Liu-Kiu-Inseln gesammelten und zur Zeit im Strassburger Museum aufbewahrten Formen. VII. Abtheilung: Brachyura (Brachyura genuina Boas). II. Unterabtheilung: Cancroidea, 2. Section: Carncrinea, 1. Gruppe: Cyclometopa. *Zool. Jahrb., Abt. Syst., Geogr. Biol. Thiere*, 7: 411-495, pl. 17.

Ortmann, A. 1894. Die Decapoden-Krebse des Strassburger Museums, mit besonderer Berücksichtigung der von Herrn Dr. Döderlein bei Japan und bei den Liu-Kiu-Inseln gesammelten und zur Zeit im Strassburger Museum aufbewahrten Formen. VIII. Abtheilung: Brachyura (Brachyura genuina Boas). II. Unterabtheilung: Cancroidea, 2. Section: Carncrinea, 2. Gruppe: Catometopa. *Zool. Jahrb., Abt. Syst., Geogr. Biol. Thiere*, 8: 683-772, pl. 23.

Sakai, T. 1976. Crabs of Japan and the Adjacent Seas. English Text. xxi + 773 pp.

Tavares, M. 1992. Revalidation de *Tymolus dromioides* (Ortmann, 1892) (Crustacea, Decapoda, Brachyura, Cyclodorippidae). *Bull. Mus. natn. Hist. nat., Paris*, (4) 14: 201-207.

4．八放サンゴ類　　　　　　　　　　　　　　　　　　　　　　　　　　　　　　今原幸光

　これまでの文献調査により（Imahara, 1996）デーデルラインが日本から収集したことが判明していた八放サンゴは，スイスのベルン大学教授であったスツーダー（T. Studer: 1845-1922）が1888年に新種として発表した6種のトゲトサカ属だけであった．しかし，文献からはこれらの標本の現在の所在が不明であった．そのため，第一次調査において八放サンゴ標本が確認されていた箇所を中心に複数の博物館を訪問した．その結果，ストラスブール動物学博物館とフンボルト大学自然史博物館の他に，スツーダーのいたベルン大学に関係の深いベルン自然史博物館からもデーデルライン・コレクションを見つけることができた．

図21　ストラスブール動物学博物館に保管されていたイソバナ属の一種 Melithaea arborea の標本（MZS235）．

図22　ストラスブール動物学博物館に保管されていたハナヤギ Anthoplexaura dimorpha の標本（MZS234）．

ストラスブール動物学博物館

　2階にある収蔵庫には，前年までの第一次調査によってきれいに整理された標本が，真新しいキャビネットに整然と納められていた．私があらためて調べたところ，驚いたことには約360点もの八放サンゴの標本が収蔵されていた．ここには1900年前後に八放サンゴの論文をいくつか書いていたブルヒャルト（E. Burchardt）がいたことから，デーデルライン以外にブルヒャルトの集めた標本も多数残されていたのだ．ブルヒャルトの標本は，主にインドネシアのアンボン島と大西洋の西インド諸島から採集された標本で，半数近くの標本は種まで同定されていて，とくにアンボン島の標本の中にはタイプ標本も多く含まれていた．実は世界中の八放サンゴの研究者の間でも，ブルヒャルトの標本はすでに失われたものと思われていたので，この発見は多くの研究者を驚かせるものであった．

　肝心のデーデルラインの標本は，相模湾産のヤギが9種，同じく相模湾産のウミエラが1種，それに小笠原産のクダサンゴ1種の合計11種であったが，種まで同定されていたのはクダサンゴ Tubipora musica Linnaeus とヤマトトクサヤギ Keratoisis japonica (Studer) それにホソウミエラ Sytalium martensii Kölliker の3種だけで，そのほかでは属名が記入されていたのが4標本,「刺胞動物？」と記入されていたのが1標本，まったくの無名が3標本であった．せっかくブルヒャルトがいながら，このように未同定の標本が多いのは，彼もこれらの標本の存在に気付かなかったのかもしれない．標本調査の定石としてまずラベルの内容を書き写し，次いで標本のカラー写真撮影を行った（図21, 22）．八放サン

ゴの場合は，外部の形態や色，それにポリプの付き方も種類を決める参考にはなるが，ポリプをはじめ群体の各所に散在する長さ0.1mm前後の小さな骨片の形や配列の状態が，種類を決定する重要な分類形質とされている．そのため，同定作業を行うには，まず全体の特徴を記録して高さや幅などを計った後に，群体各所を小さく切り取り，その小片を薬で溶かして骨片を取り出し，次にプレパラートを作って骨片の顕微鏡観察を行わなければならない．また，ポリプや触手の形や，これらをおおう骨片の形と配列の様子も重要な分類形質である．これらの形質は，顕微鏡下でポリプを解剖して観察し，さらに骨片を取り出して高倍率の顕微鏡で詳しく観察しなければならない．このような一連の観察をきちんと行おうとすれば，1つの標本を見るだけでも半日以上の作業になり，短い滞在期間中に全部の標本を見ることはとても不可能である．幸いなことに，八放サンゴの多くの種類は，多数のポリプが集まった群体を作っているので，ラング館長の了解を得て，ポリプがたくさん付いている標本に関しては，それぞれ数個ずつのポリプを持ち帰り，帰国してから細かな作業を行うことにした．ポリプがほんのわずかしか付いていない標本は，現地で顕微鏡を借りて細部のスケッチをしてきた．残されていた標本は，アルコールの液漬標本と乾燥標本であったが，アルコール標本のほうはおよそ120年も前の標本にしては状態も非常に良かった．石造りの建物奥深くの冷暗所での保存が幸いしたのであろう．しかし，乾燥標本のうちのヤマトトクサヤギは，もともとポリプがはがれやすい種類なのだが，すべてのポリプがはがれ落ちていたばかりか，骨軸をおおう皮層もほとんどはがれ落ちていて，フトヤギの一種 *Euplexaura parciclados* Wright & Studer もポリプがほとんど付いていない状態であった（図23）．また，深海性のウミエラであ

図23 ストラスブール動物学博物館に保管されていたフトヤギ属の一種 *Euplexaura parciclados* の標本（MZS319）．

るフタゴウミエラ *Chunella indica* (Thomson & Henderson) は，生きているときはベージュ色をしていたはずなのだが，2つあった標本の両方ともが真っ黒に変色していた．東京大学総合研究博物館で見つけた古い標本の中にも同じように真っ黒に変色した標本があって，その原因はいまだにわからない．

ストラスブール動物学博物館には，デーデルライン以外の外国人が採集した5種7点の日本産八放サンゴ標本もあったが，これらの標本もおそらくデーデルラインが持ち帰った物であろう．このうちのホソウミヒバ *Thouarella hilgendorfi* (Studer) のラベルには，「*Plumarella hilgendorfi* Studer, Yokohama, Rolle, 1891」と記載されていたので，相模湾産の標本であることは確かである．このローレが，相模湾をタイプ産地とするコシダカオキナエビスを1899年に記載した人物と同一人物ならまた新たな発見につながるのだが，彼が来日したことを示す記録を残念ながら私は知らない．このほかにもラベルの記載

の中に「Japan, Rolle」の表現が含まれていた標本には，アカサンゴ *Corallium japonica* Kishinouye 3 点，ダメサンゴ *Corallium inutile* Kishinouye 1 点，トゲウミエラの一種 *Pteroeides* sp. 1 点の合計 3 種 5 点があったが，このうちのアカサンゴ 2 点のラベルには「Nagasaki」と書かれていて，相模湾産のものではなかった．五島列島周辺にも珊瑚漁場があるので，おそらくそのあたりからの採集品であろう．それ以外の標本は，相模湾産かもしれないが，ラベル情報からは日本のどこかを特定することができなかった．このほかにもう 1 点，「*Pteroeides breviradiatum*, Japan, M. Heiderberg, 1889」のラベルの入っていた標本もあったが，これも日本のどこで採れた標本かはわからない．なお，アカサンゴとダメサンゴの標本ラベルには，*Corallium rubrum* Linnaeus と書かれていたが，この種名は地中海に分布するベニサンゴに付けられたヨーロッパでは有名なサンゴの種名なので，このことからもブルヒャルトはおそらくこれらの日本産のサンゴを見ていなかったと思われる．なお，これら日本産宝石サンゴは，農商務省技師であった岸上鎌吉（1867-1929，後に東京大学水産学科第一教室初代教授）が新種記載した種類であって，このときの論文（岸上, 1902, 1903）が，八放サンゴの新種記載に関する日本人初の論文になった．

　現地での時間が足りなかったり，標本の状態があまりよくなかったりして，いまだに決着の付いていない種類も残されているが，とくにデーデルラインの標本の中には，原記載以来これまで記録のない大変貴重な種も含まれていて，フランスの山奥でこのような標本に出会ったことに大きな感激を覚えた．

フンボルト大学自然史博物館

　フンボルト大学自然史博物館は，八放サンゴの近代分類学を大成したキュッケンタール（Willy Georg Kükenthal: 1861-1922）が，61 歳で死亡するまでの最後の 5 年間を館長として勤めていた博物館でもある（小川, 1996）．そのため，多数の八放サンゴの標本が集まっていたことはわかっていたが，実はごく最近まで，この博物館の標本の大部分は 1943 年のベルリン大空襲で焼失したものとばかり思い込んでいた．しかし実際には，標本は空襲を避けて疎開され，八放サンゴ類については 1 万点以上の標本が今日まで大切に保管されていた．いつものように標本ビンから標本を取り出し，ラベルの書き写しと標本の写真撮影を続けていると，いつになく気持ちが悪くなってきた．そういえば，作業の途中から異様な臭いに気付いていたので，担当してくださったバーチェ博士にそのことを伝えると，それは樟脳の臭いだというではないか．アルコール標本に樟脳の臭いとは合点がいかないのでその理由を尋ねてみたところ，それは防腐対策ではなくて，誰かがアルコールを飲んでしまわないための対策だということであった．どこまで本当の話かはわからないが，思えば幾多の戦争後も東欧政策の下で困窮状態が続いた東ベルリンではありうる話だと思って納得するとともに，そこまでして標本を守り続けてきた東ベルリンの研究者の真摯な姿勢に心底心を打たれた．

　さて，標本数があまりにも膨大なために標本台帳を繰りながら探してみると，数多の標本の中から 2 点のデーデルラインの標本を見つけることができた．両方ともトゲトサカ属の標本で，それも完全な群体ではなくてそれぞれ元の群体の一部を切り取ったものであった．1 つは *Dendronephthya* (*Morchellana*) *pumilio* (Studer)，もう 1 つは *Dendronephthya* (*Roxasia*) *rigida* (Studer)．両方ともラベルには「Döderlein S. Studer det., Kükth. Rev. 1904, typus」と書かれていた（図 24, 25）．これは，デーデルラインが採集し，スツーダーが同定

図24 ベルリンのフンボルト大学自然史博物館に保管されていた *Dendronephthya pumilio* のタイプ標本（ZMB6597）.

図25 ベルリンのフンボルト大学自然史博物館に保管されていた *Dendronephthya rigida* のタイプ標本（ZMB6602）.

図26 ベルン自然史博物館.

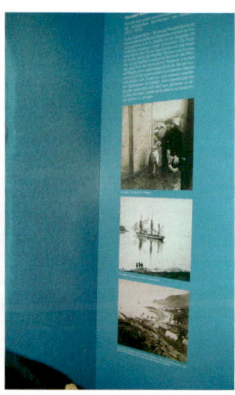

図27 ベルン自然史博物館のスツーダーの展示.

を行い，キュッケンタールが1904年に再検査を行った標本であることを現している．したがって，これは1888年にスツーダーが新種として発表したタイプ標本の一部に違いない．それではスツーダーの元の標本はどこにあるのか．もしそれらの標本が今でも残っているのなら，それはスツーダーがベルリンの後に勤めていたスイスのベルンでしかない．

ベルン自然史博物館

ベルンの町外れにある自然史博物館（図26）は，建物こそ近代的なコンクリート造りであるが，スイスに3つある国立自然史博物館の1つで，設立は1832年まで遡る．

スツーダーはベルン大学の教授であったが，博物館の展示室にはスツーダーの業績を紹介するコーナーがある（図27）．それによると，スツーダーのすべての標本がこの博物館に保存されていることがわかった．

期待に胸をふくらませて収蔵庫で標本を探してみると，およそ300点近くの八放サンゴの標本があり，その中からついにデーデルラインの標本を見つけた．デーデルラインが日本で採集し，スツーダーが1888年に新種として発表した6種のトゲトサカの標本である．それらは，いずれも和名のまだ付いていない *Dendronephthya (D.) punicea* (Studer), *Dendronephthya (Morchellana) pumilio* (Studer), *Dendronephthya (Morchellana) flabellifera* (Studer), *Dendronephthya (Roxasia) rigida* (Studer), *Dendronephthya*

第5章 欧州に渡ったデーデルライン・コレクション —— 51

図28　ベルン自然史博物館に保管されていた Dendronephthya punicea のタイプ標本（NMBE309）.

図29　ベルン自然史博物館に保管されていた Dendronephthya rigida のタイプ標本（NMBE308）.

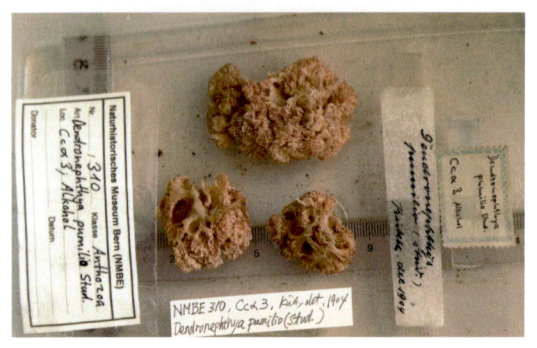

図30　ベルン自然史博物館に保管されていた Dendronephthya pumilio のタイプ標本（NMBE310）.

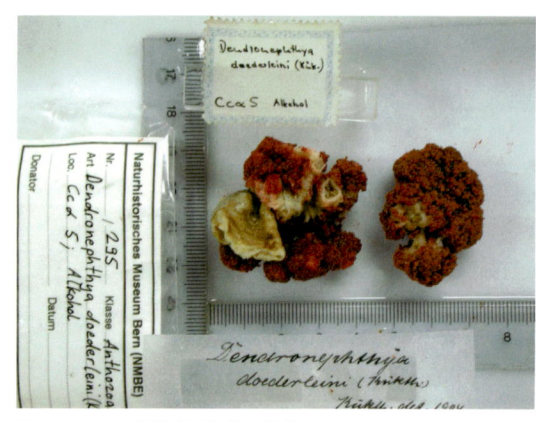

図31　ベルン自然史博物館に保管されていた Dendronephthya doederleini のタイプ標本（NMBE295）.

(Dendronephthya) doederleini Kükenthal（スツーダーは Spongodes coccinea n. sp. として発表したが，この種名は他の種に対して Stimpson（1855）が先に使っていたために，Kükenthal（1905）が新たな種名 doederleini を与えた）と，オオトゲトサカ Dendronephthya (Dendronephthya) gigantea Verrill（スツーダーは Spongodes glomerata n. sp. として発表したが，これも Kükenthal（1905）によりオオトゲトサカのジュニアシノニムとされた），の 6 つの標本である（図28，29，30，31）．最後の 2 つの標本こそ，動物分類命名規約の規定によりスツーダーの命名した名前が書き換えられることになったが，オオトゲトサカ以外は紛れもなくスツーダーのタイプ標本である．120年も前の標本であるが，保存状態はきわめて良くて，この博物館で大切に保管さ

れてきたことがうかがえる．しかし不思議なことに，標本ビンにもラベルにもタイプ標本であることを示すマークが付いていない．そして何よりも，これらの標本がタイプ標本であるということを，標本管理官や無脊椎動物担当学芸員の誰もが気付いていなかった．標本管理にはきわめて慎重な配慮をしているヨーロッパの博物館で，いったいなぜこのようなことが起きたのだろうか．その原因はラベルにあった．6 点すべての標本には，どれにも同じような 3 枚のラベルが入っていた．たとえば Dendronephthya (D.) punicea (Studer) の標本には，「Nr. 309, Anthozoa, Art. Dendronephthya punicea Stud. Loc. Cc α 4; Alcohol」と書かれた大きくて比較的新しい

ラベル,「*Dendronephthya punicea* (Stud.), Kükth., det. 1904」と書かれた中くらいのラベル, そして「*Dendronehthya punicea* Stud. Cc α4; Alcohol」と書かれた小さなラベルの 3種類のラベルだ. そこには, タイプ標本の表示どころか, 産地も採集者名も記入されていない. トゲトサカ属は, スツーダーが新種として記載をした時代には*Spongodes*という名でよばれていたので, スツーダー自身が作ったラベルなら, 標本ラベルの種名は*Spongodes punicea*になっているはずである. *Spongodes*とされていた多くの種が*Dendronephthya*をはじめとするいくつかの属に振り分けられたのは, スツーダーが論文を発表した7年後の1905年のことである (Kükenthal, 1905). そして, 中くらいの大きさのラベルの筆跡はキュッケンタールの筆跡によく似ているうえに, Kükth. という略称はキュッケンタール自身が好んで使っていた表現である. すなわち現在残っているラベルは, キュッケンタールがヨーロッパ各地の博物館に保管されていたそれまでの*Spongodes*の標本を調べ直す作業をしていたときに, これらの標本も直接見ていて, そのときにキュッケンタール自身が作った中くらいのラベルと, その後に誰かが作った小さなラベル, そして比較的最近になってから作られた大きくて新しいラベルということになる. 博物館によっては, 古くなったオリジナルラベルをアルバムにして保存しているところもあるが, ここではそれも見あたらない. そのため, スツーダー自身の, あるいはデーデルラインのラベルは, 今となってはもうどこへ行ったのかわからない. さらに残念なことに, ラベルにある「Cc α4」の意味のわかる人も現在は誰もいなかった. 実は, スツーダーの原記載論文には標本の図も写真も付いていない. そのために, これらがはたして本当にタイプ標本なのかどうかの確証はないが, 原記載に記述されていた形や大きさと, このような状況証拠は, これらがタイプ標本であることを強く示唆していた. 120年も前のタイプ標本が今頃になって発見されたことは, ベルン自然史博物館の人々をも大いに驚かせる結果であった. なお, スツーダーの原記載論文によると, これらのうちの*Dendronephthya* (*Dendronephthya*) *doederleini* Kükenthal, *Dendronephthya* (*Morchellana*) *flabellifera* (Studer), *Dendronephthya* (*Morchellana*) *pumilio* (Studer) の3種の産地はEnoshimaと明記されているが, その他の3種についてはJapanとしか記述されていなくて (Studer, 1888), 残念ながらタイプ産地を特定することはできない.

文献

Imahara, Y. 1996. Previously recorded octocorals from Japan and adjacent seas. *Precious Corals and Octocoral Research*, 4/5: 17-44.

岸上鎌吉. 1902. 本邦産サンゴの一新種. 動物學雑誌, 14: 419-420.

岸上鎌吉. 1903. 本邦産のサンゴ. 動物學雑誌, 15: 103-106.

Kükenthal, W. 1905. Versuch einer Revision der Alcyonaceen. 2. Die Familie der Nephtyiden. 2 Teil. Die Gattungen *Dendronephthya* n. g. und *Stereonephthya* n. gen. *Zool. Jahrb. (Syst.)*, 21(5/6): 503-726, pls. 26-32.

小川数也. 1996. キューケンタール (1861-1922) の生涯と業績. 南紀生物, 38(2): 135-140.

Stimpson, W. 1855. Descriptions of some of the new marine invertebrate from the Chinese and Japanese Seas. *Proc. Acad. Nat. Sci. Philadelphia*, 7: 375-384.

Studer, T. 1888. On sime new species of the genus Spongodes, Less., from the Philippine Islands and the Japanese Seas. *Ann. Mag. Nat. Hist.*, (6)1: 69-72.

Wright E. P. and T. Studer. 1889. Report on the Alcyonaria collected by H. M. S. Challenger during the years 1873-1876. *Rept. Sci. Res. Challenger, Zool.*, 31: i-lxxvii + 1-314, 43 pls.

5．海綿動物　　　　　　　　　　　　　　　　　　　　　　　　　　　　　　　　　　渡辺洋子

　1997年から1998年にかけてのデーデルライン・コレクションの調査で，ストラスブールとベルリンの博物館に収められている海綿動物の標本を調べた．1年目の調査は，ストラスブール動物学博物館に保存されている海綿の標本を調べた．海綿は軟らかくて壊れやすい種類が多い．標本にするとさらに壊れやすいが，とくに乾燥標本は脆く，注意して扱わないと粉々に砕けてしまう．この博物館には小さな海綿の破片を含めて500個近い標本があった．そのうち350点以上の標本は大変に良好な状態で乾燥標本と液浸標本として保存されていた（図32）．2年目の調査ではベルリンのフンボルト大学自然史博物館で保管されている標本について調べた．標本に付けられたデーデルライン自筆のラベルによれば採集地は日本各地にわたっていたが，相模湾，江ノ島，葉山，城ヶ島，と書かれた相模湾産の海綿がもっとも多かった．デーデルラインがもっとも熱心に収集したのが相模湾であり，海綿以外でも相模湾から採集された多くの海産動物の標本が保存されていた．相模湾は当時から海産動物の宝庫であったことが示される．

　海綿の標本にはイソカイメン類のような沿岸性の浅い海の海綿からさまざまな水深にすむ海綿，偕老同穴やホッスガイなど水深100mを超える深海性のガラス海綿類まで多数含まれていた．海綿類は相模湾の浅海から深い海に至るまで広く分布し，きわめて豊富であったことが示される．これらの標本は保存状態が良好で，このことからも当時の採集がかなり大がかりで慎重に行われ，大切に運ばれたであろうことが想像される．これらの標本は120年にわたり博物館によって大切に保存管理されていたのである．

　デーデルラインは江ノ島で土産物として売られていた乾燥したホッスガイを見つけて，実際に採集によりぜひ入手したいものと，現地の漁師を動員して幾度もドレッジを試みたところ，ようやく三崎近くの海底から採集することができたということである．この壊れやすく繊細な海綿を深海から引き上げるのに，どれほど注意深く熱心に採集に取り組んだことであろう．この採集により得られた六放海綿（ガラス海綿）類は19種，標本数43点におよんでいる．この中にはシュルツェ（Schultze）によって記載された12種とタイプ標本6点が含まれている（Schultze, 1887）．

　普通海綿（尋常海綿）類の標本はもっとも多く，250余点の完全な標本が収められていた．中でもデーデルラインが関心をもって精力的に集めたのはイシカイメン類で47点の完全な標本がある．1881年暮に日本から帰国したデーデルラインは1883年にはイシカイメン4新

図32　ストラスブール動物学博物館所蔵の六放海綿の標本．

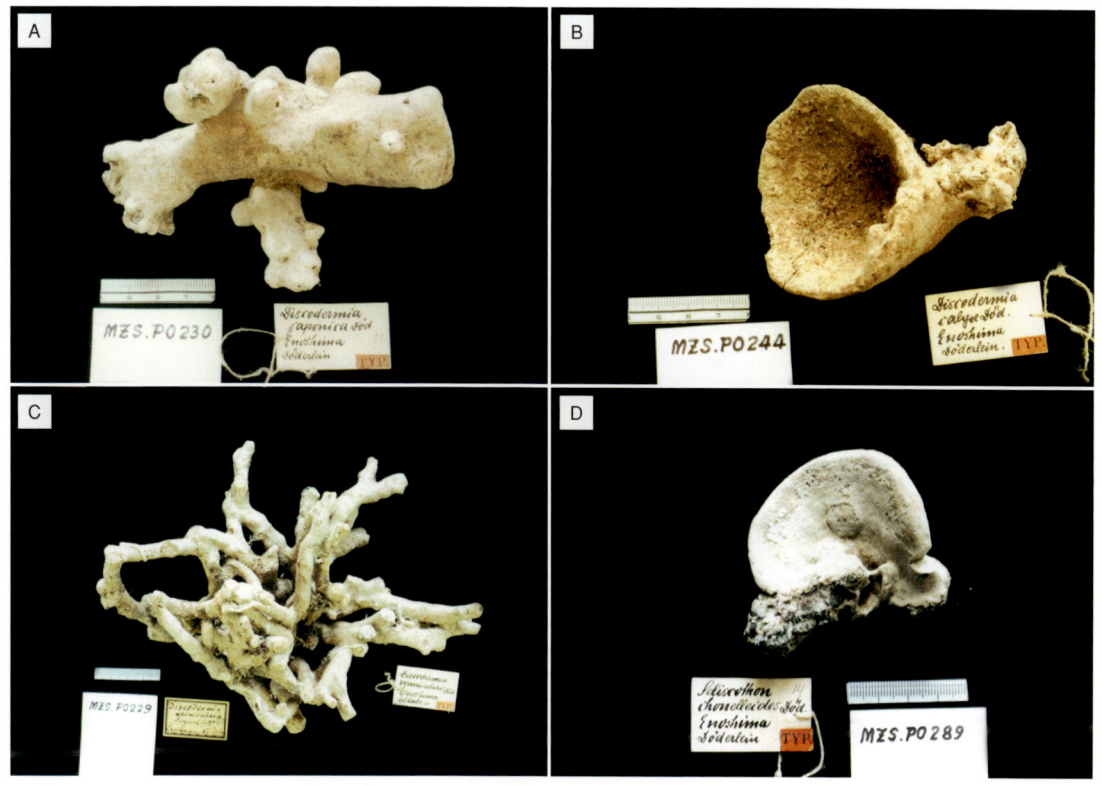

図33 デーデルラインによって記載されたイシカイメン4種（ストラスブール動物学博物館所蔵）．A：エダガタイシカイメン *Discodermia japonica*．B：チョコガタイシカイメン *Discodermia calyx*．C：ウネリイシカイメン *Discodermia vermicularis*．D：アゾレスカイメン *Leiodermatium chonelleides*.

種を報告している（Döderlein, 1883；図33）ことから帰国してすぐにイシカイメンの研究に取り掛かった様子がうかがわれる．彼はその論文の中で「沢山のイシカイメンが得られたが分類してみると4種でしかなかった」と落胆したような書き方をしている．イシカイメン以外の普通海綿類については，デーデルラインはまったく手をつけていないことからみても彼がイシカイメンにとくに興味をもっていたと思われる．

その他の普通海綿に関しては1898年ティーレ（Thiele）によって64種が報告されている（Thiele, 1898）．そのうちストラスブール動物学博物館では33点のタイプ標本，ベルリンのフンボルト大学自然史博物館で19点のタイプ標本が保管されていた．ベルリンにあった普通海綿の標本は，半数が組織や骨片のプレパラートで，海綿全体の標本は少なく，ほとんどが小型の標本瓶に入った小さな海綿ばかりであった．

ストラスブール動物学博物館には完全な形の標本があるのにどうしてフンボルト大学自然史博物館には小さなものしかないのか．この2つの博物館に収蔵されている標本には奇妙な関連がありそうであった．

よく見るとベルリンに保存されていた小さい標本は海綿の壊れた破片ではなく，大きな海綿の，たとえば枝の部分から切り取られたような海綿の一部と思われた．前年ストラスブールで調べた標本のいくつかに刃物で切り取られた跡があったことを思い出し，そのとき撮影した標本の写真を取り出して照合すると，その切り口の形がベルリンの小さい標本の切り口と合致していた．ベルリンの標本は明らかにストラスブール博物館にあった同じ標本の一部分であることがわかった（図34）．

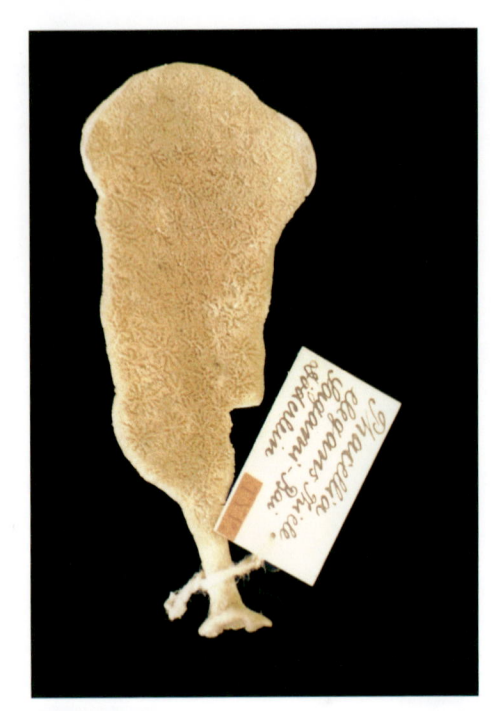

図34 ヘンペイカイメン *Phakellia elegans* (Thiele, 1898). 一部が切り取られたタイプ標本. ストラスブール動物学博物館所蔵乾燥標本. 右下の切り取られた部分はベルリンのフンボルト大学自然史博物館に収蔵されていた.

これらの標本は一体どのような経緯でストラスブールからベルリンに運ばれたのか不思議に思われた.

ティーレはドイツで研究するために標本の一部を切り取ってストラスブールからベルリンに運び, 骨片や組織のプレパラートを作ったのだろうか. その頃ストラスブールではドイツ人が研究できないか困難な状況があったのだろうか.

ドイツ国境に隣接するストラスブールは戦争の度にドイツ領とフランス領の間を行き来した複雑な都市である. デーデルラインは日本から帰国した後ドイツ領シュトラスブルクの博物館に所属し, 後に館長となったが, 第一次世界大戦後フランス領となったストラスブールからはあわただしくドイツ領のミュンヘンへ移らなければならなかったということである. 日本から持ち帰った貴重なコレクションの大部分はストラスブールに残して行かざるを得ない状態であったと推測される.

戦争と直接関係があったかどうかはわからないが, ベルリンで見た海綿の小さな標本はティーレが一部を切り取ってベルリンに運んだものか, デーデルライン自身がティーレに研究を依頼するときに切り取って一部だけを渡したものかわからないが, 何か複雑な歴史の変化の中で起こった事情があったように感じられた.

ドイツ人デーデルラインがストラスブールに残していった日本の海綿の標本は, 時代の荒波の中にあっても破壊も散逸することもなく, フランスのストラスブールで良好な状態で無事に保管されていたことは幸いなことであった.

自然史研究のうえで標本はきわめて重要なものであり大切に保存されなければならないものである.

1999年カナダの六放海綿の研究者, ライズウィッヒ博士 (H. M. Reiswig) はデーデルラインが日本で収集し, シュルツェが記載した六放海綿のタイプ標本を探し続けていた. 私たちの調査からそれらのタイプ標本の存在がわかって, 長年の懸案となっていた問題に解決の糸口を見つけることができたということである. 分類学の研究のうえで果たす標本の役割の重要性をあらためて実感するとともに, 120年余の間, しかも2度の過酷な世界大戦を通して無事に日本の動物の標本を保管し続けた欧州の博物館の姿勢に敬服している. これらの標本がわれわれ日本人の手によって研究できたことに感謝し, 幸せに思っている.

文献

Döderlein, L. 1883. Studien an Japanischen Lithistiden. *Zeitschr. f. wiss. Zool.*, (40): 62-104.

Schulze, F. E. 1887. Report on the Hexactinellida collected by H.M.S. 'Challenger' during the years 1873-1876. *Rep. Sci. Res. Voy. Challenger, Zool.*, 21: 1-514, pls. 1-104, 1 map.

Thiele, J. 1898. Studien über pazifische Spongien. I. Japanische Demospongien. *Zoologica*, (24): 1-72, 8 pls.

第6章　三崎臨海実験所の自然史研究における足跡

藤田敏彦・赤坂甲治

　相模湾の海産動物の研究史について語るうえで，相模湾を望む位置である三崎に造られた東京大学の臨海実験所は欠くことのできない存在である．ここでは，三崎臨海実験所の設立の経緯と歴史について，自然史研究という観点から振り返ってみたい．本章は，主に，磯野（1988）および臨海実験所が作成したリーフレット（東京大学大学院理学系研究科附属臨海実験所，1999）を参考にしてとりまとめた．

お雇い外国人と三崎臨海実験所の設立

　明治維新以降，学問も西洋に学びつつ近代化が推し進められていった．生物学の黎明期である明治初期には，いわゆるお雇い外国人教師によって研究教育が支えられていた．1877年には東京大学が創立され，その年に生物学科が開設された．その動物学教室には初代教授としてエドワード・モース（1877～1879年に来日），2代目としてチャールズ・ホイットマン（Charles Otis Whitman, 1879～1881年に来日）と，2人のアメリカ人教授が迎えられた．3代目教授となった箕作佳吉（1858-1909, 図1）もアメリカで教育を受けてきており，当時の東京大学の動物学教室は，アメリカ流の動物学を推し進めていったのである（磯野，1988；木原ほか，1988）．一方，時を同じくして，東京医学校およびそれを継いだ東京大学医学部には，博物学教師としてドイツ人学者が招かれていた．フランツ・マーチン・ヒルゲンドルフ（1873～1876年に来日），ヘルマン・アールブルク（Hermann Ahrburg, 1877～1878年に来日）そしてルートウィヒ・デーデルライン（1879～1881年に来日）の3名である（木原ほか，1988）．その後の日本の動物学の発展を支えていくことになる三崎臨海実験所は，これら2つの流れのお雇い外国人教師の活躍を礎として設立されることになる．三崎臨海実験所が造られるに至った要因として，動物学の研究，教育における臨海実験所自体の重要性，および三崎という場所の動物地理学的な重要性，の2つの点を考えなければならないが，まず最初に，それぞれの点にお雇い外国人教師が果たした役割をまとめてみたい．

　動物学教室初代教授となったモースは，海産動物である腕足類の研究者であり，来日前から海産動物の研究，教育における臨海実験所の重要性を認識していた（磯野，1988；木原ほか，1988）．このことを受けて，東京大学は，彼への教授就任要請に際し，江ノ島に施

図1　箕作佳吉．

図2　三崎町入船時代の臨海実験所の建物（三崎臨海実験所所蔵）．

設を設けて研究することに対して援助する旨の申し出を行い，実際に，掘っ建て小屋ではあったが日本で最初の「臨海実験所」が造られた（磯野，1988）．1ヵ月で閉じられたものの，モースはそこで十分に目的を果たすことができた（第2章参照）．さらに，彼は，教授として在任中も，永続的な臨海実験所を設立するように大学側に進言していた．モースの後を継いだホイットマンも，後にウッズホール海洋研究所の初代所長になる人物であるが，来日前から臨海実験所の重要性を確信していた（磯野，1988）．彼は，離日の際に自費出版で『東京大学における動物学』という冊子を残し，その中で「（モースによる）進言の重要性が遠からぬ将来に認められ，それに基づいて建設される臨海実験所が何よりも価値があり，また魅力ある施設となることを望みたい」という一文を残した（磯野，1988：p. 14）．3代目教授の箕作も同様に動物学の研究と教育には臨海実験所が欠かせない存在であることをアメリカで学んできていた（磯野，1988）．こうして，永続的な臨海実験所の設立の動きが東京大学の中で強まっていったのである．それでは，どこに臨海実験所を置くのが良いか．これは臨海実験所の将来を左右する重要な問題である．そして，三崎に臨海実験所を設置するに至った最大の決め手は，第3章で述べられたデーデルラインの調査の成果であった．

デーデルラインは相模湾の珍しい動物について，帰国後の1883年に「日本の動物相の研究：江ノ島と相模湾」（Döderlein, 1883）という論文にまとめており，その中で「日本沿岸の何処かに動物学実験所を設立するという提案が何度かなされてきたが，それが実現する日が来たならば，私の今回の経験からみて，三崎こそそれに最適な場所であろう」（磯野［訳］：p. 85）と述べ，臨海実験所の設立を視野に入れて，三崎周辺の海域の動物学的な重要性を紹介した．このデーデルラインの発見を受けて，1884年には箕作佳吉が臨海実験所を造る場所を三崎にすることに決め，三崎に臨海実験所が造られることになったのである．

入船から小網代へ

このような経緯で1886年に相模湾を望む三崎町の入船という場所に実験所が建設され（磯野，1988），翌1887年に「帝国大学臨海実験所」と命名された．敷地はわずか230 m^2，木造2階建ての170 m^{2}に，実験室，採集品仕分け室，標本室，図書室，2つの寝室からなる小規模な実験所であったが（図2），アメリカのウッズホールやイギリスのプリマスの実験所（ともに1888年設立）よりも一足早いスタ

図3　小網代移転後の実験所．左は新井浜側より，右は諸磯側より見た．

ートを切っている．1887年に箕作が東京帝国大学理科大学の紀要に発表した臨海実験所の記事（Mitsukuri, 1887）の要約が，翌年，英国の科学雑誌ネイチャー（Nature, Vol. 38：p. 83-84）に取り上げられたことからも，三崎臨海実験所は，世界的にも注目されていたということをうかがい知ることができる．

1890年代に入り，三崎の町が発展するとともに実験所近辺の海の汚れが目立つようになってきた．それに加えて，実験所を訪れる研究者や学生の数はしだいに増加していったが，実験所の建物が狭かったため，来訪者を収容しきれない事態も生じてきた．そこで実験所は，三崎の町から2km北方の，油壺湾に面する小網代の現在地に移転することにしたのである（図3）．ここは海岸線の変化に富んでいる点でも入船よりはるかに優れた場所で，事実，この移転後に数多くの新種や珍種が新たに発見されている．新たに9200 m^2（2800坪）の土地を入手し，1897年9月に移転工事に入り，10年間使われていた2階建の実験棟を三崎町からそっくり運んで再建したほか，木造平屋建の1棟（116 m^2＝35坪）を新設し，さらにこの実験棟から坂を上った新井城本丸跡に宿舎1棟（210 m^2＝64坪）を建てた．竣工は同年の12月末，学生たちは早速やってきて新年を新実験所で迎えた．これは，十数年前

図4　アラン・オーストン．

までクラブ室，食堂，台所などに使用されていた部分にあたる．

設立当初，入船時代の実験所には所長もおかれておらず，助手も技官もいなかった．しかし，最初に，国立科学博物館の前身である東京教育博物館の動物掛として勤務したこともある土田兎四造（つちだとよぞう）が，小網代に移転した1897年12月に初代の助手となり，翌1898年1月には，名採集人としてその名を知られる熊さんこと青木熊吉が専属の採集人となった．熊さんは

図5 ミツクリザメ *Mitsukurina owstoni* Jordan, 1898.（提供：瀬能　宏，KPM NI8645，全長121 cm，神奈川県小田原市根府川沖，水深110〜120 m から採集された）．

深海動物の宝庫

それまでは実験所と縁は深かったが正式に雇われていたわけではなかったのである．ようやく移転1年後の1898年12月に箕作佳吉が初代の所長に任命され（1904年まで），本格的に臨海実験所としての活動がなされるようになっていった．

設立当初の実験所は，日本人研究者によってさまざまな動物の発見が続き，動物の宝庫としての「三崎」の名前がしだいに高まっていった（磯野，1988）．

実験所設立当初はイギリス人の貿易商，アラン・オーストン（Alan Owston：1853-1915）（図4）に助けられた．スポーツマンであったオーストンは，愛用のヨット「ゴールデン・ハインド」号で相模湾を乗り回し，伊豆諸島，小笠原諸島も訪れている．博物学に興味をもち標本商も行っていた彼は，採集標本によるつながりから実験所とも関係をもつようになり，船を提供して採集に協力し，またナチュラリストであった彼は自ら採集器具を考案し，自分で採集した珍しい動物をしばしば実験所に寄贈した．1897年にオーストンが相模湾で捕獲して寄贈したサメの標本は，箕作佳吉が渡米するときに持参し，当時の魚類分類学の第一人者であるデイビッド・スター・ジョルダン（David Starr Jordan）によって，*Mitsukurina owstoni* と箕作とオース

図6 オーストンフクロウニ *Araeosoma owstoni* Mortensen, 1904（提供：鈴木敬字）．

トンの両方の名前を含めた種名（和名はミツクリザメとされている）で，新科新属新種として記載された（Jordan, 1898）．その科名も Mitsukurinidae，ミツクリザメ科である（図5）．オーストンの名前が付けられた動物はほかにもたくさんあり，ウニ類のオーストンフクロウニ *Araeosoma owstoni* Mortensen, 1904 もその1つである（図6）．

青木熊吉「熊さん」（図7）は，代々の採集人の中では最大の功労者であろう．熊さんは三崎の漁師として育ったが，実験所が入船町にあった頃から実験所に出入りし，最初は自分の底延縄漁で採取された動物を売っていたらしい．そのうち，とくに，後に第2代の臨海実験所長となる飯島魁がガラス海綿の採集で底延縄を利用するようになってからは，実験所と深いつながりをもつようになり，実験

図7　青木熊吉.

図8　カイロウドウケツモドキ *Regardrella okinoseana* Ijima, 1901. 撮影場所は駿河湾の水深900mである．（提供：独立行政法人海洋研究開発機構）．

所の採集を手伝うようになった．その巧みな山立てや操船，底延縄の技術によって，実験所における研究にはなくてはならない存在となった．飯島魁のガラス海綿の研究だけでなく，当時の大きな分類学的研究のほとんどは，熊さんの採集技術に負っていたといっても過言ではない．青木熊吉はエピソードには事欠かず，多くの論文や書物で取り上げられているが，ただ，不思議なことに，青木熊吉の名前を冠した動物は少なく，わずか3種だけである（磯野，1988）．魚類2種と，もう1つが，ハナガサナマコ *Kolga kumai* (Mitsukuri, 1912) であり，その科名である Elpidiidae にも熊さんにちなんでクマナマコ科という名が与えられている．

　実験所設立当初の頃にもっとも熱心に採集が行われた場所が，沖ノ瀬であった．採集方法は熊さんの得意とした底延縄で，ダボ縄とよばれていた．房総半島の先端の洲崎の真西に位置する瀬で，周囲は500～1000 mの深海に囲まれた水深140 mほどしかない浅みである（第11章図2参照）．三崎からは南に十数マイル離れている．この沖ノ瀬からは実に多くの珍しい動物が採集され，それらの研究が発表されるとともに，稀少動物の宝庫として三崎の名前が知れ渡るようになったのである．飯島魁が研究をしたガラス海綿（Ijima, 1901, 1902, 1903, 1904）がその最たる例であるが，デーデルラインが夢中になったホッスガイのほかにも，巨大なガラス海綿であるツリガネカイメン *Rhabdocalyptus victor* Ijima, 1897や，中にドウケツエビが入っているカイロウドウケツの仲間など興味深いさまざまなガラス海綿が採集された（図8）．沖ノ瀬の東の部分にはカイロウドウケツ類が多産する場所があり，「同穴場」とよばれている．この頃に沖ノ瀬周辺から採集され新種として記載された動物はほかにも，頭足類のメンダコ *Opisthoteuthis depressa* Ikeda & Ijima, 1895などがあり，また，新種ではないものの，まれにしか採集されてはいなかったが動物学的な研究対象として非常に興味深い種もいろいろと採集されており，出芽という多毛類では珍しい繁殖の方法をとるカラクサシリス *Syllis ramosa* McIntosh, 1879（Oka, 1895；第15章参照）や，一見ホヤのような外観をもつナマコ類のイガグリキンコ *Ypsilothuria bitentaculata* (Ludwig, 1893)，単体ヒドロ虫類では最大の大きさで1mを超

図9 オトヒメノハナガサ *Branchiocerianthus imperator* (Allman, 1888).（提供：独立行政法人海洋研究開発機構）.

図10 1910年に完成した拡充工事後の実験所.

えるオトヒメノハナガサ *Branchiocerianthus imperator* (Allman, 1888) などがあげられる（図9）．もちろん，深海産ではない動物でも，数多くの動物学的に重要な発見がなされてきた．

　これらの研究で，三崎の名が世界に知れ渡るにつれ，とくに実験所の小網代移転後は，海外からも多くの研究者が臨海実験所を訪れるようになった．長期間滞在して研究を行った人も少なくなかった．とくにアメリカのコロンビア大学からやってきたバシュフォード・ディーン（Bashford Dean：1867-1928）は1900〜1901年と1905年に実験所に滞在して魚類を研究し，実験所にヨット「荒井丸」や通称「ディーン屋敷」とよばれる宿舎1棟（最近まで使用されていた）などを寄贈したことで知られている．また，1900年にはアメリカからミツクリザメを記載した魚類学者ジョルダンが弟子のジョン・スナイダー（John Otterbein Snyder）とともに来日し，実験所こそ2日ほどしか滞在しなかったが，日本国内を回り220種の魚類を採集し，そのうち25種を新種として記載した（磯野，1988）．そのうちの1つがミサキウナギ *Muraenichthys aoki* で青木熊吉の協力をたたえて命名している（Jordan and Snyder, 1901）．1904年には，ドイツからデーデルラインの弟子となるフランツ・ドフラインが来所し相模湾の調査を熱心に行ったが，これについては次章に詳しく述べることとする．1906年にはアメリカの海洋調査船アルバトロス号が来航し，10月には相模湾と駿河湾を調査しており，これには箕作が同船している．ややのちの1914年にはデンマークの棘皮動物の分類学，発生学の著名な研究者であるセオドア・モルテンセン（Theodor Mortensen）など，多数の研究者が来所している．

　実験所の施設も少しずつ充実していった．1910年には，臨海実験所の大拡充工事が完成したが（図10），これは東京帝大農科大学（現農学部）の水産学科開設に伴う措置であった．工事の指揮をとったのは1904年に第2代所長に就任した飯島魁（1861-1921, 図12, 1921年まで所長を務める）で，1908年に約23000 m^2（=7000坪）の隣接地を買収した．まず，入船時代からの2階建の実験棟を反対側の崖下に移して標本室棟とし，平屋建の実験棟の増築を行った．また新たに平屋建の実験棟（現在の外国人用宿舎）と水族飼育棟を建て，宿舎も増築した．水族飼育棟は研究のための設

図11 採集船「道寸丸」．

備であったが，見学希望者には無料で観覧を許した．上から覗きこむ式の飼育槽ばかりだったが，参観者は相当多数にのぼったという．また，このとき実験所背後の山の上に発電用の風車を作ったが，これはアイディア倒れで，結局役立たずに終わった．1915年には，「道寸丸」（12トン）（図11）が進水した．外洋にも出られる船をもつという実験所創設以来の夢がかなったのだが，実際には伊豆大島辺までしか航海できずにお荷物となり，早くも1923年には払い下げられてしまった．

この頃に三崎周辺で採集され研究された動物としては，1912年にやはり沖ノ瀬で熊さんが採集した，クモヒトデとウミユリの珍種がある．これらは松本彦七郎が研究を行い（Matsumoto, 1912, 1913a, b, c），ハスノハクモヒトデ *Astrophiura kawamurai* Matsumoto, 1912は五角形の盤に非常に細くて取れやすい腕をもつ風変わりなクモヒトデで，当時は原始的なクモヒトデと見なされた．また，ハダカカワウミユリ *Phrynocrinus nudus* A. H. Clark, 1907（松本は *Phrynocrinus obtortus* として記載した）は，ホソウミユリ目という中世代に繁栄し，現生ではわずかな種が残っているだけのグループに属する珍しい種である．この

松本彦七郎はクモヒトデ類の研究に力を注ぎ，相模湾で採集された標本を多数用いて，従来とは異なるクモヒトデ類の新しい分類法を確立したのである（藤田, 2006）．

第2代所長の飯島魁は，箕作の死去（1909年）という困難の中で，実験所の拡充を成功させた．ガラス海綿のほかにも飯島の行った研究は多岐におよび，鳥，寄生虫，扁形動物の渦虫類，ヒルなどの研究を行い，実験所および動物学教室の中枢として，これらの研究の後継者を含む多くの研究者を育てた．また，1918年には本邦の動物学の成果を集大成した『動物学提要』を世に送った．その後も数多くの版を重ねた名著であるが，これを読むと，本邦動物学にとって三崎の実験所が果たした役割がいかに大きかったかがよくわかる．

自然史科学から実験生物学へ

第2代所長の飯島魁は1921年に急逝，翌年，谷津直秀（1877-1947, 図13）が跡を継いで第3代所長（1938年まで）に就任した．谷津は動物学への実験的手法の導入をかねてから主張しており，所長就任の翌年である1923年の春にはそれに沿った実験所の改造案を作成した．しかし皮肉なことに，その年の9月1日

図12 飯島　魁.

図13 谷津直秀.

に関東大震災が実験所を襲った．実験所は壊滅状態になり，もはや改造どころではなくなってしまった．幸い所員一同は無事だったし，火事も生じなかったが，貴重な標本と実験器具類が多数破損し，建物のいくつかは半壊状態となってしまった．岡田要（当時は助手）のように数年間の研究成果を無にしてしまった人もあった．さらに悪いことには，付近一帯が1m隆起したため，磯もかつての豊かさを失ったのである．

震災後しばらくは海外からの来訪者も途絶え，寂しい日々が続いていた．しかし，1926年秋に東京で開かれた第3回汎太平洋学術会議の折には，エクスカーションの1つとして多くの人々が実験所を訪れ，久々の賑いになった．この一行がやってきた頃には実験所もおおむね震災前の姿に戻っていた．また，1926年の暮れに石油エンジン式吸水ポンプが初めて設置され，翌1927年には動力用電力が入り，1930年にはやっと電話が通じるなど，ようやく近代化が進み始めていた．

谷津の夢であった実験所の改造は関東大震災のために大幅に遅れたが，1932年にまず，鉄筋コンクリート造2階建の水族館（370 m^2＝112坪）が完成して公開された．階下は水族室，階上は標本室だったが，関東初の本格的水族館とあって大評判となった．一方，実験所の本館の方はやや遅れて，1936年にようやく竣工した．これも鉄筋コンクリート造の2階建で，延べ1016 m^2（＝309坪），階下12室，階上13室，地階3室の堂々たる建築であり，内部も実験的研究に適する近代的研究設備を備えていた．このとき，明治以来の木造実験棟は1棟を除いて撤去された．この本館はそれ以来約70年を経た現在まで，内部が多少改造されたほかはほとんど姿を変えずに使用されている．また，1棟だけ残された木造研究棟も今日まで健在で，近年は長期滞在者用宿舎となっている．

所長就任以来一貫して実験所の大改造を計画してきた谷津だったが，待望の新実験棟の完成後まもなく，1938年には定年の日を迎えた．跡を継いだ田中茂穂も1年で定年，1939年に岡田要が5代目の所長となった．実験形

図14 團勝磨が残した書き置き．現在はウッズホール臨海実験所に保管されている．

図15 現在の三崎臨海実験所．新研究棟（上），記念館と「新」臨海丸（下）．

態学の泰斗だった岡田の所長就任で実験所は新しい時代に入るかと思われたが，不幸なことに，1937年には日中戦争が勃発しており，すでに平和な時代は終わっていた．1941年に太平洋戦争に突入し戦争が本格化すると，研究どころではなく，みな実験所を去り，実験所は1927年から採集人として加わった出口重次郎（重さん）が独りで言葉通り命をかけて守った．1945年8月15日，日本は降伏，その月末には米軍が実験所を接収するとの知らせが入った．それを重さんから伝えられた團勝磨（当時は東大講師）は，日米両軍の折衝の場に立ち合うとともに，接収にやってくる将兵たちに，本来は科学研究施設であるこの場所を破壊しないでほしいとの書き置きを実験所の扉に残したのはよく知られている話である．「The last one to go（最後に立ち去る者より）」と署名した團のメッセージは，今，ウッズホール臨海実験所に飾られている（図14）．

戦後の苦難の時期を乗り越え，実験所が落ち着きを取り戻したのは1950年頃である．そして，実験所は新たな繁栄の時代を迎えた．しだいに，最新鋭の機器も揃えられ，実験所を実験的生物学の拠点とするという谷津教授の念願がようやくかなえられたのである．その後の臨海実験所は，代々の所長，所員の努力によって，設備の拡充が進み，本格的な実験生物学における研究が進められていくこととなる．老朽化した建物の改築が進められていったが，長らく残されていた実験所本館の建て替えが実現し，近代的な研究設備（大型飼育水槽室，実験水槽室，遺伝子実験施設，RI施設，分子生物学実験室，細胞培養室，低温実験室，シールド室など）を備えた新研究棟が1993年に完成した（図15）．取り壊しが予定されていた旧本館や水族標本室も改築がほどこされ，新たに記念館，水族標本館として臨海実習等の教育のために利用されることとなった．材料採集に欠かせない船舶も，1973年以来活躍していた「臨海丸」（9トン）にかわり，2000mのワイヤーを備えたウインチなどの設備をもつ「新」臨海丸（17トン）が1996年に進水し，浅海から深海に至る生物の研究が可能になった．

以後，実験所では，発生生物学などを主体とした実験的な生物学が進められることとなる．発生生物学の実験動物としては棘皮動物のウニ類やヒトデ類などが重要視され多くの

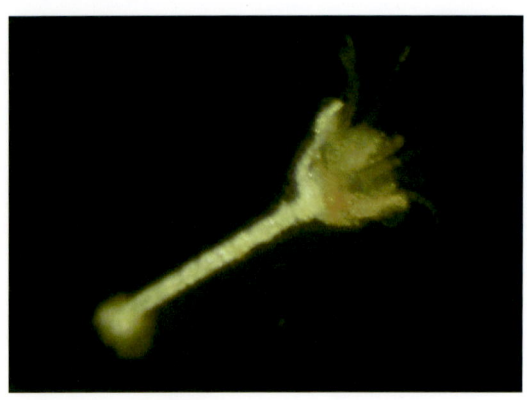

図16 ニッポンウミシダのペンタクリノイド幼生（左，体長約2 mm）と稚ウミシダ（右）．それぞれ，受精後約10日，約2カ月．三崎臨海実験所では本種を卵から成体まで発生させることに成功している．

図17 SBネットの活動．

成果をあげてきたが，近年では，同じ棘皮動物でもウミユリ類に注目した研究が行われ，新たな展開が開けてきた．ウミユリ類は棘皮動物の中でもっとも起源が古く本来の棘皮動物の体制を維持していると考えられている．ウミユリ類は，ウニ類やヒトデ類などウミユリ類以外の棘皮動物が失ってしまった神経節や明瞭な分節性を持っている．ウミユリ類の神経節は数千個から1万個にものぼる神経細胞からできており，後口動物の中枢神経系の起源を示すものとして注目されている．三崎臨海実験所では，ウミユリ類に属するニッポンウミシダの完全な発生・飼育に成功しており，卵から性成熟に至るライフサイクルのすべての段階の個体を得ることができるようになり，これを用いて，神経系の進化などを探るのにもっとも重要な後期発生の研究を行うことができるようになった（図16）．ウミユリ類の完全な発生・飼育に成功しているのは世界で三崎臨海実験所だけであり，実験所を活用した先端的な研究を示す一例である．

実験生物学への邁進とともに，実験所における，分類学や系統学など自然史科学は衰退の方向へ向かうこととなった．しかしながら，自然史科学的研究の必要性は失われてはいない．臨海実験所周辺においては，環境保全の努力は続けられているものの，宅地化を含む開発は進む一方で，近隣の磯や浜の生物相は，かつての豊かさから程遠くなってしまっている．幸い，日本の動物学の原点となった相模湾の深所はまだ磯ほど荒れてはいないようだが，楽観はできない．今後の実験所の大きな課題の1つは，世界に誇る最大の財産だった周辺の自然を回復し維持していくことにある．そのための活動の1つとして，実験所では，相模湾生物ネットワーク（SBネット）という事業を行っている（図17）．相模湾に生物保護区を作ることを最終目標として，国立科学博物館ほか相模湾に関連のある臨海実験所や博物

館などの研究機関と協力しあって相模湾に生息する生物のすべてを記録するという活動である．まさに，このような自然史的な研究なしでは，私たちの環境を守ることは不可能であろう．

　日本でもっとも古く，また世界でも有数の歴史をもつ三崎臨海実験所は，こうして新たな装いのもとに，さらなる発展を志向しつつ，21世紀に歩みを進めつつある．

文献

Döderlein, L. 1883. Faunistische Studien in Japan: Enoshima und die Sagami-Bai. *Arch. Naturgesch.*, 49: 102-123. [磯野直秀（訳）．1988．日本の動物相の研究：江ノ島と相模湾．慶應義塾大学日吉紀要・自然科学，4: 72-85.]

藤田敏彦．2006．東京大学総合博物館所蔵クモヒトデ類標本について．東京大学総合研究博物館標本資料報告，No. 62: 135-150.

Ijima, I. 1901. Studies on the Hexactinellida, Contribution I (Euplectellidae). *J. Coll. Sci. Imp. Univ. Tokyo*, 15(1): 1-299, pls. 1-14.

Ijima, I. 1902. Studies on the Hexactinellida, Contribution II (The Genera *Corbitella* and *Heterotella*). *J. Coll. Sci. Imp. Univ. Tokyo*, 17(9): 1-34.

Ijima, I. 1903. Studies on the Hexactinellida, Contribution III (*Placosoma*, a new euplrectellid, Leucopsacidae and Caulophacidae). *J. Coll. Sci. Imp. Univ. Tokyo*, 18(1): 1-123, pls. 1-8.

Ijima, I. 1904. Studies on the Hexactinellida, Contribution IV (Rosellidae). *J. Coll. Sci. Imp. Univ. Tokyo*, 18(7): 1-307, pls. 1-23.

磯野直秀．1988．三崎臨海実験所を去来した人たち．日本における動物学の誕生．学会出版センター，東京，vi+230 pp.

Jordan, D. S. 1898. Description of a species of fish (*Mitsukurina owstoni*) from Japan, the type of a distinct family of Lamnoid sharks. *Proc. Calif. Acad. Sci. (Zool.)*, 1: 199-202.

木原　均・篠遠喜人・磯野直秀（監修）1988．近代日本生物学者小伝．平河出版社，東京，567 pp.

Matsumoto, H. 1912. 現世の原腸逐足類附腸逐足類の目の再査．動物學雜誌，24(283): 263-269, 4 pls.

Matsumoto, H. 1913a. Preliminary notice of a new interesting ophiuran (*Astrophiura kawamurai*). *Annot. Zool. Japon.*, 8: 225-228, 1 pls.

Matsumoto, H. 1913b. 沖ノ瀬産新有柄海百合に就て．動物學雜誌，(294): 202-205.

Matsumoto, H. 1913c. On a new stalked crinoid from the Sagami Sea (*Phrynocrinus obtortus*). *Annot. Zool. Japon.*, 8: 221-4.

Mitsukuri, K. 1887. The Marine Biological Station of the Imperial University at Misaki. *J. Coll. Sci., Imp. Univ. Tokyo*, 1: 381-384, pls. 28-29.

Oka, A. 1895. Über die Knospungsweise der *Syllis ramosa*. *Zool. Mag.*, 7: 117-120.

東京大学大学院理学系研究科附属臨海実験所．1999．東京大学三崎臨海実験所1886-1999．東京大学大学院理学系研究科附属臨海実験所，三浦市，32 pp.

第7章　ドフラインの相模湾深海調査

藤田敏彦

　先の章で述べられたデーデルライン・コレクションの調査の過程で，これまでその名があまり広くは知られていなかった人物が浮かび上がってきた．ドイツ人の動物学者フランツ・ドフラインである（図1）．ドフラインもまた来日した際，多数の日本産の動植物標本を集めて持ち帰っていた．後述のように，彼の収集した膨大なコレクションによって，多くの学者が分類学的な研究を押し進め，その研究成果は，日本の生物の分類学的研究にとって現在でも基本文献として揺るぎない価値のあるものである．

　フランツ・ドフラインは1904年から1905年にかけて日本に滞在した．ドフラインはデーデルラインを通じて類い希なる深海動物の宝庫である相模湾の存在を知り，日本を訪れたのである（第3章参照）．彼は，日本滞在中に東京大学の三崎臨海実験所を基地として相模湾に船を出し精力的な採集調査を敢行した．本章では，ドフライン・コレクションの特徴とその分類学的な重要性を明らかにするために，ドフラインが行ったその当時の深海動物の採集調査の様子や，相模湾とその深海動物相の特徴について，ドフラインの著述からまとめてみたい．

動物学者フランツ・ドフライン

　フランツ・ドフラインは，1873年にドイツ人商人の子としてパリに生まれ，ミュンヘン大学に入学，その後シュトラスブルク（当時はドイツ領，現在はフランスのストラスブール）に転学して医学を学んだ（宮下，1930）．1896年にミュンヘン大学にて動物学を学び1897年に学位を取得した．1901年からはミュンヘンのバイエルン国立博物館に勤務（1910年に副館長），1903年からミュンヘン大学の講師を務めた（1907年には教授に昇進．1912年にはフライブルク大学教授として招かれフライブルクへと移り住んだ後，1918年にはブレスラウ大学教授となりブレスラウ（当時はドイツ領，現在はポーランドのヴロツワフ）へと移動した．1923年に退職し，1924年にブレスラウ近郊のオーベルニクで亡くなった（宮下，1930）．

　ドフライン自身の研究テーマは多岐にわたっているが（宮下，1930），もっともよく知られているのが原生動物学の研究で，たとえば繊毛虫類 Ciliophora はドフラインが設立したタクソンである．代表的な著作をあげると，1901年に『寄生生物，病原体としての原生生物（Die Protozoen als Parasiten

図1　フランツ・ドフライン（提供：ドフラインの孫にあたるゲメリング在住のドロテーア・シュヴァルツ）．

und Krankheitserreger nach biologischen Gesichtspunkten dargestellt）』を公表し，それをもとに1906年には『原生動物学教科書（Lehrbuch der Protozoenkunde）』を出版した．この教科書は版を重ね1916年には第4版，彼の死後，ライヒェノーの手により第5版（Doflein and Reichenow, 1929）が出版されている．また，「原生動物研究（Studien zur Naturgeschichite der Protozoen）」という題目の下に，1897〜1918年の間に10の論文を発表している．原生動物以外にも，アリジゴクの生態学的研究も熱心に進め，1916年には『アリジゴク，生物学的，動物心理学的，および反射生物学的調査（Der Ameisenlöwe. Eine biologische, tierpsychologische und reflex-biologische Untersuchung）』という著書を発表した．さらに，ミュンヘンの博物館に職を得ていたので，自分自身が1つの分類群に精通している必要性を感じ，十脚甲殻類を選んで分類学的な研究を行い「東アジアの十脚甲殻類（Ostasiatische Dekapoden）」（1902年）ほかの多数の論文を発表している．

　ドフラインは生涯において3回大旅行を行いそれぞれの旅行の紀行文を残している（宮下，1930）．最初は，アンチル諸島からメキシコ，カリフォルニアを訪れ1900年に『自然科学者によるアンチル諸島から極西地方への旅行記（Von den Antillen zum fernen Westen Reiseskizzen eines Naturforschers）』，次に1904〜1905年に日本を中心とする東アジアに旅行し『東亜紀行．中国，日本，セイロンにおける自然科学者の経験と観察（Ostasienfahrt. Ergebnisse und Beobachtungen eines Naturforschers in China, Japan und Ceylon）』（1906年），そして1917から1918年にはマケドニア遠征に加わり『マケドニア．ドイツ軍遠征における自然科学者の経験と観察（Mazedonien. Ergebnisse und Beobachtungen eines Naturforschers im Gefolge des deutschen Heeres）』（1921年）という紀行文を書き残している．どれも，そのタイトルからわかるように，自然科学者の視点から書かれた紀行文となっており，ドフラインが自分の専門にとらわれず幅広く自然史に興味をもっていたことをうかがい知ることができる．

　ドフラインは，シュトラスブルク滞在中にデーデルラインの教えを受け（宮下，1930），そのときに相模湾が深海動物の宝庫であることを知り，相模湾の動物相に興味を抱いたのであろう．そして，デーデルラインの調査からおよそ20年後に，その相模湾における調査を実現させることとなる．ドフラインが行った当時の調査の様子や，相模湾の深海動物について，『東亜紀行』に触れられている内容を紹介する．

ドフラインの相模湾深海動物相調査

　1906年に発表された『東亜紀行』（Doflein, 1906）は全部で511ページからなる紀行文である（図2）．副題に「中国，日本，セイロンにおける自然科学者の経験と観察」とあるように，これら3カ国を訪れているが，目次（表1）を見るとわかるように，4章の「日本到着」から17章の「日本との別れ」まで，内容の多くが日本にあてられており，中でも8章の「油壺」から12章の「三浦半島にて」まで，相模湾周辺の紹介に多くのページを割いている．内容は，まさに自然科学者からの視点が強調されているが，動植物など自然のことだけではなく，文化や人々の生活などについても細かな観察を行っている．ここではこのうち，相模湾の海産動物にかかわる，第9章から第11章の「相模湾」，「深海漁業」，「相模湾の深海動物相」の3章の内容をまとめて紹介することにより，ドフラインがどういう視点で相模湾の深海動物の調査研究を行ったかを見ることとしたい．

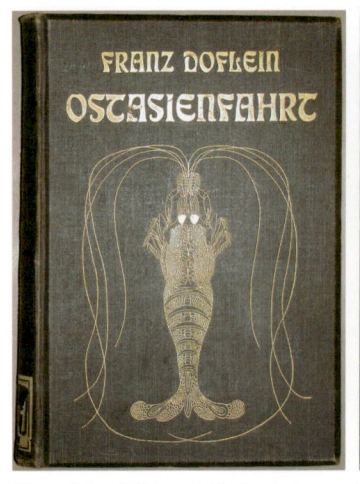

図2 『東亜紀行』の表紙（エビジャコの飾り絵が描かれている）（左）と見返（右）.

図3 「ずそう」丸．ドフラインが調査のために雇った船（『東亜紀行』より引用）.

表1 『東亜紀行』の目次

1. 冒険の旅	12. 三浦半島にて
2. コーチシナ	13. 首都東京にて
3. 中国	14. 日本の子供と学校
4. 日本到着	15. 箱根山への旅行
5. 陸前への小旅行	16. 畿内にて．自然と芸術
6. 仙台湾にて	17. 日本との別れ．黄禍
7. 日本の漁師	18. セイロン
8. 油壺	19. アヌラダブラからバブニヤまで
9. 相模湾	20. インド地方の熱帯雨林．鳥と蝶
10. 深海漁業	21. きのこ栽培をするシロアリ
11. 相模湾の深海動物相	22. セイロンの高地にて．アリの観察．帰国

1904年9月4日にドフラインは三崎の臨海実験所を訪れ2カ月弱滞在した（磯野，1988）．東亜紀行の第10章は到着した横浜の町の様子から話が始められている．ドフラインは，まず調査をしてもらえる船を探すことから始めた．行き着いたのは，東京湾汽船会社の「かいうん丸」（106 t）という船であるが，三崎に来る直前に座礁して沈没してしまった．すでに積んであったケーブルなどは引き揚げて修理したが，船は別のものを使わなくてはならず，「ずそう丸」（136 t）（図3）を雇うことにした．結局，調査を開始できるまでに2カ月もかかってしまっている．この船はドイツ人船長と日本人航海士に加え13人の乗組員を擁し，速力も8ノット出せる汽船で，デーデルラインが雇い上げた櫓こぎの和船とは比べ物にならないものであった．ウインチを有し，5 mm径のケーブルを2000 mまいていた．調査の際には，三崎臨海実験所の土田兎四造

図4 調査風景．深海から水温計を引き上げたところ（『東亜紀行』より引用）．

や青木熊吉が器具の準備などを手伝ったようだ．

　ドフラインが最初に行ったのは水温の測定である．1904年11月8日，観測点番号Ⅰ（ハイダシ場）では海表面が18℃，水深50 mで20℃，150 mで18℃，200 mで13.2℃であった．この当時の計器や測定の様子も詳しく紹介されている（図4）．それぞれの水深の水温を測定するにあたり，通常の外洋のように水温が単調に減少しているのであれば最低温度計を使用して計測をすることができるが，このデータを見るとわかるように，途中で水温が逆転していると最低温度計では不可能である．このような場合でも海水温を測れる転倒温度計を初めて開発したのはイギリスのネグレティとザンブラ（1874年）であったが，このザンブラ式よりもすぐれたドイツのリヒター社の製品をドフラインは使用した．『東亜紀行』には，メッセンジャー式およびそれよりも確実に作動するプロペラ式の転倒温度計が紹介されている．このような水温観測のデータから，黒潮が相模湾へと流入していることを示し，親潮の影響も含め海流により動物相がつくられていることを考察したのである（図5）．

　ドフラインは生物の採集にプランクトンネットとドレッジ網を用意した（図6）．プランクトンネットでは水深700 mからの深層性プランクトンの採集を行っている．しかしな

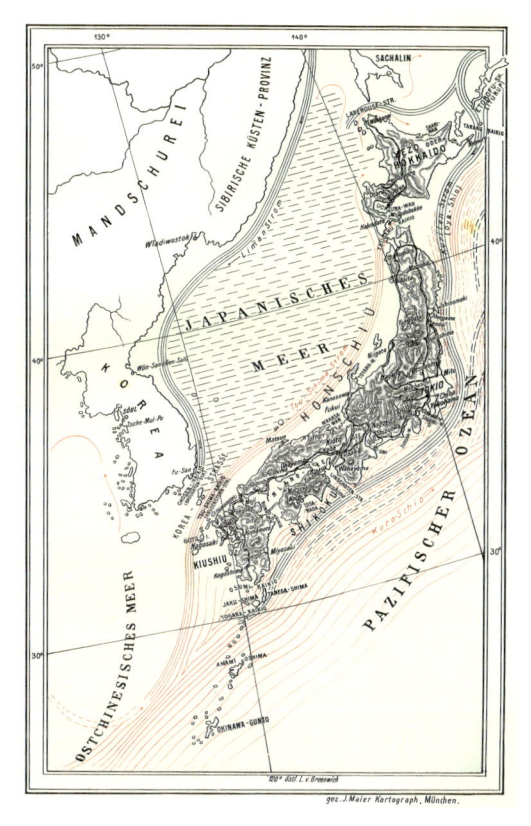

図5　日本の概略地図と海流（『東亜紀行』より引用）．

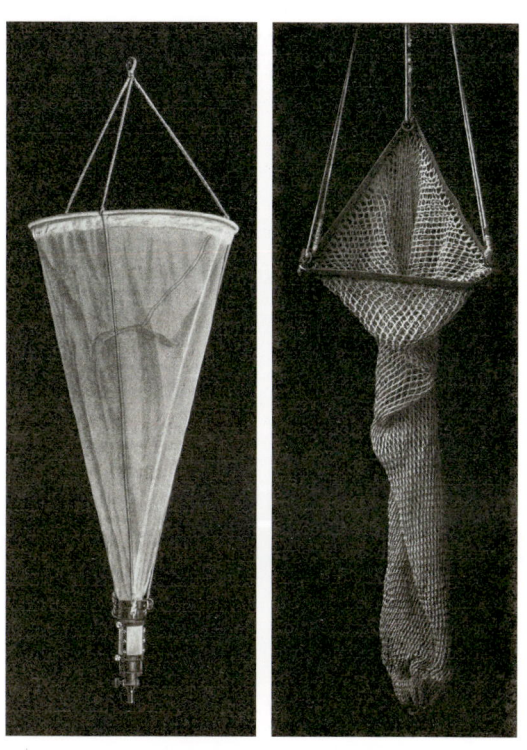

図6　プランクトンネットとドレッジ（『東亜紀行』より引用）．

第7章　ドフラインの相模湾深海調査──71

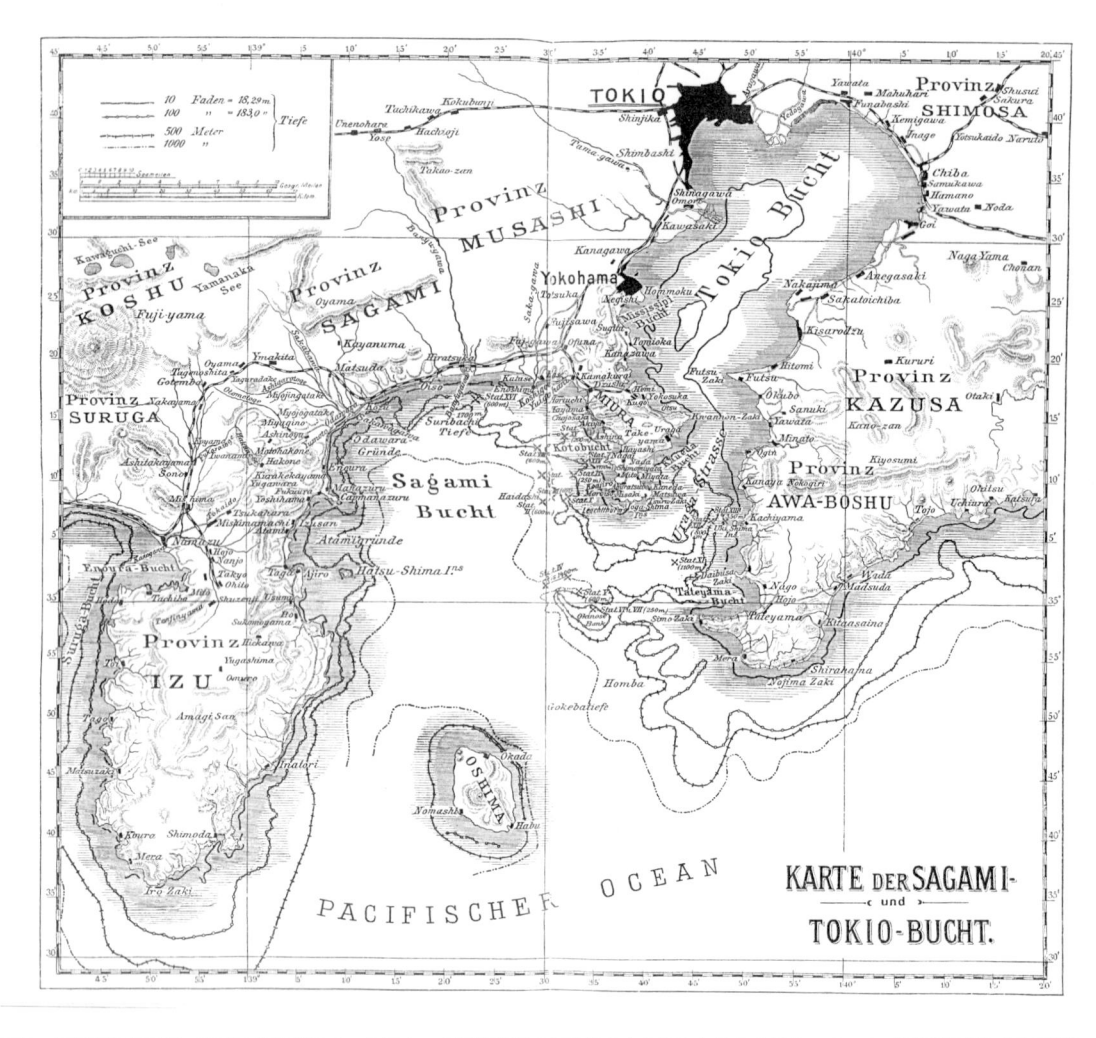

図7 相模湾と東京湾．海図や飯島魁のデータによって海底地形の情報はかなり知られるようになっていた（『東亜紀行』より引用）．

んといっても，ドフラインがもっとも興奮した作業は，ドレッジやトロールによる深海底生動物の採集であったことはいうまでもない．またドフラインは日本の深海漁業の技術を賞賛しており，ダボ縄とよばれるギスを狙った底延縄を詳しく紹介し，これによってさまざまな種類の深海魚が捕獲されるとともに無脊椎動物も混獲されることに触れている．三崎臨海実験所の名採集人であった青木熊吉もダボ縄の名手であり，オキナエビスガイをはじめ珍種を多く釣り上げている（磯野，1988；第2章参照）．

『東亜紀行』に掲載されている相模灘の海底地形図（図7）を見ると10ファゾム（＝18 m），100ファゾム（＝183 m），500 m，1000 mの等深線も描かれ，すでに海図や飯島魁（Ijima, 1901）による海底地形の知識がありデーデルラインの調査当時と比較すればはるかに精密なデータが得られていたことがわかる．ドフラインは，石廊崎と伊豆大島と野島崎を結ぶ線の内側を相模灘としてとらえている．天候が悪く思うように作業ができなかった日もあり，最終的には，汽船を利用できた16日のうちの8日の作業で，16点の調査測点において，底曳網，プランクトンネット，水温測定を行った．海底地形図を見ると，相模湾だけでな

72 ── 第1部　相模湾生物相調査史

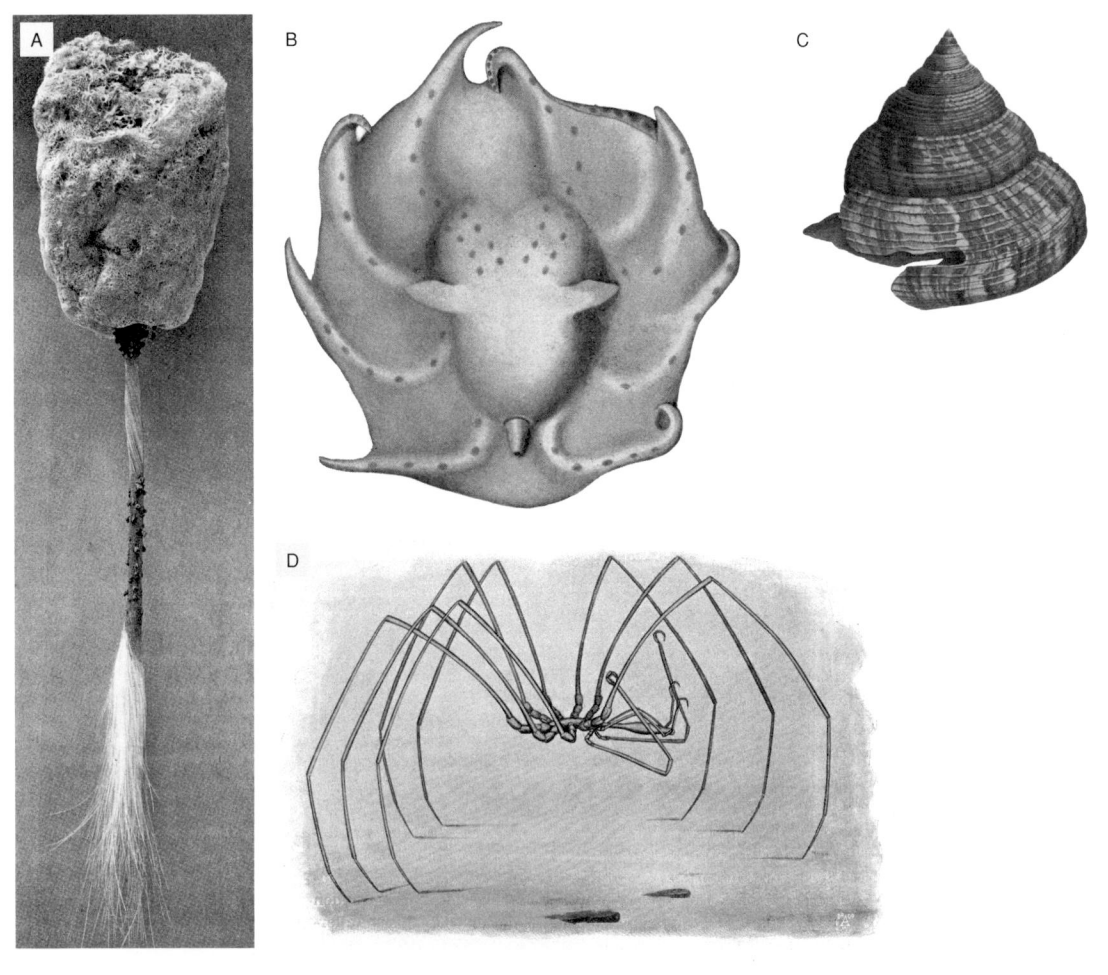

図8　相模湾の生物（『東亜紀行』より引用）．A：ホッスガイ *Hyalonema sieboldi* (Gray, 1835)（ガラス海綿）．B：メンダコ *Opisthoteuthis depressa* Ijima and Ikeda, 1895（頭足類）．C：オキナエビスガイ *Pleurotomaria* (*Mikadotrochus*) *beyrichii* Hilgendorf, 1877（巻貝類）．D：ベニオオウミグモ *Colossendeis colossea* Wilson, 1881（ウミグモ類）．

くて浦賀水道でも調査を行っており，さまざまな珍しい動物の採集地点として有名な沖ノ瀬でも調査を実施していることがわかる．標本の量は，70〜80箱に達し，十分な成果があげられたと書かれている．

『東亜紀行』では第11章を中心として，採集された動物をまとめ，挿し絵とともにたくさんの相模湾産の深海動物が紹介されている（図8）．それら魚類や無脊椎動物の生態について詳しく触れ，深海という環境にどのように適応しているかなどの考察を生き生きと述べている．このように，ドフラインはただ珍しい標本を手に入れたかっただけではなく，常に生態学的な視点や進化学的な視点をもっており，実際の相模湾の調査でも海水温などの環境要因も測定し，海底地形などその生息環境についてもきちんと把握していた．ドフラインが初めて相模湾の総合的な海洋生物学的調査研究を行ったということができる．ドフラインは相模湾の深海動物相について「この大きな太平洋深海の動物界はその子孫を相模湾の中に送り込む．そしてそこで，日本固有の浅海の動物や前に述べた熱帯および北方から移動してきた動物と一緒になって，まったく独特の動物相を形成するのである」（林（訳），2001，(31)：p.8）と述べ相模湾の特徴

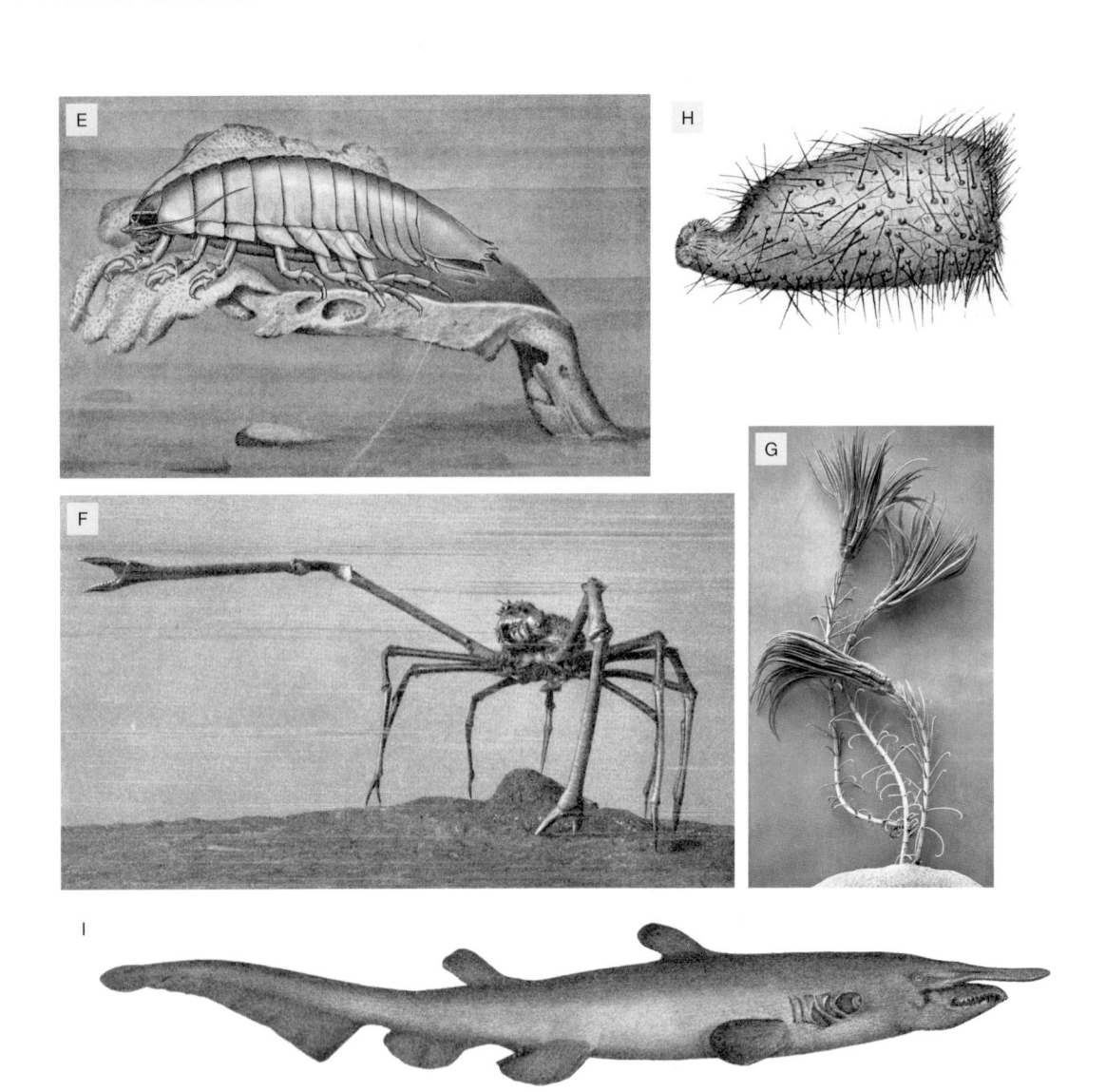

図8　相模湾の生物（『東亜紀行』より引用）．E：オオグソクムシ *Bathynomus doederleini* Ortmann, 1894（等脚類）．F：タカアシガニ（十脚甲殻類）*Macrocheira kaempferi* (Temminck, 1836)．G：トリノアシ *Metacrinus rotundus* Carpenter, 1884（ウミユリ類）．H：トックリブンブク *Pourtalesia laguncula* A. Agassiz, 1879（ウニ類）．I：ミツクリザメ *Mitsukurina owstoni* Jordan, 1898（魚類）．

は小さな海域に途方もなく豊かな動物が存在していることであるとして，相模湾の動物相の成因について詳しい考察を行っている．海流の影響については，相模湾の動物相には黒潮の影響が強く，そのために南方性の動物が入るが，一方，寒流とともにやってきた北方性の動物が冷たい深海で生きながらえられることに触れている．また，海底地形が急峻で水深のレンジが大きく，浅い海の動物から深い海の動物までいろいろな動物がいることや，海底地形も複雑で変化に富むことも豊かな動物相を作り出す因となると考えた．相模湾は深海に至るまでの陸からの距離が短いため，陸起源の堆積物が多く，そのため海底の環境に変化があることや，暖流と寒流が混ざり合う海域ではマリンスノーが豊富となる，などの環境条件もあげ，相模湾が豊かな動物相を擁する理由を示したのである．そのような相模湾の環境には実際にさまざまな深海動物が生息しており，海綿動物，棘皮動物，甲殻類，頭足類，魚類など特徴的な動物を紹介している．それぞれの動物に関する記述については

表2　『東亜博物誌』の各論文タイトル

Beiträge zur Naturgeschichte Ostasiens. Herausgegeben von Dr. F. Doflein.

Supplement I. Coelenteraten
1 : Franz Doflein, Einleitung. 1906. pp. 1-8, 2 pls. Willy Kükenthal, Japanische Alcyonaceen. 1906. 9-86 pp., 5 pls.
2 : A. Wasilieff, Japanische Actinien. 1908. 52 pp., 9 pls.
3 : Willy Kükenthal und H. Gorzawsky, Japanische Gorgoniden. I. Teil: Die Familien der Primnoiden, Muriceiden und Acanthogorgiiden. 1908. 72 pp., 4 pls.
4 : Fanny Moser, Japanische Ctenophoren. 1908. 78 pp., 2 pls.
5 : Willy Kükenthal, Japanische Gorgoniden. II. Teil: Plexauriden, Chrysogorgiiden und Melitodiden. 1909. 78 pp., 7 pls.
6 : Eberhard Stechow, Hydroidpolypen der japanischen Ostküste. I. Teil: Athecata und Plumularidae. 1909. 110 pp., 7 pls..
7 : Else Silberfeld, Japanische Antipatharien. 1909. 20 pp., 2 pls.
8 : Otto Maas, Japanische Medusen. 1909. 52 pp., 3 pls.
9 : Willy Kükenthal, Zur Kenntnis der Gattung Anthomastus Verr. 1910. 16 pp., 1 pl.
10 : Heinrich Balß, Japanische Pennatuliden. 1910. 106 pp., 6 pls.

Supplement II. Echinodermen und Crustacean
1 : Ernst Augustin, Über japanische Seewalzen. 1908. 44 pp., 2 pls.
2 : Heinrich Balß, Ostasiatische Stomatopoden. 1910. 12 pp.
3 : Martin Thielemann, Beiträge zur Kenntnis der Isopodenfauna Ostasiens. 1910. 110 pp., 2 pls.
4 : J. C. C. Loman, Japanische Podosomata. 1911. 18 pp., 2 pls.
5 : Ludwig Döderlein, Über japanische und andere Euryalae. 1911. 123 pp., 9 pls.
6 : Paul Krüger, Beiträge zur Cirripedien-Fauna Ostasiens. 1911. 72 pp., 4 pls.
7 : Felix Häfele, Anatomie und Entwicklung eines neuen Rhizocephalen, Thompsonia japonica. 1911. 25 pp., 2 pls.
8 : Paul Krüger, Über ostasiatische Rhizocephalen. Anhang: Über einige interessante Vertreter der Cirripedia thoracica. 1912. 16 pp., 3 pls.
9 : Heinrich Balß, Ostasiatische Decapoden. I. Die Galatheiden und Paguriden. 1913. 85 pp., 2 pls.
10 : Heinrich Balß, Ostasiatische Decapoden II. Die Natantia und Reptantia. 1914. 102 pp., 1 pl.

Supplement III. Die übrigen wirbellosen Tiere
1 : Gerhard Wülker, Über japanische Cephalopoden. Beiträge zur Kenntnis der Systematik und Anatomie der Dibranchiaten. 1910. 72 pp., 5 pls.
2 : Eberhard Stechow, Hydroidpolypen der japanischen Ostküste. II. Teil: Campanularidae, Halecidae, Lafoeidae, Campanulinidae und Sertularidae, nebst Ergänzungen zu den Athecata und Plumolaridae. 1913. 162 pp.

Supplement IV. Vertebraten und Zusammenfassung der Resultate
1 : Victor Franz, Die japanischen Knochenfische der Sammlungen Haberer und Doflein. 1910. 135 pp., 11 pls.
2 : Johannes Lohberger, Über zwei riesige Embryonen von Lamna. 1910. 45 pp., 5 pls.
3 : Robert Engelhardt, Monographie der Selachier der Münchener Zoologischen Staatssammlung (mit besonderer Berücksichtigung der Haifauna Japans). 1. Teil: Tiergeographie der Selachier. 1913. 110 pp., 2 Karten.

ここでは触れないが，相模湾の深海動物相の成因についての詳しい考察とあわせ，『東亜紀行』の第11章を参照していただきたい．

ドフライン・コレクションと東亜博物誌

　ドフラインが相模湾を中心として日本や東アジアから集めた莫大な数の海産動物標本は，ドイツへと持ち帰られ，それぞれの分類群の専門家にゆだねられて研究が進められた（西村，1992）．その研究成果は全4巻の『東亜博物誌（Beiträge zur Naturgeschichte Ostasiens, 1906-1914）』として公表され，「ドフライン・コレクション」に基づいて日本の海産動物，とくに相模湾の深海動物の記載が多数行われた．4巻はそれぞれ，第1巻が刺胞動物，第2巻が棘皮動物と甲殻類，第3巻がその他の無脊椎動物，第4巻が脊椎動物と調査のとりまとめという構成になっている．この論文集に掲載された論文の，分類群名と著者名を列記すると，刺胞動物では，ウミトサカ類（Kükenthal），イソギンチャク類（Wasilieff），ヤギ類（Kükenthal, Gorzawsky），クシクラゲ類（Moser），ヒドロ虫類（Stechow），クロサンゴ類（Silberfeld），クラゲ類（Maas），ウミエラ類（Balß），棘皮動物ではナマコ類（Augustin），クモヒトデ類（Döderlein）（第8章図1参照），甲殻類はシャコ類（Balß），ウミグモ類（Loman），等脚類（Thielemann），蔓脚類（Krüge），フクロムシ類（Häfele, Krüger），十脚類（Balß），その他の無脊椎動物として頭

足類（Wülker），脊椎動物としては硬骨魚類（Franz），サメ類（Lohberger, Engelhardt）などとなっており（表2），『東亜博物誌』以外の学術雑誌にもドフライン・コレクションに基づく分類学的研究の成果が公表されている．このようにドフライン・コレクションは多くの海産動物分類群を含んでおり，とくに相模湾の深海動物の分類学的な研究を進めるうえで，かなり重要な位置を占めるコレクションであることがわかる．

文献

Doflein, F. 1906. Ostasienfahrt. Ergebnisse und Beobachtungen eines Naturforschers in China, Japan und Ceylon. Drug und Verlag von B. G. Teubner, Leipzig, xii+511 pp. ［林和弘（訳）. 2001-2004. 東亜紀行（第9〜11章）. うみうし通信, 31: 7-10, 32: 6-7, 33: 7-9, 34: 6-8, 35: 9-11, 38: 6-7, 39: 5-7, 40: 6-7, 41: 7-9, 42: 10-11, 43: 4-5, 44: 10-11］

Ijima, I. 1901. Studies on the Hexactinellida. Contribution I. (Euplectellidae). *J. Coll. Sci. Imp. Univ. Tokyo*, 15(1): 1-299, 14 pls.

磯野直秀. 1988. 三崎臨海実験所を去来した人たち. 日本における動物学の誕生. 学会出版センター, 東京, vi+230 pp.

宮下義信. 1930. フランツ・ドフライン. 岩波講座生物學. 別項. 第3回配本. 岩波書店, 東京, pp. 27-35.

西村三郎. 1992. 日本近海動物相研究小史. 西村三郎（編著）：原色検索日本海岸動物図鑑［Ⅰ］. 保育社, 大阪, pp. xix-xxxv.

第8章　研究が待たれるドフライン・コレクション

藤田敏彦・今原幸光・馬渡峻輔

　デーデルライン・コレクションの現地調査の過程でヨーロッパの各博物館にドフラインが日本で採集した標本が保管されていることが判明し，その研究の必要性が浮上してきている．現在までに，ドフライン・コレクションの一部は，ドイツのミュンヘン国立動物学博物館ならびにベルリンのフンボルト大学自然史博物館に収蔵されていることがわかってきた．

　第7章で述べられているように，多くの種の記載のもととなったドフライン・コレクションであるが，その重要性の一端を知る情報として，学名にドフラインの名前が採用されているものを拾い集めてみた．ドフラインクラゲ *Nemopsis dofleini* Maas, 1909, スナギンチャク属 *Dofleinia* Wassilieff, 1908（タイプ種：スナイソギンチャク *Dofleinia armata* Wassilieff, 1908），メクラエビ *Prionocrangon dofleini* Balß, 1913, ツノワラエビ *Eumunida dofleini* Gordon, 1930（タイプ産地：相模湾），ミズダコ *Octopus dofleini* (Wülker, 1910)（タイプ産地：北海道），*Astrocladus dofleini* Döderlein, 1910（タイプ産地：相模湾）［＝セノテヅルモヅル *A. coniferus* Döderlein, 1902］, *Holothuria dofleinii* Augustin, 1908（タイプ産地：江ノ島）［＝トラフナマコ *H. (Mertensiothuria) pervicax* Selenka, 1867］, *Bathyplotes dofleinii* Augustin, 1908（タイプ産地：三崎）［現在の分類は不明］, オオシャチブリ *Ijimaia dofleini* Sauter, 1905（オーストン採集，タイプ産地：江ノ島沖）などとさまざまな分類群におよんでおり，相模湾をタイプ産地とする種も多いことがわかる．このように多数のタイプ標本を含む膨大な数のドフライン・コレクションの研究を進めることによって，多くの動物群において分類学的成果が上がることが期待される．

　ここでは，とくに，棘皮動物，苔虫動物，八放サンゴ類を取り上げ，それぞれの分類群のドフライン標本の概略を述べることとする．

棘皮動物

　棘皮動物について見てみると，エルンスト・アウグスティーンによる『東亜博物誌』の「日本産ナマコ類」（Augustin, 1908）では，16新種を含む日本産ナマコ綱33種が報告されている．この中には，長崎，女川，根室産の標本も含まれているが，31種は相模湾産の標本である．16新種のうち9種のタイプ標本はミュンヘンの博物館にあることが判明している（Jangoux *et al.*, 1987）．これらナマコ類のタイプ標本は原記載以降詳しい研究は行われ

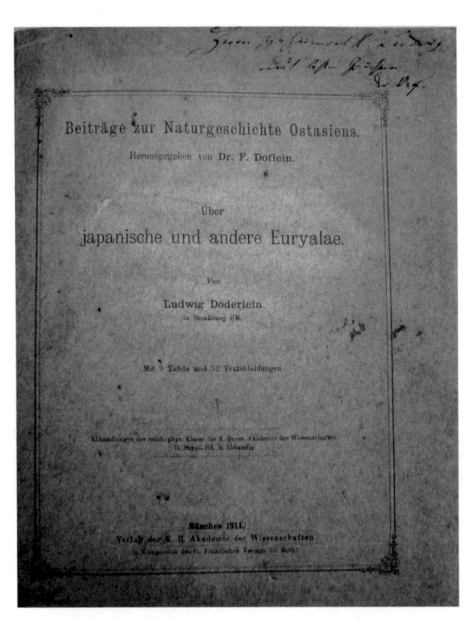

図1　『東亜博物誌』の中の「日本とその周辺のツルクモヒトデ類」．著者はデーデルライン．1911年．

表1　デーデルラインが『東亜博物誌』で報告した相模湾産ツルクモヒトデ類標本.

種名	採集者	採集地点
Astrotoma murrayi Lyman, 1879	Owston	Misaki (400 m)
Astrothorax misakiensis sp. nov.	Doflein	Misaki (400 m)
Gorgonocephalus japonicus Döderlein, 1902	Doflein, Haberer	Yogashima, Misaki, Fukuura, Uragakanal, Okinosebank (150〜800 m)
Gorgonocephalus tuberosus Döderlein, 1902	?	Sagamibai (240 m)
Gorgonocephalus dolichodactylus sp. nov.	Doflein, Haberer	Sagamibai (150 m)
Astrodendrum sagaminum (Döderlein, 1902)	?	Sagamibai (150〜200 m)
	Owston	Sagamibai (90 m)
Astrocladus dofleini Döderlein, 1910	Doflein, Haberer	Eingang der Tokiobai, zwischen Ito und Hatsushima, Haidashibai, Okinosebank, Eingang in den Uragakanal, Fukuura (135〜600 m)
Astrocladus coniferus (Döderlein, 1902)	Haberer	Ito, Fukuura (150〜200 m)
Astroboa globifera Döderlein, 1902	?	Sagamibai (150〜200 m)
Asteroschema (*Ophiocreas*) *monacanthum* sp. nov.	?	Enoshima
Asteroschema (*Ophiocreas*) *japonicus* Koehler, 1907	Doflein	Misaki, Hyoto
Asteroschema (*Ophiocreas*) *glutinosum* sp. nov.	Doflein	Sagamibai
Asteroschema (*Ophiocreas*) *enoshimanum* sp. nov.	Fishern auf Enoshima	Sagamibai
Asteroschema (*Ophiocreas*) *sagaminum* sp. nov.	Doflein	Misaki

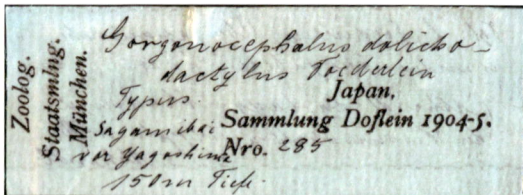

図2　ツルナガテヅルモヅルのホロタイプとラベル．ラベルには博物館名に加え，「日本．ドフライン1904-5採集」と印刷されている．*Gorgonocephalus dolichodactylus* Döderlein, 1911．相模湾，城ヶ島，150 m．

ておらず，そのうちの9種については現在の分類位置も不明のままである．またクモヒトデ綱のツルクモヒトデ類については，デーデルラインが研究を行い，「日本とその周辺のツルクモヒトデ類」（Döderlein, 1911；図1）では，ドフラインの標本を中心に，カール・ハベラー（Karl Albert Haberer：1864-1941. 人類学者．ドフラインと同様，相模湾で深海動物を収集した人物．ドフラインの調査にも協力している），オーストン，ヒルゲンドルフ，そして自身の収集標本を加えてとりまとめ7新種を含む日本産ツルクモヒトデ類25種を報告した．相模湾からは表1のような標本を報告している．デーデルラインはツルクモヒトデ類を集中的に研究しており，『東亜博物誌』の論文より以前にも日本産のツルクモヒトデ類の記載論文を発表している（Döderlein, 1902, 1910）．これらの論文と合わせて，相模湾をタイプ産地とするツルクモヒトデ類を取り上げると，タイプ標本（担名タイプ以外も含む）はミュンヘンの博物館に11種（図2のツルナガテヅルモヅルなど），ベルリンの博物館に3種（両方の博物館に収蔵されている種もあるので計12種）収蔵されて

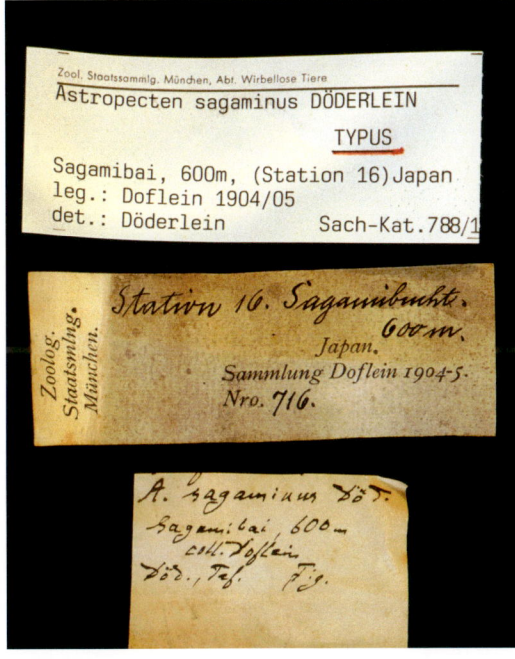

図3 サガミニセモミジ *Astropecten sagaminus* Döderlein, 1917 のホロタイプ標本とラベル.

図4 ドフライン・コレクションの苔虫標本.ミュンヘン国立動物学博物館所蔵.下側には日本産苔虫の文献が並ぶ.(提供:ヨアヒム・ショルツ).

いることが,デーデルライン・コレクション調査の過程で確認された.ヒトデ類についてもデーデルラインが研究を行っており,ドフラインの相模湾産の標本からサガミニセモミジ *Astropecten sagaminus* Döderlein, 1917が記載された(Döderlein, 1917;図3;本種のステータスについてはSaba and Fujita, 2006を参照),このように相模湾の動物相の理解には,デーデルライン・コレクションに引き続き,ドフライン・コレクションの全貌を明らかにし,分類学的な再研究を進めることが不可欠であるといえる.

苔虫動物

2005年7月,ミュンヘン国立動物学博物館に保管されていたドフラインが採集した苔虫標本が発見された(図4).ドフラインまたはドフラインの調査にも協力したハベラーによって相模湾その他の海域から採集されたアルコール保存の標本が全部で約100標本あることが判明し,これまでに67種が認められた.これらのうち,Reteporidae(= Philoporidae)についてはブヒナー(Paul Buchner)によって研究され,いくつかの種は,彼がまとめた重要な論文の1つである「日本産Reteporidaeの解剖学的ならびに分類学的研究」(Buchner, 1924)に取り上げられ記載されている.また,わずかだがボルグ(Folke Borg)が同定した標本が含まれている.さらには,ドフラインが相模湾で採集した海綿標本が40個近くの容器に収められているが,ここからも海綿に付着した苔虫動物が見つかる可能性があると考えられる.これらの標本を用いて,再記載などの研究の準備が進められつつある.図5はこのコレクションに含まれていた,*Retepora axillaris* var. *deliciosa* Buchner, 1924 [= *Iodictyum deliciosum* (Buchner, 1924)]のタイプ標本で,ドフラインによる相模湾調査の観測点7(沖ノ瀬,水深70〜180 m)で採集

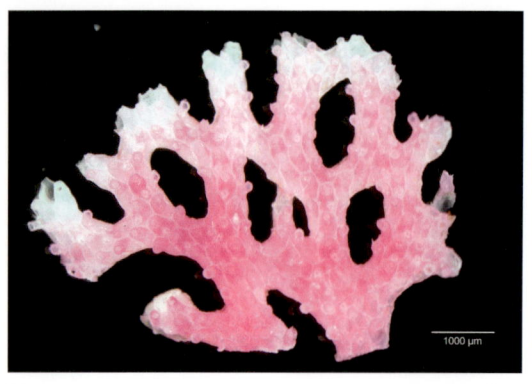

図 5 *Retepora axillaris* var. *deliciosa* Buchner, 1924 [= *Iodictyum deliciosum* (Buchner, 1924)］．ホロタイプ．ミュンヘン国立動物学博物館所蔵．（提供：ベンハード・ルーテンシュタイナー）．

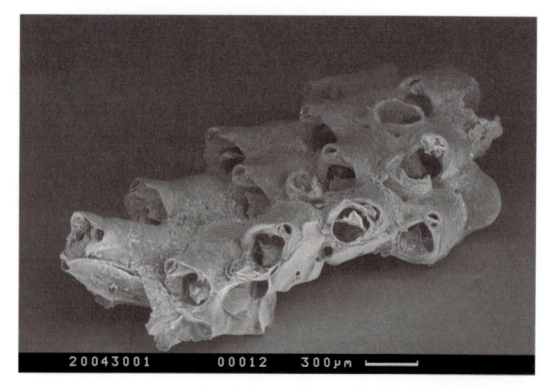

図 6 *Buchneria dofleini* (Buchner, 1924) の走査電子顕微鏡写真．ホロタイプ．ミュンヘン国立動物学博物館所蔵（提供：ヨアヒム・ショルツ）．

図 7 ヴロツワフ動物学博物館．

図 8 ヴロツワフ動物学博物館の八放サンゴタイプ標本庫．

されたものである．走査電顕による観察（図6）など，現代の技術を用いての詳細な研究によって，再記載を行っていく予定である．

八放サンゴ類

　日本産八放サンゴの最初のモノグラフとよべるものは，ドフライン編集による『東亜博物誌』シリーズの第 1 号として 1906 年に刊行されたキュッケンタール著の「日本産ウミトサカ類」(Kükenthal, 1906) である．キュッケンタールは，ドイツの名門イェーナ大学で系統学の元祖ヘッケルから動物学を学んだ後，当時ドイツ領であったポーランドのヴロツワフ大学動物学教授，同大学動物学博物館長を経て，最後はベルリン大学（現：フンボルト大学）教授とベルリン大学動物学博物館（現：フンボルト大学自然史博物館）の館長を務めた人物であるが，現代的な八放サンゴ分類学の基礎を築いた人物でもある．ドフラインとキュッケンタールの関係は，単にキュッケンタールがドフライン・コレクションの八放サンゴ標本を調べたことにとどまらず，ヴロツワフ動物学博物館におけるキュッケンタールの後任館長をドフラインが務めたというふしぎな縁でつながっている（図7，8）．

　キュッケンタールは，「日本産ウミトサカ類」の中で 20 種の新種を含む 33 種の日本産ウミトサカ類を報告しているが，そのうちの 27 種が相模湾産でしかも 19 種はドフラインの収集した標本で占められている．その中には，ニクイロクダヤギ *Siphonogorgia dofleini*

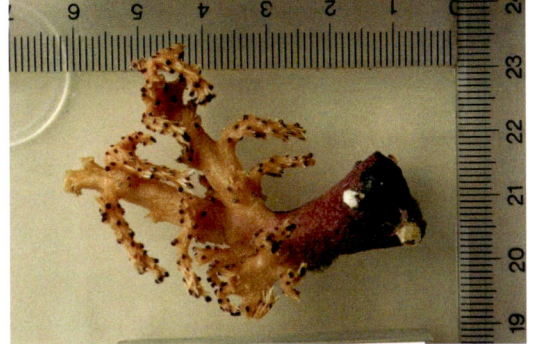

図9　ミュンヘン国立動物学博物館のニクイロクダヤギ *Siphonogorgia dofleini* のタイプ標本.

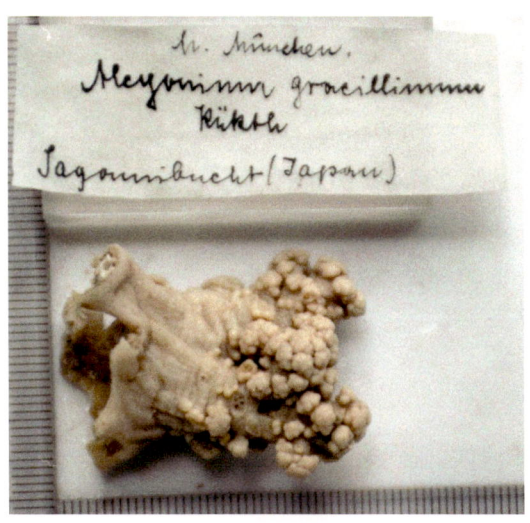

図10　フンボルト大学自然史博物館のベニウミトサカ *Scleronephthya gracillima* のタイプ標本.

図11　ミュンヘン国立動物学博物館のドフラインに献名されたホソトゲヤギの1種 *Acanthogorgia dofleini* のタイプ標本.

図12　ミュンヘン動物学博物館のイソバナ *Melitodes flabellifera* のタイプ標本.

（図9）のようにドフラインに献名された種やベニウミトサカ *Scleronephthya gracillima* [= *Alcyonium gracillimum*]（図10）のように，日本を代表するウミトサカ類が含まれている．またヤギ類については，同じ『東亜博物誌』のシリーズで1908年に刊行された「日本産ヤギ類Ⅰ」(Kükenthal and Gorzawsky, 1908) とその翌年に刊行された「日本産ヤギ類Ⅱ」(Kükenthal, 1909) で，合計58種の日本産ヤギ類が報告されていて，そのうちの53種が相模湾産の標本に基づいて記載されている．ここでもドフラインの収集した標本は40種にのぼり，そのうちの37種は新種であった．この中にはホソトゲヤギの仲間の *Acanthogorgia dofleini*（図11）のようにドフラインに献名された種や日本の図鑑でおなじみのイソバナ *Melithaea flabellifera*（図12）などが含まれる．さらにウミエラ類についても，やはり『東亜博物誌』の第10号として1910年に刊行された「日本産ウミエラ類」(Balß, 1910) で2新種を含む22種の日本産ウミエラが記載されているが，そのうちの1

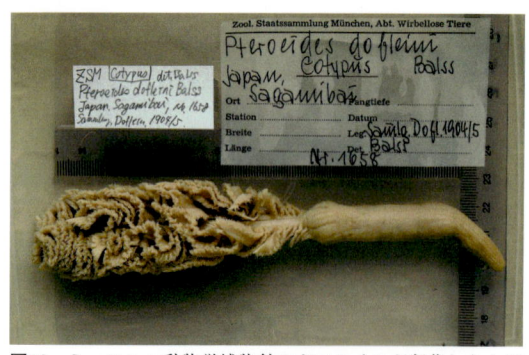

図13 ミュンヘン動物学博物館のドフラインが収集したトゲウミエラ属 *Pteroeides dofleini* のタイプ標本.

図14 ヴロツワフ自然史博物館のドフラインが収集したハナヤギ *Anthoplexaura dimorpha* のタイプ標本.

図15 ミュンヘン動物学博物館のハナヤギ *Anthoplexaura dimorpha* のタイプ標本.

種を除く21種は相模湾産であって，さらにその16種はドフラインの収集標本に基づいている．これらの中にもドフラインに献名されたトゲウミエラ属の *Pteroeides dofleini* が含まれている（図13）．

日本人研究者による日本産八放サンゴ類の研究は，1903年（明治36）に岸上鎌吉が記載したアカサンゴやシロサンゴなどのいわゆる宝石サンゴ類（ヤギの一属 *Corallium*）6新種を皮切りにスタートし（岸上，1903），その後東京大学理学部の木下熊雄による30新種（Kinoshita, 1907, 1913），京都大学瀬戸臨海実験所の内海富士夫による42新種（Utinomi, 1950, 1957, 1977），北海道大学理学部の山田真弓による2新種（Yamada, 1950）らに引き継がれてきた．しかし，ドフライン自身のコレクションを中心にまとめられた『東亜博物誌』は，日本産八放サンゴ類全般についての概要をまとめた最初でしかもこれまでで最大のモノグラフであって，現在でも研究者の座右の図書となっている．その一方で，顕微鏡技術の発達や多数の近縁種の相次ぐ発見などにより，当時と比較して現在では分類学の研究手法が大きく発達してきたため，種の再検討が必要になっているが，そのためにはタイプ標本を直接再検討することが欠かせない．

近年の標本調査において，ドフラインは日本へ採集旅行に訪れた1904年にはドイツのミュンヘン国立動物学博物館に所属していたことから，これらの八放サンゴ標本も多くは現在もミュンヘン国立動物学博物館に収蔵されていることが確認された．しかし，その一部はベルリンのフンボルト大学自然史博物館とポーランドのヴロツワフ動物学博物館にも保管されていて，米国立スミソニアン自然史博物館にもドフラインの収集したムレイウミエラ *Pennatula murrayi* 等の保管が確認された．それらの分散した標本の中には，複数のシンタイプがいくつかの博物館にまたがって保管されていることもあれば，1つの標本を2つに切り裂いたり，標本の一部を切り取ったものも含まれていた（図14, 15）．八放サンゴは大部分の種が群体性であるうえに，分類学は群体の外部形態を参考にしつつもポリプの構造や群体の各所に散在する微小骨片を重要な形態形質として行われることから，群体の一

部が残されていれば分類学的再検討を進めることが可能である．標本が分散している背景には，1900年前後のヨーロッパは戦争が相次ぐ争乱の時代であったことから，戦禍による損失から避けるために，意図的に標本を切断して分散させたことや，ドフラインとキュッケンタールともに戦争の影響もあっていくつかの博物館を渡り歩いたことから，その都度標本を持ち歩く中で標本の分散が行われた可能性などが考えられる．ドフラインと同時代にミュンヘン国立動物学博物館の依頼により日本から八放サンゴの多数の標本を採集したハベラーの標本も含めると，『東亜博物誌』で報告された標本は，上記の博物館以外にハンブルグ動物学博物館やウィーン自然史博物館にも保管されていた．彼らが収集した標本の中には，戦禍で焼失したことが明らかになった標本も含まれているが，未発見の標本の存在も否定できない．日本の動物学黎明期に日本を訪問した英国の世界周航調査船チャレンジャー号のコレクションがロンドン自然史博物館に一括して保管されていたり，日本周航探検を行った米国のアルバトロス号のコレクションが米国立スミソニアン自然史博物館に現在でもまとまって保管されていることと比較すると，ドフライン・コレクション中の八放サンゴ標本は，上述のようにミュンヘン国立動物学博物館とフンボルト大学自然史博物館以外にも各地の博物館に分散している．ドイツにおいてもドフライン・コレクションの再評価が高まっているようであるが，日本産の標本については日本人研究者が今後取り組むべき課題はすこぶる大きい．

ドフライン・コレクションの全貌解明にむけて

ドフライン・コレクションは，これまで見てきたように，相模湾の海産動物相研究を進める上で重要な位置を占めている．ドフライン・コレクションは日本の海産動物，とくに相模湾の深海動物の記載のもととなった多くのタイプ標本を含んでいるが，これらのタイプ標本は当時の分類学的なレベルで行われた原記載以来ほとんど研究が行われていないままであった．そのため現在，分類学的な混乱状況を招いている分類群がとても多い．その混乱状態を解決して，相模湾の海産動物相の分類研究を正確に遂行するためには，原記載ののち現在に至るまでの100年間で蓄積された分類学的情報や現在のレベルの分類学的手法をもって，ドフライン・コレクションに含まれるタイプ標本の再記載をする必要に迫られているのである．

ドフライン・コレクションには，タイプ標本以外の標本も多数含まれている．分類学的研究において，先にあげたタイプ標本の重要性はいうまでもないが，それらの一般標本は，その時代の動物相を示す証拠として大きな価値を持っているのである．タイプ標本以外も含めて，相模湾の動物相を本格的に採集調査した結果であるドフライン・コレクションは100年前の相模湾動物相を示す記録としての重要性も併せ持っている．ドフライン・コレクションの全貌を明らかにすることにより，過去の動物相の一端を知ることができ，現在との比較を通じて，環境の変化などに伴う動物相の長期にわたる変遷といった重要なテーマへの貢献も期待される．

文献

Augustin, E. 1908. Über japanische Seewalzen. *In*: Doflein, F. (ed.), Beiträge zur Naturgeschichte Ostasiens. *Abh. math.-phys. Kl. Kongl.-Bayer. Akad. Wiss., Suppl.*, 2(1): 1-45, 2 pls.

Balß, H. 1910. Japanische Pennatuliden. *In*: Doflein, F. (ed.), Beiträge zur Naturgeschichte Ostasiens. *Abh. math.-phys. Kl. Kongl.-Bayer. Akad. Wiss., Suppl.*, 1(10): 1-106, pls. 1-6.

Buchner, P. 1924. Anatomische und systematische Untersuchungen an japanischen Reteporiden. *Zool. Jahrb.*, 48: 155-216.

Döderlein, L. 1902. Japanische Euryaliden. *Zool. Anz.*,

25(669): 320-326.

Döderlein, L. 1910. L. Schultze, Forschungsreise im westlichen und zentralen Sudafrika 4(1). Asteroidea, Ophiuroidea, Echinoidea. *Denkschr. med.-natur. Ges. Jena*, 16: 245-258.

Döderlein, L. 1911. Über japanische und andere Euryalae. *In*: Doflein, F. (ed.), Beiträge zur Naturgeschichte Ostasiens. *Abh. math.-phys. Kl. Kongl.-Bayer. Akad. Wiss., Suppl.*, 2(5): 1-123, 9 pls.

Döderlein, L. 1917. Die Asteriden der Siboga-Expedition. 1. Die Gattung Astropecten und ihre Stammesgeschichte. *Siboga-Exped.*, 46(a): 1-191, 17 pls.

Jangoux, M., De Ridder, C. and H. Fechter. 1987. Annotated catalogue of Recent echinoderm type specimens in the collection of the zoologische Staatssammlung München. *Spaxiana*, 10: 295-311.

Kinoshita, K. 1907. Vorlaufige Mitteilung über einige neue japanische Primnoidkorallen. *Annot. Zool. Japon.*, 6(3): 229-237.

Kinoshita, K. 1913. Beitrage zur Kenntnis der Morphologie und Stammes geschichte der Gorgoniden. *J. Coll. Sci. Univ. Tokyo*, 32(10): 1-50, ds. 1-3.

岸上鎌吉. 1903. 本邦産のサンゴ. 動物學雜誌, 15: 103-106.

Kükenthal, W. 1906. Japanische Alcyonacee. *In*: Doflein, F. (ed.), Beiträge zur Naturgeschichte Ostasiens. *Abh. math.-phys. Kl. Kongl.-Bayer. Akad. Wiss., Suppl.*, 1(1): 9-86, pls. 1-5.

Kükenthal, W. 1909. Japanische Gorgoniden, 2. Teil: Die Familien der Plexauriden, Chrysogorgiiden und Melitodiden. *In*: Doflein, F. (ed.), Beiträge zur Naturgeschichte Ostasiens. *Abh. math.-phys. Kl. Kongl.-Bayer. Akad. Wiss., Suppl.*, 1(5): 1-78, pls. 1-7.

Kükenthal, W. and H. Gorzawsky. 1908. Japanische Gorgoniden, 1. Teil: Die Familien der Primnoiden, Muriceiden und Acanthogorgiiden. *In*: Doflein, F. (ed.), Beiträge zur Naturgeschichte Ostasiens. *Abh. math.-phys. Kl. Kongl.-Bayer. Akad. Wiss., Suppl.*, 1(3): 1-71, pls. 1-4.

Saba, M. and T. Fujita, 2006. Asteroidea (Echinodermata) from the Sagami Sea, central Japan. 1. Paxillosida and Valvatida. *Mem. Natn. Sci. Mus., Tokyo*, 41: 251-287.

Utinomi, H. 1950. *Cluvlaria racemosa*, a new primitive alcyonarian founding Japan and Formosa. *Annot. Zool. Japon.*, 24(1): 38-44.

Utinomi, H. 1957. The alcyonarian genus *Bellonella* from Japan, with descriptions of two new species. *Publ. Seto Mar. Biol. Lab.*, 6(2): 147-168, pls. 9-10.

Utinomi, H. 1977. Shallow-water octocorals of the Ryukyu Archipelago (Part III). *Sesoko Mar. Sci. Lab. Tech. Rept.*, 5: 12-34, pls. 1-6.

Yamada, M. 1950. Descriptions of two *Alcyonium* from northern Japan. *Annot. Zool. Japon*, 23: 114-116.

第9章　相模湾を見つめて60年
―生物学御研究所の相模湾調査―

並河　洋

　東京大学三崎臨海実験所は，日本人による相模湾の生物相研究に端緒をつけたが，大正末期には研究方針が自然史研究から実験生物学的な研究へと転換していった（第6章参照）．このような日本の生物学の流れの中で，皇居内生物学御研究所が相模湾の生物相研究をはじめられたことにより，デーデルラインに端を発した相模湾の生物相調査が1世紀以上も受け継がれていくこととなったのである．

　生物学御研究所のご研究については，山田真弓北海道大学名誉教授（昭和天皇の御著書『相模湾産ヒドロ虫類II』の解説者）が昭和天皇のヒドロ虫類（＝ヒドロゾア）研究について語った以下の記事に集約されている．『陛下のヒドロゾア研究は，相模湾という限られた海域で，非常に長い年月にわたって従事し，観察された精緻なもので，こうした例は国際的にもあまりなく，学問的な意義は大きいと思います．ご研究の態度も，世界の文献に広くあたられ，慎重で，奥が深かった．生物学御研究所に蓄積された標本の豊富さは，むろん日本一でしょうし，国際的にも価値あるものと信じます．また，ヒドロゾアの研究の過程で採集されたバラエティに富んだ相模湾の生物の標本を，専門の学者に提供されたことも，学界にかけがえのない貢献だと思います．』（1989年1月8日付朝日新聞朝刊）

　生物学御研究所は，このように相模湾の生物相研究にとって重要な位置を占めているが，どのような経緯で設立され，どのような研究がなされていたのであろうか．ここでは，これまでに昭和天皇のご研究を紹介した文献資料を参考にして，昭和天皇が生物学をご研究になった経緯や生物学御研究所の成立ちについて見ていくこととする（佐藤，1948；Hutchinson，1950；入江，1958；Komai，1967，1972；Tomiyama and Tsujimura，1973；入江（編），1981；ベイヤー，1988；磯野，1988；Corner，1990；正仁親王，1999ほか）．

生物学御研究所が設立されるまで

　昭和天皇は，1908年学習院初等科にご入学の頃には，すでに植物や昆虫の採集に興味をもたれ，昆虫学の権威であった松村松年著の『日本千虫図解』をご愛用になっていた．初等科6年（1913年）の夏休みには，塩原で植物と昆虫をご研究になり，分類整理して標本箱5箱を作られた．そして，このときの塩原でのご研究が生物学にご興味を示された最初とされている（Corner，1990）．

　東宮御学問所時代は，学習院の教授でもあった服部廣太郎（1875-1965）の指導のもとに，生物学の基礎を学ばれた時期である．さらに，海産動物のご研究に興味をもたれ始めた時代でもある．1918年（大正7）に沼津御用邸前の静浦海岸においてショウジョウエビをご採集になったことが本格的な海産動物研究への契機となったとされている（Corner，1990）．このように，ご幼少の頃から東宮御学問所にご在籍の時代にかけては，生物学ご研究の萌芽時代と考えられる．

　生物学のご研究を本格的に始められたのは，ヨーロッパ各国の歴訪からのご帰朝後，1925年9月に赤坂離宮に生物学御研究室を開設された時期である．生物学御研究室の主任には服部廣太郎が就任した．この頃から，細胞の形態や組織の構造など生物学の基礎的な研究をされるほか，服部の勧めにより変形菌類の

ご研究を進められた．

その後，1928年に皇居内に生物学御研究所を開設された．所長には服部廣太郎が就任し，ご研究への助言などをしていた．1949年以降は，御用係として冨山一郎，辻村初來がその任にあった．そのほかに，加藤四郎，真田浩男，川村文吾，清水達哉，斎藤次男，小見康夫，駄馬博子がそれぞれ各時代において御研究所所員として，採集，標本作製，写生などを担当した．生物学御研究所は，相模湾産の海洋生物標本や那須，伊豆須崎，皇居の植物標本を中心に，献上された標本類も含めて，収集し，整理，保管していた．昭和天皇は，ご公務の合間に，この生物学御研究所で，研究を続けられたものである．

生物学御研究所の相模湾生物相調査

デーデルラインやドフラインは，短い滞在期間という制約の中で集約的に相模湾で採集調査を行った．彼らの収集した標本に基づく研究が相模湾の価値を世界に紹介したことはすでに述べられていることである．

生物学御研究所は，葉山御用邸を拠点として相模湾東部海域で約40年，須崎御用邸を拠点とした伊豆半島付近の相模灘を含めると約60年にわたり生物相研究を継続された．昭和天皇は，ある特定の生物を蒐集するのではなく，海藻類も含むさまざまな海洋生物を網羅的に採集するご方針であった．したがって，各御用邸を拠点としてご採集になった標本は膨大な数にのぼる．それら海洋生物の中でヒドロ虫類というクラゲやイソギンチャクの仲間の動物を専門に研究されたが，このヒドロ虫類で約5000点の標本をご採集になっている．これはヒドロ虫類コレクションとしては世界的にも優れたものである．他の海産動物については，貝類約4000点，甲殻類約4000点，後鰓類約1000点などをはじめ合計2万点以上の海洋生物標本が相模湾や伊豆下田付近から採集されている．

生物学御研究所の調査の大きな特徴は同じ海域で長年繰り返しなされたことであり，このような同一海域における長期にわたる生物相調査は世界的に見ても稀有なことなのである．そして，この60年にわたるご研究により，さらに相模湾が生物相豊富な海域であることが世界に向けて発信されることになったのである．

生物学御研究所所蔵の相模湾産生物標本は，原生生物，海藻類，海綿類から魚類までと分類群が多岐にわたっている．これらは，前述のように，主に葉山御用邸や須崎御用邸にご滞在の折にご採集になったものである．ご採集になった標本は，皇居内生物学御研究所にお持ち帰りになり，さらに詳細に研究された．

さて，生物学御研究所所蔵標本は，1993〜1994年に関連資料とともに国立科学博物館に移管された．ここからは，移管された標本，資料に対する調査から明らかになったことを中心に話を進めることとする．

まず，登録標本としてもっとも古い標本は，前述のショウジョウエビ *Sympasiphaea imperialis* で，1918年3月12日のご採集品である（図1）．葉山産のもっとも古い標本は，1920年に採集された甲殻類ハナジャコ *Odontodactylus japonicus* の標本であった．その後，1927年頃から1971年頃まで葉山御用邸付近の磯およびその沖合の相模湾を重点的に調査されたことが台帳からうかがわれる．1927年から1930年までは主に御用邸近くの海岸でご採集になられていた．1931年からは，ご採集船を沖合に出されてドレッジとよばれる底曳網の一種をお使いになり本格的な採集調査を始められている．葉山沖のドレッジ調査にお使いになったご採集船は，初代の「三浦丸」にはじまり，「葉山丸」（16トンの木造船；1934-1941，1950-1956ご使用），さらに「はたぐも」（56トン；1956-1971ご使用）であ

図1 ショウジョウエビのタイプ標本.

図2 ご使用のドレッジ.

る（国立科学博物館，1988他）．また，近くの漁業者の網やタコツボに混穫された動物もご採集になられた．なお，ご使用のドレッジ（図2）は，通常の底曳網であれば引っ掛かって曳くことのできない岩場でもヒドロ虫が採集されるようにと御用掛であった西園寺八郎が考案したものである（Corner, 1990）．実際にこのドレッジによりヒドロ虫をはじめ，珍種，貴種を含むさまざまな海産動物の標本が数多く採集された．

貝類については1924年から，甲殻類や後鰓類については1927年から本格的なご採集が始まっている．生物学御研究所開設の年である1928年にはホヤ類や棘皮動物，海綿動物等のご採集も始まった．この年にはヒドロ虫類標本を7点ご採集になっているが，ご著書によるとヒドロ虫類のご研究は1929年からとなっている．1929年にはヒドロ虫類標本を35点採集されている．さらに，1930年には109点，1931年には193点，1933年には575点と増加し，ヒドロ虫類のご研究が発展していくご様子がうかがわれる．時局が厳しくなり1942年に中止されたご採集は1948年頃から再開され，その後1971年頃まで毎年30〜100点ほどのヒドロ虫類標本をご採集になっている．他の海産動物についても同様なご採集の傾向を見ることができる．ご採集地は，葉山御用邸付近の海岸から沖合の水深500 mの海底までおよんでいる．ドレッジ採集の海域としては，江ノ島付近から城ヶ島沖までの広い海域にわたっている．とくに，江ノ島周辺，甘鯛場（葉山の沖合），亀城礁（横須賀市長井の沖合），城ヶ島沖，そして，沖ノ瀬（または沖ノ山）において繰り返しドレッジ調査をされている（図3）．これらの海域は，まさに，デーデルライン，ドフライン，「ゴールデン・ハインド」号，そして，青木熊吉によって盛んに採集調査されたところであり，とくに，沖ノ瀬は，青木

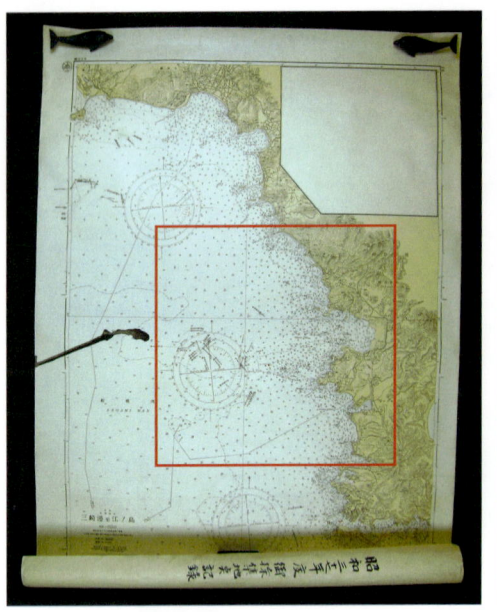

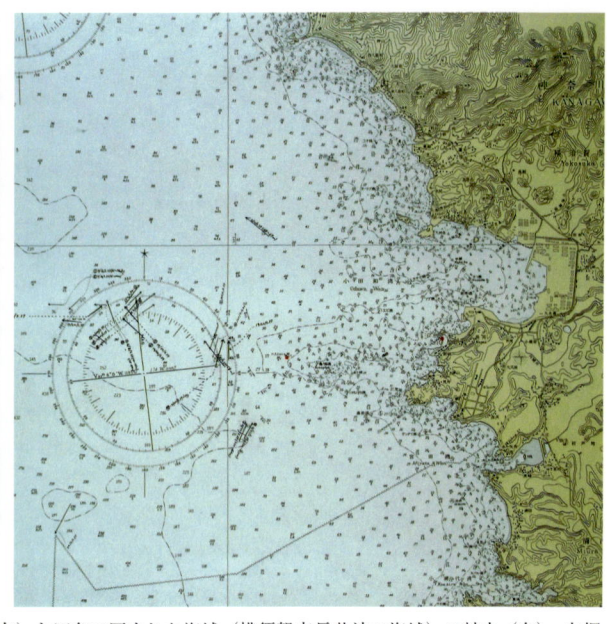

図3 ドレッジ調査を行った地点が記録されている海図(左)と四角で囲まれた海域(横須賀市長井沖の海域)の拡大(右).曳網の始点と終点が矢印で示され,矢印の脇に調査日などが記載されている.

熊吉が延縄を巧みに操って数々の珍種を採集した深海動物の宝庫であった.

1972年には下田市に海洋生物御研究室が付設された須崎御用邸が落成した.すでに1954年11月初めには下田市の沖合でドレッジ調査をされていたが,須崎御用邸が完成後に伊豆半島沿岸の海洋生物の御研究を本格的に始められた.なお,1954年のドレッジ調査の折にご採集になられた甲殻類標本が30点ほどある.須崎御用邸でのご研究においても当初はご採集船「まつなみ」をご利用になりドレッジ調査を試みになられたが,潮流が速い海域でもあり,また,石油ショックの時期でもあったため,ご採集船を利用したご採集は取り止められた(国立科学博物館,1988).須崎では,主に,御用邸近くの海岸でのご採集や潜水漁を営む漁業者に依頼しての収集によりご研究を続けられた.伊豆須崎に調査の拠点を移された1972年には,たとえば甲殻類標本が70点ほど採集されている.その後,甲殻類については毎年30点ほどご採集になられている.ヒドロ虫類に関しては,1972年に約20点,1973年には約150点ご採集になり,その後も多い年で年間150点のヒドロ虫類標本をご採集になっている.

ご採集標本に基づく研究

相模湾からご採集になった標本については,まずご自身で調べられた後,ヒドロ虫類以外の生物についてはそれぞれの分類群を専門とする研究者に研究を委嘱され,研究成果発表を奨励された.生物学御研究所刊『相模湾産貝類』(1972)の序文には,『(ヒドロ虫類の)他の動物群については,同定にあたって,いささかたりとも御不審の点があれば,専門家に同定を御依頼になる.これが専門家の研究となって,幾多の論文が発表されている.その場合陛下は,研究材料の提供者の立場をおとりになったが,常に喜んでその発表をおすすめになっている』とある.生物学御研究所職員である服部や,冨山,辻村を中心に菊池健三やエノコロフサカツギ *Atubaria heterolopha* を新種記載した佐藤忠雄,甲殻類研究者の酒井恒などそれぞれの時代において多くの研究

者が昭和天皇のご研究を補佐し，ご採集標本の研究にあたった．駒井卓（1886-1972）もその一人である．駒井は，ショウジョウバエの遺伝学を日本に紹介し国立遺伝学研究所初代所長となったが，当時有櫛動物の分類学研究の第一人者であった．昭和天皇がご採集になった有櫛動物の珍種コトクラゲ（図4）の分類学的研究も行い，*Lyrocteis imperatoris* として発表している（Komai, 1941）．このように研究の成果は，それぞれ研究委嘱された研究者自身の論文の中で数多く発表されたのである．さらに，生物学御研究所としての海産無脊椎動物に関する出版物も計画され『相模湾産後鰓類図譜』をはじめとする13冊の図書が出版された．生物学御研究所刊図書は，それぞれの分類群において，日本の海洋生物相研究の基準図書となっている．この生物学御研究所刊図書のご出版計画には，1946年3月に生物学御研究所を訪問したGHQの天然資源部長スケンク中佐や，先の駒井などの研究者の強い勧めによるものであった（Cornor, 1990）．なお，駒井は，昭和天皇のご研究についてScience誌で紹介している（Komai, 1967, 1972）．

　ご採集標本に基づく研究成果を表す尺度として記載された新種の数を上げることができるであろう．昭和天皇は，相模湾からヒドロ虫類の新種を31種ご報告されている．このヒドロ虫類を含め，ご採集標本に基づき400種以上の海洋生物の新種が発表されているのである（図5）．さらに，ご採集標本に基づく研究から，あらゆる海洋生物において相模湾が生物多様性に富んだ海域であることが示されている．各分類群については第2部で詳しく述べられているが，ここでは，例としてヒドロ虫類において日本産の約半数以上の種が相模湾に生息していることを示しておく．また，長期にわたり繰り返しなされたドレッジ採集によりコトクラゲ以外にも半索動物のエノコ

図4　コトクラゲ．

ロフサカツギなど珍種，貴種も採集されている（コラム3）．

ご研究を通した国際交流

　ヒドロ虫類のご研究は，服部廣太郎や冨山一郎などの助言を受けて進められた．さらに，ご研究初期の頃には，欧米の研究者，ステヒョウ（Stechow，ドイツ），エーデルホルム（Jäderholm，スウェーデン），ルル（Leloup，フランス），フレーザー（Fraser，アメリカ），に手紙で疑問点をお尋ねになったり，疑問の標本を送られて同定を依頼されている．ヒドロ虫類についてのご研究成果は，1967年にご発表になった「日本産1新属1新種の記載をともなうカゴメウミヒドラ科Clathrozonidaeのヒドロ虫類の検討」をはじめとする7冊の御報文および『相模湾産ヒドロ虫類』と『相模湾産ヒドロ虫類II（有鞘類）』の2冊の御著書にまとめられている．1967年以前には，ご採集標本の同定を依頼されたフレーザーやルルが自著の中で発表した．また，内田亨やイ

図5 海産動物のタイプ標本．タイプ標本は，標本瓶に赤テープを巻くことで一般標本から識別されている．

表1 相模湾産無脊椎動物に関する生物学御研究所刊図書類

昭和天皇のご著書（図6）
・日本産1新属1新種の記載をともなうカゴメウミヒドラ科の Clathrozonidae のヒドロ虫類の検討（1967年ご出版）
・カゴメウミヒドラ Clathrozoon wilsoni Spencer に関する追補（1971年ご出版）
・伊豆大島および新島のヒドロ虫類（1983年ご出版）
・相模湾産ヒドロ虫類（1988年ご出版）
・相模湾産ヒドロ虫類II（有鞘類）（1995年ご出版）

昭和天皇ご採集の資料をもとに学者がとりまとめた図書類（図7）
・相模湾産後鰓類図譜（解説：馬場菊太郎）（1949年出版）
・相模湾産海鞘類図譜（解説：時岡　隆）（1953年出版）
・相模湾産後鰓類図譜補遺（解説：馬場菊太郎）（1955年出版）
・相模湾産蟹類（解説：酒井　恒）（1965年出版）
・相模湾産ヒドロ珊瑚類および石珊瑚類（解説：江口元起）（1968年出版）
・相模湾産貝類（解説：黒田徳米・波部忠重・大山　桂）（1971年出版）
・相模湾産海星類（解説：林　良二）（1973年出版）
・相模湾産甲殻異尾類（解説：三宅貞祥）（1978年出版）
・伊豆半島沿岸および新島の吸管虫エフェロタ属（解説：柳生亮三）（1980年出版）
・相模湾産蛇尾類（解説：入村精一）（1982年出版）
・相模湾産海胆類（解説：重井陸夫）（1986年出版）
・相模湾産海蜘蛛類（解説：中村光一郎）（1987年出版）
・相模湾産尋常海綿類（解説：谷田専治）（1989年出版）
・相模湾産後鰓類図譜・同補遺組（改訂復刊）（解説：馬場菊太郎）（1990年出版）

図6 ご著書『相模湾産ヒドロ虫類』と『相模産湾ヒドロ虫類II（有鞘類）』．

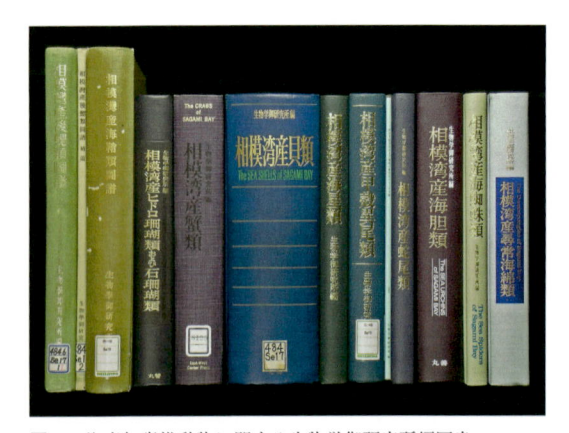

図7 海産無脊椎動物に関する生物学御研究所編図書．

ギリスのリース（Rees）には，両博士の求めに応じられて，標本をお送りになった．リースと内田は，それぞれそれらの研究成果をとりまとめて発表した（正仁親王，1999）．逆に，相模湾のカゴメウミヒドラ Clathrozoon wilsoni をご研究になられるときには，ビクトリア国立博物館に所蔵されていたパラタイプの一部の寄贈があり，また，同博物館のワトソン（Watoson）から生体標本を空輸で送られたりもした（裕仁，1971）．ヒドロ虫類のご研究においては，とくに昭和天皇とステッヒョウとのご親交は厚く，現在でもミュンヘン国立動物学博物館には生物学御研究所からステッヒョウに送られた木製の標本箱とヒドロ虫類標本が保存されている（図8，9）．昭和天皇は，新種記載されたヒドロ虫類ステッヒ

ョウウミシバ *Sertularia stechowi* の学名をステッヒョウに献名されている.

　昭和天皇は，海外をご訪問の折にもヒドロ虫類をご研究になられた．1971年のヨーロッパご訪問の折には大英自然史博物館を，1975年のご訪米の折には，ワシントンの国立自然史博物館，ウッズホール海洋研究所，スクリプス海洋研究所をご訪問になり，それらの研究機関所蔵の標本について，ご持参になられた標本とも比較し，ご研究になられた．なお，ヨーロッパご訪問に際しては，その年に完成した『相模湾産貝類』を各御訪問国に持参された（波部，1988）．

　上述のようなヒドロ虫類研究者との国際交流以外にも，その他の動物についても研究者の求めに応じて標本を送られている．たとえば，テンノウシャコ *Squilla imperialis* は，マニング（Manning）に送られた標本に基づいて新種記載された（Manning, 1965）．マニングからの要請は，昭和天皇のご採集に同行されるなどご親交のあったカニ類研究者の酒井恒や冨山一郎を通じてなされたものであった（Manning, 1965）．1920年に採集されていたハナジャコ *Odontodactylus japonicus* もマニングに送られている．マニングは，当時，学位を取得してスミソニアン博物館に職を得たばかりの若手の研究者であった．また，波部（1988）によると，マーガレット王女を通じたロンドンの自然史博物館の求めに応じ，相模湾産貝類の標本の一部をまとまったコレクションにして寄贈されている．

自然史博物館としての生物学御研究所

　生物学御研究所では，海洋生物以外にも陸上植物，菌類，動物とあらゆる分類群の標本がそれぞれの分類群ごとに分類・整理され，標本台帳に登録されていた（図10）．標本台帳には，各標本の標本番号や学名，採集地，採集日などが詳細に記録されている．標本台帳以

図8　ステッヒョウ博士（ミュンヘン動物学博物館蔵）．

図9　生物学御研究所からステッヒョウに送られたヒドロ虫類標本．上：標本箱，中：標本箱の蓋，下：ヒドロ虫類の標本瓶（提供：ミュンヘン動物学博物館）．

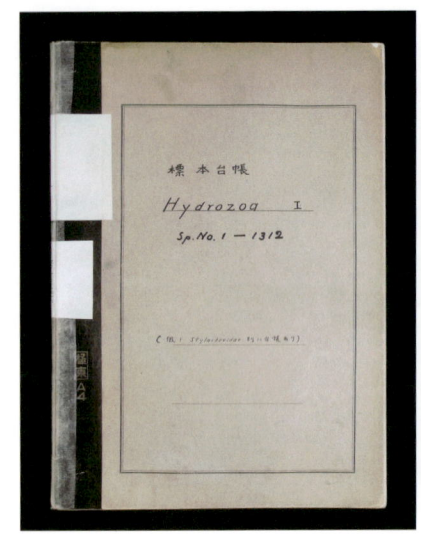

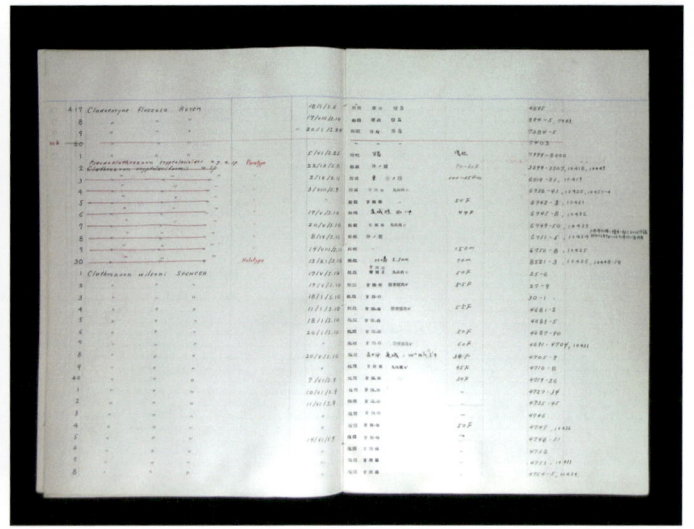

図10 ヒドロ虫類標本台帳．左：表紙，右：昭和天皇が初めて新種記載された *Pseudoclathrozoon cryptolarioides* のタイプに指定された標本が登録された頁．

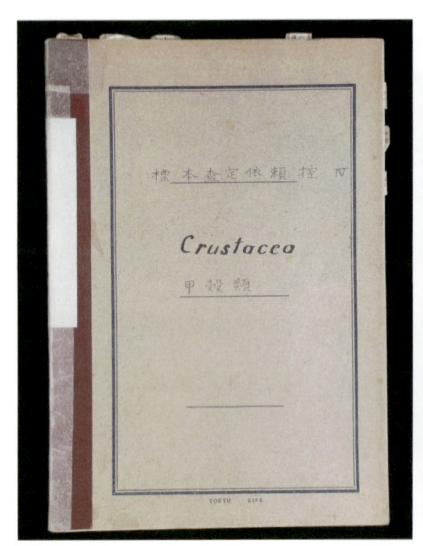

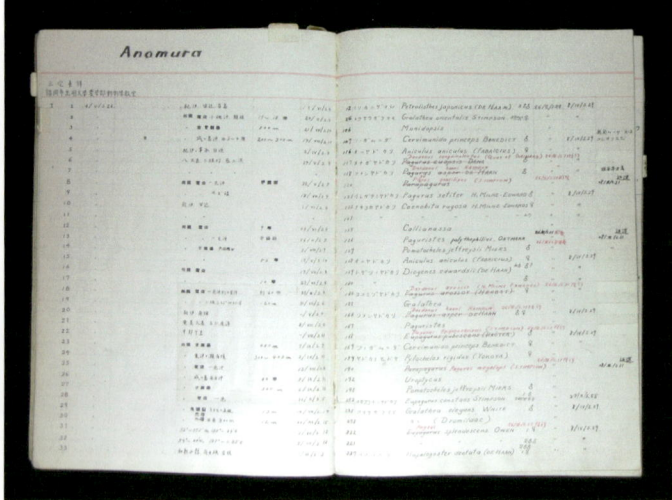

図11 甲殻類の同定依頼控．左：表紙，右：三宅への同定依頼記録の頁．

外にも，専門の研究者に同定依頼されるときの「同定依頼控え」や「標本送付台帳」などを分類群ごとに作成されていた（図11）．

標本の分類・整理，そして，標本に基づく研究は，自然史系博物館において重要な業務と位置づけられている．つまり，生物学御研究所は，標本の蒐集だけでなく，自然史博物館としての体系的な標本蒐集と研究の方針を持

っていたことが推察される．

これらの標本（鳥類を除く）は，生物学御研究所の標本管理システムを引き継いで国立科学博物館に保管され研究に活用されている．そして，これら移管された海洋生物の標本を基盤として，国立科学博物館の相模灘の生物相調査が始まったのである（第11章参照）．

文献

ベイヤー，フレデリック M. 1988. 特別展によせて．国立科学博物館（編），天皇陛下の生物学ご研究．科学博物館後援会，東京．

Corner, E. J. H. 1990. His Majesty Emperor Hirohito of Japan. K.G. Biogr. *Mem. Fellows Roy. Soc.*, 36: 243-272.

波部忠重．1988．天皇陛下の貝類ご研究　陛下の貝類標本と『相模湾産貝類』．採集と飼育，50: 154-157.

裕仁，昭和天皇．1971．カゴメウミヒドラ *Clathrozoon wilsoni* Spencer に関する追補．皇居内生物学研究所，東京，6+3 pp., 4 pls.

Hutchinson, G. E. 1950. Marginalia. *Amer. Scient.*, 38: 612-619.

入江相政．1958．陛下もまた学徒．科学読売，臨時増刊号：26-27.

入江相政（編）．1981．宮中門前学派．TBSブリタニカ，東京，262 pp.

磯野直秀．1988．三崎臨海実験所を去来した人たち　日本における動物学の誕生．学会出版センター，東京，230 pp.

Komai, T. 1941. A new remarkable sessile ctenophore. *Proc. Imp. Acad. Tokyo.*, 17: 216-220.

Komai, T. 1967. A collector on Sagami Bay. *Science*, 157: 488, 490.

Komai, T. 1972. An Emperor's work. *Science*, 176: 1374-1375.

国立科学博物館，1988．天皇陛下の生物学ご研究．科学博物館後援会，東京，82 pp.

正仁親王．1999．昭和天皇の御研究．わたしたちの皇室，(2): 7-11.

Manning, R. 1965. Stomatopoda from the collection of His Majesty the Emperor of Japan. *Crustaceana*, 9: 249-262.

佐藤忠雄．1948．陛下と生物学　その貢献と意義．採集と飼育，10: 258-259.

生物学御研究所．1972．序．生物学御研究所（編），相模湾産貝類．丸善，東京，pp. i-ii.

Tomiyama, I. and H. Tsujimura. 1973. His Majesty the Emperor of Japan and Biology. *In*: Tokioka T. and S. Nishimura (eds.), Recent trends in research in coelenterate biology. The Proceedings of the second international symposium on Cnidaria. *Publ. Seto Mar. Biol. Lab.*, 20: 7-10.

第10章　相模湾で発見された化学合成生物群集
―無人探査機ハイパードルフィンで潜る―

藤倉克則

ハイパードルフィンで潜航する

　今，私は調査船「なつしま」に乗って相模湾初島沖にいる．深海生物を調査する無人探査機ハイパードルフィンを水深1200 mまで潜航させて，サンプル採集や生態観察を行おうとしている（図1）．これから，ハイパードルフィンの潜航調査を実況しながら，相模湾の化学合成生物群集と出現する生物の特徴を述べたい．

　相模湾の初島沖には，海底に堆積した有機物が分解されてメタンが発生し，それが活断層に沿って海底表面から湧き出している場所がある．メタンの一部はバクテリアによって海水中の硫酸イオンと化学反応を起こし硫化水素に変えられる．硫化水素は一般的には生物にとって有害物質であるが，一部のバクテリアやアーキア（古細菌）にとっては生命活動のエネルギー源となる．これらの微生物は，硫化水素やメタンの酸化エネルギーを利用して有機物を作り出し増殖する．つまり，光合成生態系における太陽光の代わりがメタンや硫化水素で，生産者である植物の代わりがバクテリアやアーキアとなる．このように化学物質をエネルギー源とする微生物が生態系の第一次生産者となっている生態系は化学合成生態系，形成される生物群集は化学合成生物群集とよばれる．初島沖の化学合成生物群集は，初島の南東沖約7 kmの水深700～1200 mに分布している．ここに化学合成生物群集が見つかったのは偶然であった．1984年に神奈川県水産試験場（現：神奈川県水産技術センター）の研究者が，キンメダイの生態観察のために有人潜水調査船「しんかい2000」で

図1　無人探査機ハイパードルフィンの潜航．左：「なつしま」の甲板上で潜航準備している．右：ケーブルをのばし始め潜航を始めたところ．

図2　初島沖のシロウリガイ類密集域．化学合成生物群集は深海にありながらも高密度に生物が生息し莫大な生物量をもつ．

潜航したところ，海底に多数のシロウリガイ Calyptogena soyoae の死殻と生貝を見つけ，これが日本周辺初の深海性化学合成生物群集の発見であった(Okutani and Egawa, 1985)．化学合成生物群集とそれを構成する動物は，ほかにも以下のような特徴がある．

莫大な生物量をもつ：一般に深海における生物量は 1 g/m^2 程度であるのに対し，30,000 g/m^2 にも達する（図2）．

体内外にバクテリアを共生させる動物がいる：細胞内に共生させたバクテリアから栄養分を吸収し，自らは餌を食べない，もしくはほとんど食べない動物として，シロウリガイ Calyptogena 属，シンカイヒバリガイ Bathymodiolus 属，ハナシガイ科，キヌタレガイ科といった二枚貝，ハイカブリニナ科の腹足類数種，ハオリムシ類やホネクイハナムシ Osedax 属を含むシボグリヌム科多毛類が代表的である．細胞外にバクテリアを共生させ，それを餌にしている動物として，ゴエモンコシオリエビ Shinkaia crosnieri，ツノナシオハラエビ Rimicaris 属といった甲殻類，イトエラゴカイ類の Alvinella や Paralvinella といった多毛類がいる．

プレートテクトニクスが原因：硫化水素やメタンがわき出す深海底は，主に海底火山域や異なる海洋プレートが衝突するところである．海底火山は，新たに海洋プレートが生成される海嶺や背弧海盆にある．そこからは硫化水素やメタンを含んだ300℃にもおよぶ熱水が噴き出し，「熱水噴出孔生物群集」とよばれる化学合成生物群集が形成される．海洋プレートが衝突する場所は，古い海洋プレートが地球内部に沈み込むところで，堆積物が分解されてメタンが湧き出す．湧き出す水の温度は周辺と大差がないことから，ここに形成される群集は，「湧水生物群集」とよぶ．

有機物が過剰に堆積する場所にも分布する：たとえば海底油田や鯨などの大型動物の死骸がある場所などにも化学合成生物群集は

図3　ミズムシ亜目の甲殻類が多毛類を補食しようとしている.

形成される．このように有機物が過剰にあるような場所でもメタンや硫化水素が発生するからである．

どこでも似たような群集組成になる：世界中の化学合成生物群集は，主にプレート境界域に沿って分布する．群集間は数十〜数千キロメートル離れて地理的に連続していないが，共通した動物分類群で構成される．種レベルでは異なっていても科や属レベルは同じ場合が多い．後述するが，相模湾と米国カリフォルニア沖に同種の二枚貝が出現する．

有害環境に適応している：100℃近い場所でも生息できる高温耐性や高濃度の硫化物や重金属に対する適応機能がある．

再び相模湾を調査中の「なつしま」船上に戻る．ハイパードルフィンが，海底から高度5mに達すると，薄ぼんやりと泥でおおわれたオリーブ色の海底が見えてくる．着底と同時に海底から泥が舞い上がり，まるでみそ汁の中にいるように視界は0になる．高度を2〜3mとし航走を開始すると，海底にはシロウリガイ類の死殻,エゾイバラガニ *Paralomis multispina*，クモヒトデ類，ナマコ類などが見られるが，底生動物の種類数，量ともに少ない．スーパーマーケットのレジ袋,ロープ,空き缶などのゴミが目に入る．ミズムシ亜目の甲殻類が多毛類を補食しようとしている（図3)．湧水生物群集に近づくにつれ，シロウリガイ類の死殻が多くなり，海底はオリーブ色から黒色に変色する場所が出てくる．そして，海底が白く見えるほど密集したシロウリガイ類の密集域が出現する(図2)．ハイパードルフィンを着底させ詳細に観察すると，シロウリガイ類に混じって腹足類のサガミハイカブリニナ *Provanna glabra*，シンカイシタダミ *Margarites shinkai*，ワタゾコシロアミガサガイモドキ *Bathyacmaea nipponica* や多毛類の *Nicomache ohtai* の棲管などが見える．オウナガイ *Conchocele bisecta*，ヨシダツキガイモドキ *Lucinoma yoshidai*，スエヒロキヌタレガイ *Acharax johnsoni* の死殻もいくつか散らばっている．これらの二枚貝は，堆積物中へ埋在するタイプなので生貝は海底上に見えない．もっとも目立つ底生動物はシロウリガイ類なので，ここでシロウリガイ類の特徴につ

いて述べたい．

シロウリガイ類

分類学・多様性・系統：軟体動物門二枚貝綱マルスダレガイ目オトヒメハマグリ科シロウリガイ属 *Calyptogena* に属する二枚貝が，シロウリガイ類とよばれる．相模湾からはシロウリガイとシマイシロウリガイ *C. okutanii* の 2 種が見つかっており（Okutani, 1957; Kojima and Ohta, 1997a），初島沖では両種が混生している．生息比率はシロウリガイ 3 に対しシマイシロウリガイが 7 くらいの割合となる（Ito, 2004）．両種は形態的には非常に類似しており，確実に見分けるためには遺伝子解析が確実である．日本周辺からシロウリガイ類の現生種は13種見つかっており，とりわけ南海トラフでは種多様性が高く10種が出現する．シロウリガイ類は，日本海溝から南西諸島海域の冷湧水系生物群集と熱水噴出孔生物群集の両方から出現するが，伊豆・小笠原諸島海域にある熱水噴出孔生物群集からは見つからない．水深帯によって分布する種が決まる傾向にある（図 4）（Kojima and Ohta, 1997b; Fujikura et al., 2000）．

米国カリフォルニア州モンテレー湾のメタン湧出域には *C. kilmeri* が分布している．本種はシロウリガイと形態的に区別ができず，以前から同種である可能性が指摘されていたが，最近の分子系統解析結果からも同種と示唆されている（Kojima et al., 2004）．このように，太平洋の東西10000 km も離れた場所に同種が生息していることは，海洋生物の進化・生物地理を考えるうえで興味深い．Kojima et al. (2004) は，太平洋の東西に生息するシロウリガイ類と同じ科に属するオトヒメハマグリ属の系統を cytochrome c oxidase subunit I（COI）遺伝子を使って解析した．その結果，日本産の 6 種が東太平洋側の 6 種ときわめて近縁もしくは同種となるような 6 つの別々の

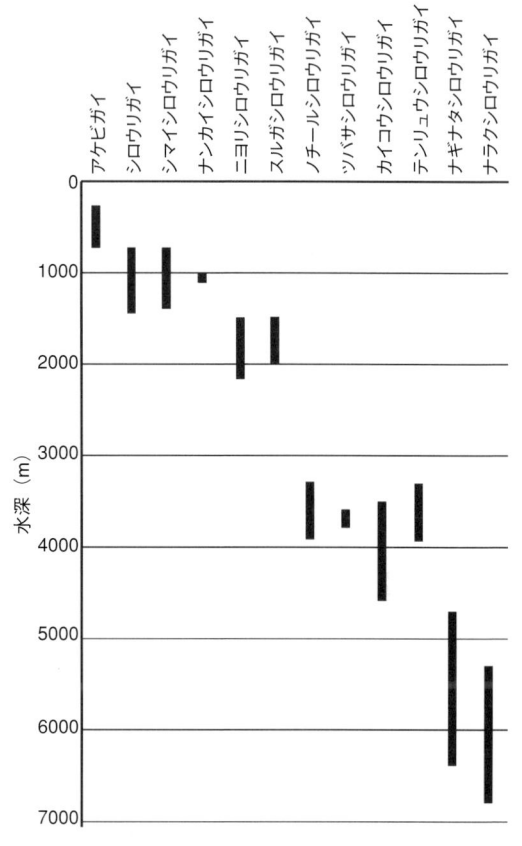

図 4 日本周辺に分布する代表的なシロウリガイ類と分布水深．Fujikura et al. (2000) に加筆修正．

クラスターに属する結果になった．このような系統関係になるためには少なくとも 8 回太平洋を横断するようなでき事を想定する必要がある（Kojima et al., 2004）．もちろん地質学的時間スケールで考えれば，現在太平洋の東西にある化学合成生物群集域の分布は大きく変化してきているはずで，過去の化学合成生物群集の分布位置，共通祖先種の分布・分散を考えなければいけないが，シロウリガイ類の生物地理を考えるうえでおもしろい結果である．

共生細菌と血液：シロウリガイ類は鰓の上皮細胞内にイオウ細菌を共生させている（図5）．このイオウ細菌は，硫化水素の酸化エネルギーを利用して二酸化炭素から有機物（栄養）を合成し，自らの増殖と一部をシロウリガ

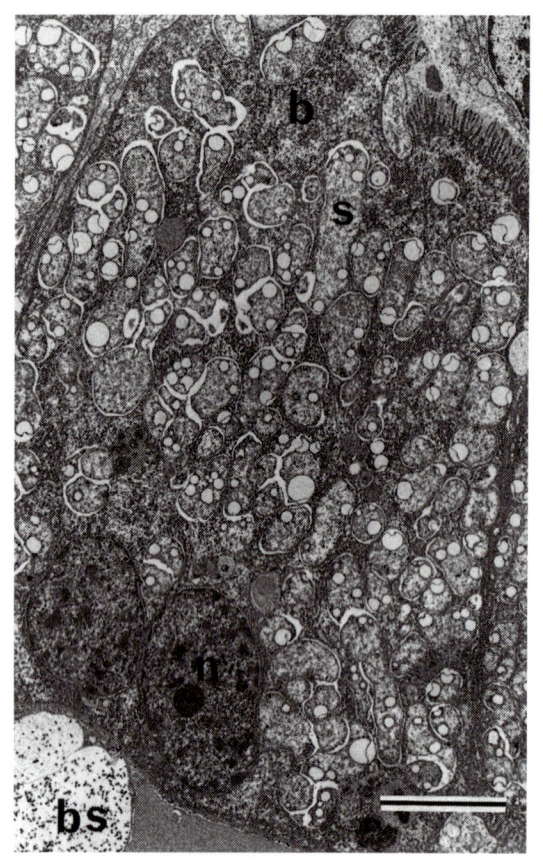

図5 シロウリガイの鰓組織にあるバクテリアを大量に含んだ細胞（b）と中に含まれる共生細菌（s）．スケールバーは0.5μm．Endow and Ohta (1990) を一部改変して使用．

図6 シロウリガイの軟体部．赤い血液を含むことがわかる（撮影：佐々木猛智）．

イ類に分け与えている．この共生細菌は，雌の卵細胞内にも存在するので，母親から子供に受け渡されている（藤原，2003）．シロウリガイ類は，堆積物中の間隙水に含まれる硫化水素を取り込み，血液中に溶解させて共生細菌に送り届ける．シロウリガイ類は，哺乳類と同じくヘモグロビンを含んだ赤い血液をもっている（図6）．ヘモグロビンは，酸素より硫化水素のほうが結合しやすい．したがって，共生細菌に硫化水素を運ぶ媒体としては適しているように思われるが，ヘモグロビンの本来の機能である酸素を体内に循環させることができなくなってしまう問題がある．これを防ぐために，シロウリガイ類は硫化水素と親和性の高い非タンパク質性の物質に硫化水素を結合させている（Arp *et al.*, 1984）．そして，ヘモグロビン本来の機能である酸素運搬機能は維持しているのである．

繁殖生態：海洋生物には繁殖期がある．繁殖期は一般的に種固有であり，餌が豊富になる時期，水温が適している時期，潮の干満が適している時期，光環境が適している時期などの環境因子の変動をとらえて生じる．繁殖に重要なことの1つは，受精率を高くすることである．そのためには雌雄の配偶子の放出を同調させたり，あらかじめ雄は雌に精子を渡したりしている．体外受精の場合，受精のタイミングは，数秒から数分間と限られた時間であるため，雌の産卵と雄の放精を同調させるためのトリガーが必要となる．海の動物は，水温，日の出，潮の干満，月齢などの変化をトリガーとして使っている．

深海生物の繁殖期は，周期性や季節性があるものと1年中繁殖可能な状態にあるものとがある．深海は浅海に比べ使える環境因子の変化が少なく，たとえば，季節性の繁殖期をもつ種の中には，表層域で植物プランクトンの生産活動が高くなるスプリングブルームより少し遅れて繁殖期を迎えるタイプがある．表層域で植物プランクトンが大量に生産されると，浅海域の食物連鎖活動が高まり，その結果マリンスノーなどが増え深海に運ばれる物質が増加する．そして，深海でも餌が増える

ために，繁殖期をこのタイミングに合わせているのである．しかし，シロウリガイ類は共生細菌から栄養をもらっているので，表層からの供給物質の増減が繁殖期にかかわっているとは考えにくい．そこで，実際にシロウリガイ類の卵・精子の放出を観察するためにTVカメラ，水温計，流向流速計などを装備した深海観測ステーションを初島沖のシロウリガイ類密集域に設置して，1年以上連続観察を行った（図7）．

そして，シロウリガイ類の放卵・放精を現場で観察することに成功し（図8），以下のようなおもしろい繁殖生態がわかってきた（門馬ほか，1995）．

・初島沖のシロウリガイの繁殖期には季節性はなく通年配偶子の放出がある．
・雄は0.1〜0.2℃程度のわずかな温度上昇を感じとって放精しているらしい．
・雌は放精の後に放卵する．しかし，放精イベントごとに放卵するわけではない．

Fujiwara et al. (1998) は，雄は本当に温度変化を感じとって放精するのかを確かめるために in-situ 実験を行った．まず，シロウリガイを透明プラスティックの容器でおおい，その中を水中ライトで照射することで温度を上昇させた．光照射が，2〜2.5℃の温度上昇を引き起こし雄の放精生じた．この実験により，温度上昇が放精を引き起こすトリガーになることがわかった．

もう1つの問題点は，なぜ雌は雄の放精イベントすべてに合わせて放卵しないかということである．Fujikura et al. (2007) は，深海観測ステーションのデータを見直し，放卵イベントと流速データの関係を解析した．その結果，放卵は雄の放精の後に加えて，流速が遅くなるときに生じることがわかった（図9）．流速が遅いほうが，精子は流れにより拡散しにくく高濃度で海底付近に滞留する．そして，受精率が高くなるため，雌は流れが遅いとき

図7　シロウリガイ類の密集域に設置された長期観測ステーション．映像，水温，流速，地震データなどがリアルタイムで陸上局に伝送されている．海洋研究開発機構のホームページより引用．

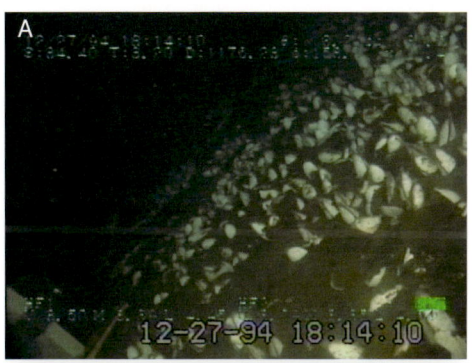

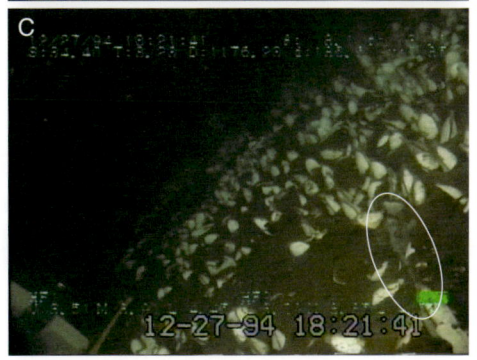

図8　長期観測ステーションで観察されたシロウリガイ類の放精と放卵．A：放卵・放精が起る前のシロウリガイ類．B：放精が起こると一面が白濁する．C：放精の後に放卵が起こる（白い実線で囲まれた個体が放卵している）．Fujikura et al. (2007) を改変．

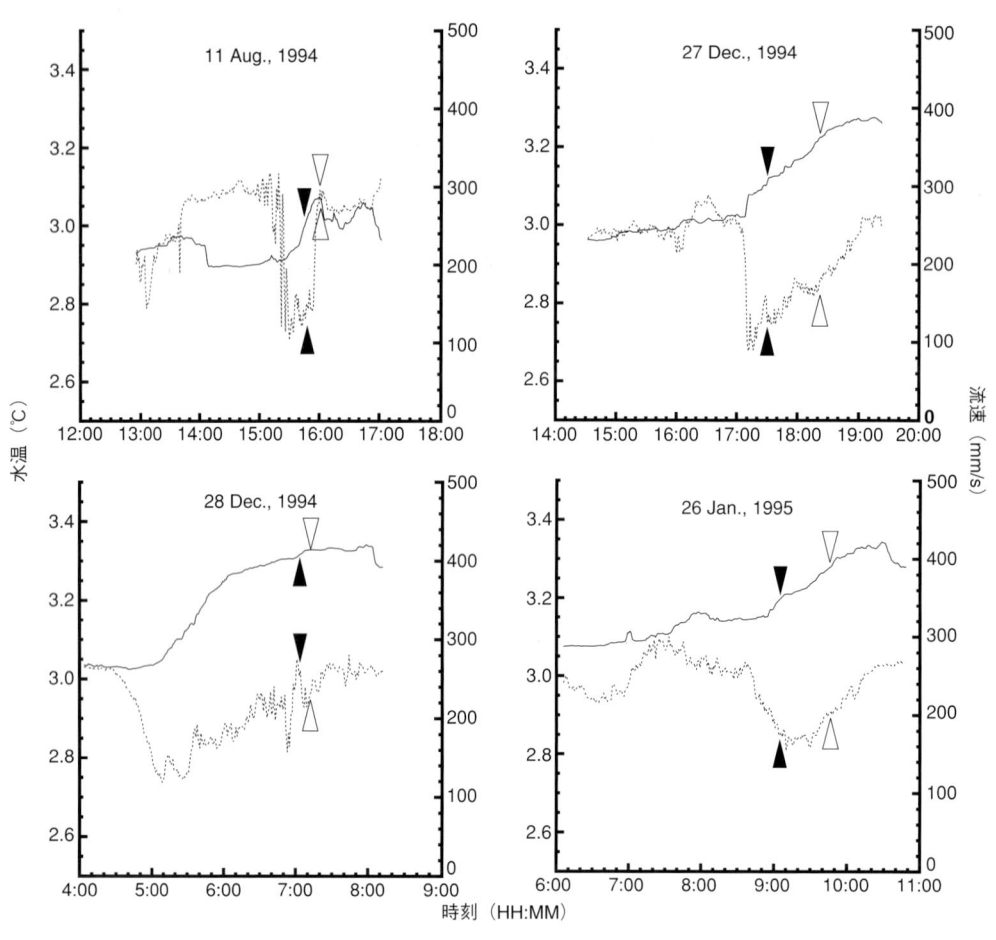

図9 放卵・放精イベントと水温・流速の関係．実線が水温，破線が流速．▼：放精イベント開始，▽：放卵イベント開始．放精イベントは水温が上昇すると生じる．放卵イベントは放精イベントの後，流速の低下に伴い生じる．Fujikura *et al.* (2007) を改変．

に放卵するのではないかと考えられた．これらのことから，雌の放卵トリガーとして2つのシナリオが提唱された．

1つ目のシナリオ：まず，雄の放精を感じとる．次に流速の低下を感じとって放卵する．2つ目のシナリオ：まず，雄の放精を感じとる．流速の低下を感じとるのではなく，流速の低下に伴って精子に含まれる何らかの化学物質濃度が高くなったことを雌は感じとり放卵する．

2つ目のシナリオについては，二枚貝の放卵を誘因する化学物質としてセロトニンなどが知られているので（Matsunami and Nomura, 1982），考えやすいシナリオである．

天敵：シロウリガイ類の捕食者としては，エゾイバラガニがいる．エゾイバラガニがシロウリガイ類の貝殻をこじ開けて軟体部を捕食しようとすることは観察されたことがあるが，貝殻を開けることに成功した例は見たことがない．鋏脚をシロウリガイに挟まれているエゾイバラガニが，シロウリガイ類を持ち歩きながら移動していたこともある（図10）．エゾイバラガニが，シロウリガイ類が出す粘液を摂食していることは見られる．ほかにも腐肉食性の腹足類であるサガミバイ *Buccinum sagamianum* やソウヨウバイ *Buccinum soyomaruae* も，シロウリガイ類の密集域に頻繁に見られるが，これらはシロウ

図10　鋏脚をシロウリガイに挟まれているエゾイバラガニ．

図11　錆色と灰色に変色する海底．中央に見えるのは目印として設置してあるブイ．

図12　左：錆色変色域から数メートル離れた黒色変色域に密集するサガミマンジ．右：密集するサガミマンジのクローズアップ．

リガイ類が死んだ直後に死体処理屋として活動すると思われる．

変色してカラフルな海底

再びハイパードルフィンの潜航現場に戻る．ハイパードルフィンをシロウリガイ類の密集域から離し北に進路をとる．100 mほど航走すると，海底がオレンジ（錆）色・黒色・灰色・白色に変色している場所に到着する（図11）．ここでは，シロウリガイ類のみならず大きな底生動物が極端に少なくなる．しかし，一部には腹足類のサガミマンジ *Oenopota sagamiana* が驚くほど密集する（図12）．2，3の岩石露頭には腹足類のツブナリシャジク *Phymorhynchus buccinoides*，二枚貝のヘイトウシンカイヒバリガイ *Bathymodiolus platifrons*（図13），もっとも原始的なフジツボ類の *Ashinkailepas seepiophila*，ゲンゲ科魚類が観察できる．

超高密度のサガミマンジ：図12でもわかるように，サガミマンジがこれだけ密集するには餌も豊富でなくてはならない．しかし，佐々木猛智が解剖して消化管内容物を調べたがすべて空であった．サガミマンジの歯舌は矢舌型なのでイモガイ類のように狩りをして他の動物を捕食するタイプと推測できるが，餌対象となる生物は見あたらない．また，鰓細胞に共生細菌は認められない（遠藤ほか，1992）．

ツブナリシャジクも？：ツブナリシャジクは，変色域内の露頭とその周りの堆積物上にしか見つからない（図13）．この貝の食物連鎖上の位置を知るために炭素同位体比を山中寿郎が測定した．その測定値は，メタン細菌を共生させるシンカイヒバリガイ類並の値となったため，共生細菌を保有するタイプの腹足類かと思われた．しかし，吉田尊雄の解析に

図13 ツブナリシャジクとヘイトウシンカイヒバリガイ．

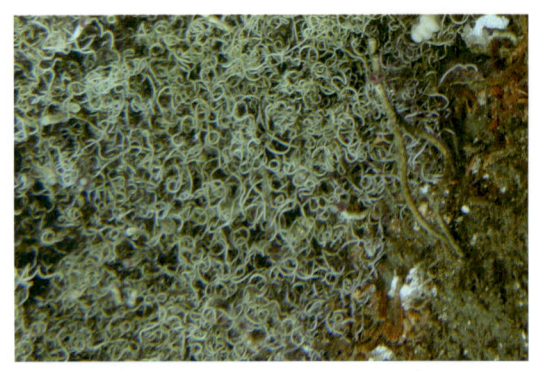

図14 初島沖の急崖麓に密集するハオリムシ類2種．焼きそばのように絡まり合うタイプが *Alaysia* 属の種で右側の太いタイプが *Lamellibrachia* 属の種．

よると鰓の中には共生細菌は見いだせなかった．佐々木猛智が消化管を解剖したが，消化管はすべて空であった．ツブナリシャジクがヘイトウシンカイヒバリガイを捕食するのであれば，炭素同位体の値は説明できるが，歯舌はもたないかもしくはもっていてもきわめて小さいタイプなので，どのように食べているのか考えなくてはならない．

相模湾のハオリムシ類

変色域を離れハイパードルフィンを浅い方に航走させると急な崖が出てくる．ここには2種類のハオリムシ類がいる（図14）．焼きそばのように絡まり合うタイプが *Alaysia* 属の種で，棲管の太さは4～5 mm，長さは1 m近くにもなる．もう1つのタイプは *Lamellibrachia* 属の種で，*Alaysia* 属の種のように絡まり合うことはない．棲管の太さは10～15 mm，長さは60～70 cmほどである．

ハオリムシ類の特徴：ハオリムシ類は，ガラパゴスリフトの熱水噴出域からガラパゴスハオリムシ *Riftia pachyptila* が記載され，そのユニークな特徴から当初は新たな独立した動物門として提唱された（Jones, 1985）．しかし，現在では多毛綱のシボグリヌム科 Siboglinidae に位置づけられている（Rouse and Fauchald, 1997）．ハオリムシ類の特徴としては，

・多毛類の中では大型になる種が多く，ガラパゴスハオリムシに至っては棲管の太さ3 cm，長さ2～3 mにもなる．
・栄養体とよばれるソーセージ状の袋が体の大部分を占める．
・成体では消化器官は無くなり，栄養体の細胞に共生させたイオウ細菌から栄養を得る．
・シロウリガイ類のように母親から共生細菌を伝達されるのではなく，幼生時に環境中から細菌を獲得する．
・体内受精で，メスから幼生が放出される．

などがあげられる．相模湾の種については分類学的研究が待たれている．

鯨の死骸に群がる動物たち

今度は，ハイパードルフィンを初島の北東沖水深約900 mの地点に移動させた．ここには，マッコウクジラの死骸が海底に横たわっており，鯨の死骸に群がる生物群集（鯨骨生物群集）の観察や採集を行うことにした．鯨骨生物群集は，死骸の分解過程でメタンや硫化水素が発生し一時的な化学合成生物群集が形成されること，化学合成生物群集の構成種が分散する際に飛び石となるかもしれないこと（ステッピングストーン仮説），生物群集の遷移過程を研究する良い材料であること，などから米国を中心に積極的に研究されている．日本でも，鹿児島県野間岬沖や初島北東沖に沈められたマッコウクジラの死骸を材料にして，藤原義弘らによって研究が進められてい

る．

　ハイパードルフィンのカメラがマッコウクジラの死骸を映し出した（図15）．死骸は，ほぼ白骨化しており，頭部の骨，肋骨，脊椎骨が明確にわかる．骨の表面は白色に変色している．マッコウクジラが頭部にもっている脳油が蝋化した鯨蝋も少し残っており，そこにはエゾイバラガニが蝟集している．肋骨の表面にはゾンビワーム zombie worm とよばれるホネクイハナムシ属 *Osedax* の多毛類が密集している（図16）．

　ホネクイハナムシとは？：ホネクイハナムシ属 *Osedax* の多毛類は，米国カリフォルニア州モンテレー湾に沈んでいるコククジラの骨から発見され，2004年に発表された新しい分類群である（Rouse et al., 2004）．この属は，ハオリムシ類と同じくシボグリヌム科に含まれ，次のようなユニークな特徴がある．
・root structure とよばれる植物の根のような組織をもち，鯨骨内部に植物が泥の中に根をはるように伸ばしている．
・消化管はなく自らは食物を食べない．root structure 細胞内に共生する細菌から栄養を吸収する．
・雄は矮小雄で，雌が数センチメートルの大きさに対し1mm以下と小さい．雄はトロコフォア幼生に類似し，雌の体表面に付着する（雄が見つかっていない種もある）．
・これまでにモンテレー湾から2種，スウェーデン沖から1種が見つかり，日本からは鹿児島県野間岬沖から1種ホネクイハナムシ *Osedax japonicus* が知られるだけである（Fujikura et al., 2006）．

　鯨骨からホネクイハナムシ類を掘り出して完全な動物体を得るのは少々骨が折れる．root structure は数センチメートルも骨の内部に複雑にくい込んでおり，少しずつ骨をけずりとりながら破損せずに取り出すのに1，2時間ほどかかる．詳しく観察すると初島

図15　海底に横たわるマッコウクジラの死骸．（提供：藤原義弘）．

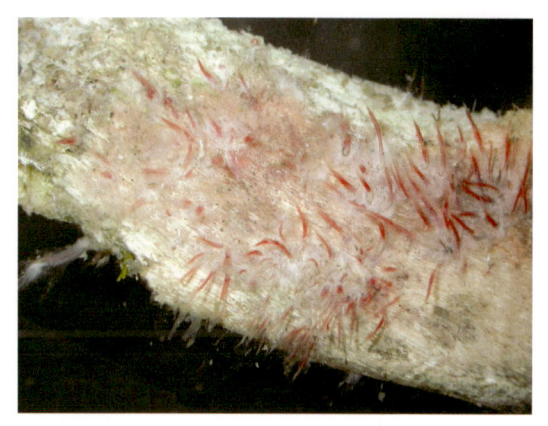

図16　マッコウクジラ肋骨に付着するホネクイハナムシ属多毛類．Root structure で骨内部にくい込んでいる．

北東沖の種は，野間岬沖のホネクイハナムシとは別種であることがわかった．

潜航が終わると…

　本稿では，相模湾にある湧水生物群集と鯨骨生物群集の2つの化学合成生物群集について紹介した．このような生物群集が知られるようになったのは，深海を人間の眼で直接観察できるようになったからである．しかし，われわれが観た深海は全海洋の1％にも達していない．今後も深海を観ることで，新奇な生物現象の発見は続くことは間違いない．そして，それらが自然現象の理解をさらに進めると信じている．

　ハイパードルフィンは，深海底での観察・採集を終えると離底した．調査船「なつしま」では揚収の準備に取りかかった．船上では研究者が，サンプルやデータを待ちかまえてい

る．サンプルはすぐに船上で，研究目的に応じて処理される．生きたまま水槽に入れられる個体，電子顕微鏡観察用に特殊な薬品で固定される個体，遺伝子解析用に冷凍される個体，顕微鏡のもとで解剖される個体……研究作業は夜中まで続く．甲板上では，翌日の潜航のための調査機器がオペレーションチームによってハイパードルフィンに取り付けられている．

文献

Arp, A. J., J. J. Childress and C. R. Fisher. 1984. Metabolic and blood gas transport characteristics of the hydrothermal vent bivalves *Calyptogena magnifica*. *Physiol. Zool*., 57: 648-662.

遠藤圭子・橋本 惇・藤倉克則・内田徹夫．1992．相模湾初島沖，シロウリガイ群集棲息地付近の黄褐色底泥上より採集された腹足類（Neogastropoda; Turridae）の鰓の超微形態観察に基づく一考察．第8回しんかいシンポジウム報告書, 8: 327-333.

Endow, K. and S. Ohta. 1990. Occurrence of bacteria in the primary oocytes of vesicomyid clam *Calyptogena soyoae*. *Mar. Ecol. Prog. Ser*., 64: 309-331.

Fujikura, K., K. Amaki, J. P. Barry, Y. Fujiwara, Y. Furushima, R. Iwase, H. Yamamoto and T. Maruyama. 2007. Direct observations of spawning behavior and synchrony in *Calyptogena* clams using an observatory and an estimate of fecundity. *Mar. Ecol. Prog. Ser*., in press.

Fujikura, K., Y. Fujiwara and M. Kawato. 2006. A New Species of *Osedax* (Annelida: Siboglinidae) Associated with Whale Carcasses off Kyushu, Japan. *Zool. Sci*., 23: 733-740.

Fujikura, K., S. Kojima, Y. Fujiwara, J. Hashimoto and T. Okutani. 2000. New distribution records of vesicomyid bivalves from deep-sea chemosynthesis-based communities in Japanese waters. *Venus*, 59: 103-121.

藤原義弘．2003．化学合成共生システム―ベントスと共生細菌の密接な関係．日本ベントス学会誌, 58: 26-33.

Fujiwara, Y., J. Tsukahara, J. Hashimoto and K. Fujikura. 1998. *In situ* spawning of a deep-sea vesicomyid clam: evidence for an environmental cue. *Deep-Sea Res. I*, 45: 1881-1889.

Ito, K. 2004. Species composition of genus *Calyptogena* in Sagami Bay: a morphology-based study. *Benthos Res*., 59: 61-66.

Jones, M. L. 1985. On the Vestimentifera, new phylum: six new species, and other taxa, from hydrothermal vents and elsewhere. *Biol. Soc. Wash*., 6: 117-158.

Kojima, S., K. Fujikura and T. Okutani. 2004. Multiple trans-Pacific migrations of deep-sea vent/seep-endemic bivalves in the family Vesicomyidae. *Mol. Phylo. Evol*., 32: 396-406.

Kojima, S. and S. Ohta. 1997a. *Calyptogena okutanii* n. sp. a sibling species of *Calyptogena soyoae* Okutani, 1957 (Bivalvia: Vesicomyidae). *Venus*, 56: 189-195.

Kojima, S. and S. Ohta. 1997b. Bathymetrical distribution of the species of the genus *Calyptogena* in the Nankai Trough, Japan. *Venus*, 56: 293-297.

Matsunami, T. and T. Nomura. 1982. Induction of spawning by serotonin in the scallop *Patinopecten yessoensis* (Jay). *Mar. Biol. Lett*., 3: 353-358.

門馬大和・満沢巨彦・海宝由佳・岩瀬良一・藤原義弘．1995．相模湾初島沖の深海底総合観測―シロウリガイ群生域の1年間―．JAMSTEC深海研究, 11: 249-267.

Okutani, T. 1957. Two new species of bivalves from the deep water in Ssagami Bay collected by the R. V. Soyo-maru. *Bull. Tokai Reg. Fish. Res. Lab*., 17: 27-31.

Okutani, T. and K. Egawa. 1985. The first underwater observation on living habit and thanatocenoses of *Calyptogena soyoae* I bathyal depth of Sagami Bay. *Venus*, 44: 285-289.

Rouse, G. W. and K. Fauchald. 1997. Cladistics and polychaetes. *Zool. Scrip*., 24: 269-301.

Rouse, G. W., S. K. Goffredi and R. C. Vrijenhoek. 2004. *Osedax*: Bone-eating marine worms with dwarf males. *Science*, 305: 668-671.

第11章　21世紀初頭の相模湾
―国立科学博物館の「相模灘の生物相調査」―

並河　洋

　国立科学博物館は，2001～2005年の5カ年にわたって総合研究プロジェクトとして「相模灘およびその沿岸域における動植物相の経時的比較に基づく環境変遷の解明」（以下，相模灘の生物相調査とする）を行った．その成果は，国立科学博物館の専報第40号から42号に掲載されたのべ1000ページにおよぶ論文集として結実した（図1）．

調査の背景

　国立科学博物館がこの相模灘の生物相調査という調査研究プロジェクトを立ち上げた背景は何だったのだろうか．本書では，すでにデーデルラインから生物学御研究所に至る100年以上の相模湾の生物相調査の歴史について概観され，相模湾が世界でもまれにみる希少動物の宝庫であることが述べられている．このような調査研究が継続したのは，相模湾が首都東京から近いという地勢的特性が理由の1つと考えられている（藤田・並河，2003）．

　一方で，この地勢的特性は，この海域の背後に東京を中心として成長を続ける巨大都市が存在していることを示している．巨大都市に近接しているということは，相模湾が沿岸の都市化の影響を直接受けざるを得ない環境下に置かれているため，この海域の生物相の種多様性が開発により失われていく問題も含んでいるのである．たとえば，東京大学大学院理学系研究科附属三崎臨海実験所（以下，三崎臨海実験所とする）のある三浦半島先端においても宅地化を含む開発により，磯や浜の生物相はかつての豊かさから程遠いものであるといわれている（東京大学大学院理学系研究科附属臨海実験所，1999）．さらに，相模湾の沿岸域に眼を転じてみると，沿岸に生息する生物は，工業地帯や宅地化の拡大などにより，海洋生物以上に直接的に開発による影響を受けていると考えられる．

　ところで，政府は平成7年10月に生物多様性国家戦略を決定した．この国家戦略の骨子は，「生物多様性の保全と持続可能な利用に関する基本方針と国のとるべき施策の方向を定めること」である．この生物多様性国家戦略を鑑みると，東京を中心とする巨大都市を背後に抱える相模湾とその沿岸域は，都市化が生物相に与える影響を長期的に調査する上でも格好な場所であると考えられる（藤田・並河，2003）．

　相模湾においては，海洋生物相のみならず，沿岸地域の植物相についても過去に調査がなされた記録がある（生物学御研究所，1980）．最初は，およそ150年前に行われたグレイ（A. Gray）の研究である．その研究は，1853年（嘉永6）と1854年（安政元）に来航し"黒船"とよばれたペリー率いる「米国北太平洋遠征隊」に随行してきたウイリアムス（W. Williams）とモロー（J. Morrow）が伊豆下田，浦賀，横浜などにおいて精力的に採集した植

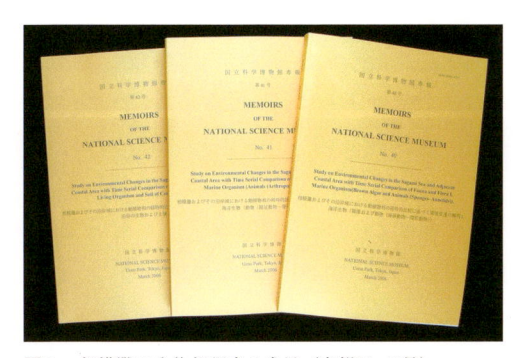

図1　相模灘の生物相調査の成果（専報40-42号）．

物標本に基づくものであった（小山，1996）．グレイの研究が直接的に日本で発展することはなかったが，時を置いて昭和天皇の伊豆須崎地方の植物相ご研究に引き継がれることとなった．昭和天皇は1972年に完成した須崎御用邸内外の植物に関して20年近く精力的にご研究になられたのである．その成果は，『伊豆須崎の植物』として生物学御研究所から1980年に出版され，伊豆須崎地域の植物相の特性が明らかにされている．

国立科学博物館では，1967年度から2001年度までの35年にわたって「日本列島の自然史科学的総合研究」を実施し，日本全国の生物相の全容解明に努めてきた．この調査を基盤とし，さらに，上記のような相模湾を取り巻く地勢的，歴史的事象を背景として，21世紀初頭の本地域の生物相を明らかにすることを目的とした現地調査が計画された．とくに，この調査は，2つの直接的な要因により後押しされることとなった．それらは，「デーデルライン・コレクションの再発見」と「生物学御研究所標本の国立科学博物館への移管」である．すでに述べられているようにデーデルライン・コレクションが欧州の博物館で再発見され，それらの再調査が進められている．さらに，生物学御研究所により収集された相模湾の海洋生物標本類や伊豆須崎地方の植物標本類が国立科学博物館に移管され，整理が終わったものから順次研究に利用されている．これらの過去に収集された標本ならびにそのデータに基づき，過去との経時的比較を試みることで相模湾とその沿岸地域における環境の変遷を追及し都市化の影響についても検討することとなったのである．そして，2001年4月に相模灘の生物相調査がスタートすることとなった．

相模灘の生物相調査

このようにして立ち上がった相模灘の生物相調査には，国立科学博物館から海洋生物と陸上植物，菌類などを専門とする研究者を中心とした25名が参加することとなった．さらに，多くの分類群についての調査をきめ細やかに実施するために，それぞれの分類群の専門家に協力を求め，全国から分類学研究者41名の参加を受けた．総勢66名による相模灘の生物相調査の実施により，菌や藻類，植物，そして，動物を合わせて876科2411属4163種の生物と土壌が研究されたのである．なお，相模灘の生物相調査で得られた標本類は，今後の経時的比較研究の基礎資料として，原則として国立科学博物館に保管されている．

本章では海洋生物に関する調査とその成果に焦点をあてて話を進めることとするが，ここで陸上植物に関して少し触れておくこととする．

陸上植物

陸上植物や菌類に関しては，房総半島から三浦半島沿岸を経て伊豆半島東岸に至る広大な範囲で調査がなされた（図2）．とくに，今上陛下のご許可を賜って須崎御用邸内での調査が実施され，25年前に昭和天皇が当地でご確認になった614種を上回る770種の植物が確認されたことが成果としてあげることができる（近田ほか，2006）．この成果をもとに，伊豆下田地方の植物相の特徴として豊富な海浜植物や海岸型植物に伊豆諸島，伊豆半島の固有種が加わり，さらに多くの雑種が生息することが示された．この研究の過程では，ハチジョウシダ，クマガイソウ，カキラン，オニノヤガラ，ヤマナラシ，コブシ，クロモジ，モッコク，コガンピ，シャクジョウソウ，コケリンドウなど当地から姿を消した植物があることも判明した．その一方で，キョダイトクサ，コハコベ，ホナガイヌビユ，セイヨウカラシナ，ヒルザキツキミソウ，ヨウシュヤマゴボウ，マルバハッカ，フラサバソウ，ブタ

図2 相模灘の生物相調査の主な調査地域（野島崎〜伊豆大島〜石廊崎を結んだ線の北側を調査地域とした）．

クサ，ヒロハホウキギク，アメリカタカサブロウなどの帰化植物が侵入してきていることも明らかとなった．今後も定期的な調査を通して当地の植物相の変遷を追跡していかなければならないであろう．

海洋生物

海洋生物相調査では，過去に重点的に調査された相模湾東部海域を中心として相模灘までの広範囲な海域に調査範囲を拡大し，標本収集を試みた（図2）．具体的な海洋生物相の調査としては，個々の研究者による現地調査（磯採集や潜水調査，網干し場での混穫物調査，魚市場での調査，さらに，航空機による目視調査など）に加え，組織的な採集調査が行われた．これは，主に三崎臨海実験所を拠点としたものであった．調査の主体は，三崎臨海実験所の採集調査船「臨海丸」によるドレッジ調査であり，デーデルラインやドフラインが調査し，また，生物学御研究所がドレッジ調査をされた三浦半島沖の相模湾東部海域を調査海域として実施された．さらに，臨海丸によるドレッジ調査を補うために，同海域で操業している横須賀市長井漁協所属の刺網漁船，かご網漁船を傭船し，漁獲物とともに混獲された海洋生物標本の採集も行った（図3）．これら採集した標本は，三崎臨海実験所で仕分けした後（図4），国立科学博物館に持ち帰り，さらに担当の研究者に送られ，研究が進められた．本調査研究では，さらに，相模湾から相模灘にかけての広い海域での底生生物の採集調査も試みた．そのために，東京海洋大学（旧：東京水産大学）所属の練習船「神鷹丸」による2002，2003年の調査航海に参加してドレッジ調査を行った（図5）．また，東京大学海洋研究所の「淡青丸」（現：海洋研究開発機構所属）の調査航海で得られた標本についても調査を行う機会を得た．新たな標本採集に加えて，国立科学博物館をはじめ，東京大学総合研究博物館や生命の星・地球博物館，横須賀市自然・人文博物館などに所蔵されている相模湾産動物標本の調査も行われ，さらに，デーデルライン・コレクションについての再調査の成果も交えつつ，さまざまな角度から

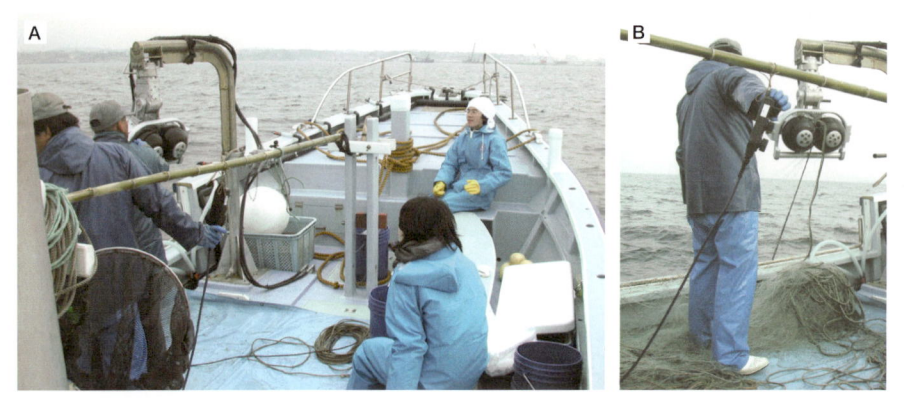

図3　刺網漁船での混穫物調査．A：漁船に乗船して網にかかった動物を採集する．B：網上げ作業が始まった．どのような成果があるだろうか．

図4　三崎臨海実験所での仕分け作業．A：持ち帰ったサンプルを手分けして仕分けする．B：大まかに仕分けされたサンプル．この後，固定し，国立科学博物館に持ち帰って研究が始まる．

図5　神鷹丸のドレッジ調査．A：出航を待つ神鷹丸．B：入念にドレッジの準備を行う．C：海底から揚げられたドレッジ．D：大きなバットにあけたドレッジのサンプル．E：船上での仕分け作業が始まった．

表1 相模灘の生物相調査で発見された新種.

門	綱	目	科	種
扁形動物門	吸虫綱	前口目	Zoogonidae	*Neosteganoderma physiculi*, Machida, Kamegai & Kuramachi, 2006
環形動物門	多毛綱	サシバゴカイ目	Sigalionidae	*Heteropelogenia japonica* Imajima, 2006
				Sigalion shimodaensis Imajima, 2006
				Sigalion tanseimaruae Imajima, 2006
		イソメ目	イソメ科	*Eunice unibranchiata* Imajima, 2006
節足動物門	甲殻綱	等脚目	ウミミズムシ科	*Janiralata sagamiensis* Shimomura, 2006
			スナウミナナフシ科	*Cyathura samagmiensis* Nunomura, 2006
				Mesanthura cinctula Nunomura, 2006
			オニナナフシ科	*Arcturus hastatus* Nunomura, 2006
				Neastacilla spinifera Nunomura, 2006
				Neastacilla scabra Nunomura, 2006
			ヘラムシ科	*Pentias namikawai* Nunomura, 2006
			Tridentellidae	*Tridentella takedai* Nunomura, 2006
			ウオノエ科	*Ceratothoa curvicauda* Nunomura, 2006
		十脚目	モエビ科	*Lebbeus nudirostris* Komai & Takeda, 2004
			ヤドカリ科	*Bathynarius izuensis* Komai & Takeda, 2004
				Bathypaguropsis carinatus Komai & Takeda, 2004
				Cestopagurus puniceus Komai & Takeda, 2005
			タラバエビ科	*Pandalopsis gibba* Komai & Takeda, 2002
脊索動物門	条鰭綱	スズキ目	ハゼ科	*Eviota masudai* Matsuura & Senou, 2006

表2 原記載以来再発見の種.

門	綱	目	科	種
刺胞動物門	ヒドロ虫綱	無鞘目	ウミヒドラ科	*Hydractinia cryptogonia* Hirohito, 1988（標本の採集は，1935年）
節足動物門	甲殻綱	十脚目	ケブカガニ科	*Hephthopelta cribrorum* Rathun, 1932
半索動物門	翼鰓綱		エラフサカツギ科	フサカツギ類の1種
棘皮動物門	クモヒトデ綱		クモヒトデ科	*Astrophiura kawamurai* Matsumoto, 1912
脊索動物門	ホヤ綱	側性ホヤ目	マボヤ科	*Pyura comma* (Hartmeyer, 1906)

相模灘の生物相調査が実施された.

海洋生物を扱った専報第40～41号掲載論文をもとに相模灘の生物相調査の成果を概観してみることとする．海産無脊椎動物については，本調査参加メンバーの約半数を占める研究者が多岐にわたる調査，研究を実施した．人工漁礁の造成や多数の商業船の往来する航路が発達しているという21世紀初頭ならではの海洋事情があり，また，相模湾はトロール（底曳網）が全面禁止されている海域であるため網羅的な調査ができたとはいえない．それでも10動物門，19綱，78目，466科の海産無脊椎動物についての新知見が数多く見いだされた．まず，20新種が記載され，そのほかに日本初記録種が30種，相模湾初記録種が85種確認された（表1）．また，コラム3で詳しく述べられているフサカツギ類のように原記載以来の再発見があった（表2）．一方，研究途上にある未同定標本群の中には80種以上の新種と思われる種が含まれているようだ．今後の研究が期待される．

魚類については，標本調査や過去から集積されている文献にもあたり，相模湾から相模灘にかけての海域で記録のある魚種を目録化したことが大きな成果である．このような地道で困難な作業はなかなかできるものではない．この目録化により，ヒルゲンドルフやデーデルラインが活躍した時代から130年間で45目249科1517種の魚類が本海域から記録されていたことが明らかとなった．この中には相模灘の生物相調査で発見された1新種を含む162種の相模湾初記録種が含まれている．海棲哺乳類，つまり，イルカや鯨類については航空機を使った目視調査（図6）やストラン

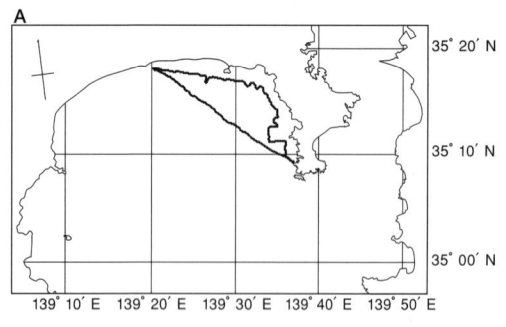

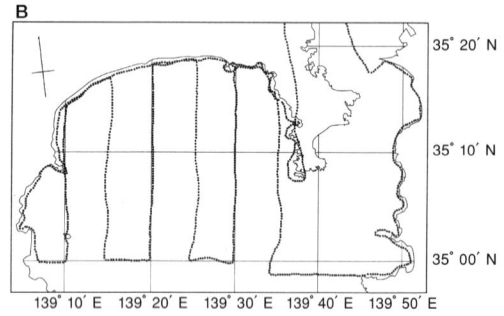

図6　鯨類目視調査航跡.

ディング調査が行われ，相模湾で見ることのできる鯨類は，回遊してきている種がほとんどであることが明らかとなった．このような航空機を使った調査というのも個人ではなかなかできないものである．このような調査ができたことも相模灘の生物相調査の成果といってよいのではないだろうか．

今回の相模灘の生物相調査から生物地理学的にはどのようなことがいえるであろうか．このことに関しては魚類において顕著な結果が出ている（第12章参照）．目録化された魚種組成を解析してみると相模灘の海域は暖温帯区に含まれることが確認された．さらに，これに亜熱帯区と小笠原諸島を加えた海域（南日本海域）が熱帯区（琉球列島）とは異なることが示され，南日本から琉球列島への温帯性の魚類の分散が黒潮により妨げられていることが示されたのである．また，海藻類や軟体動物，そして，甲殻類においては伊豆下田地方の生物相がまさに黒潮の影響を強く受けたものであることが示されている．さらに，刺胞動物や多毛類などでは日本産種の半数以上の種が相模湾に出現していることが示されている．この傾向は，他の分類群にもあてはまることではないかと思われる．相模湾は，特定の分類群だけでなく，押しなべて生物相豊富な海域であることが再確認されることとなった．

相模灘の海底環境の変遷

継続的な調査研究においては，「同じ場所で異なった時期に採集された標本を比べることで，その場所の環境変化がわかる．標本さえ保存されていれば，採集場所の環境を復元することができる」ということが考えられるであろう．この考えに従った研究の例としてボタンコケムシ *Steganoporella magnilabris* というコケムシ類についての話題に触れておくこととする．コケムシ類は，海底の岩礁などに固着して生活する動物である．ゆえに，いつ・どこで・どのようなコケムシ類が採集されたかを年代を追って追跡することで海底環境の変遷が明らかにできると考えられる．それでは，デーデルラインの調査ではどうであったろうか．デーデルラインは「日本の動物相の研究—江ノ島と相模湾」の中で大量にコケムシ類が採れたと述べている（磯野，1988）．実際にストラスブール動物学博物館の標本庫にはボタンコケムシの標本が9個体も見つかっている（図7）．このコケムシは，生物学御研究所のコレクションの中にも一番多く標本が含まれており（図8），相模灘の生物相調査でもまとまって採集されている．しかも，それらの標本は，いずれも横須賀市長井沖の亀城礁から甘鯛場を中心とした同じような海域から採集されているのである．つまり，ボタンコケムシが集積する「コケムシ底」とよんでもよい海域が130年間にわたって存在し続けていることが明らかとなったのである．今後，その他の底生動物（とくに固着して生活する動物）に関して同様な調査研究がなされ

れば，相模湾の海底環境の変遷についての研究が大いに発展すると期待できる．

姿を消した生物，進入してきた生物

人為的な撹乱や環境の変化で相模湾の海洋生物相にもさまざまな影響が見受けられる．相模灘の生物相調査では，リストアップされた種の10％以上が相模湾初記録種であった．その最大の要因としては調査海域の拡大が考えられる．したがって，一概に過去の研究成果と比較しての種数の増減を議論することはできない．しかし，明らかに姿を消した生物や，減少した生物，また本来は分布しないはずの生物がいることも事実である．このことについては，コラム1で詳細に述べられている．

博物館，標本，そして，研究者ネットワーク

デーデルラインの調査から相模灘の生物相調査まで約130年の間に生物相調査が何度か行われてきた．それらの生物相調査の基盤となったのは標本であった．すでに述べたように「いつ」，「どこで」採集されたというデータが添えられた標本にあたれば，その生物がその場所でその時代に生きていたということを示すことができるわけである．博物館には，このようにある地域の生物相を明らかにするために重要な研究用標本を網羅的に，かつ，恒久的に保管する役割がある．相模湾の生物相解明のためには，今後も持続的な研究活動が必要である．そして，そこには博物館に保存されている研究用標本が欠かせないのである．ここに研究用標本の重要さがおわかりいただけると思う．

今回の相模灘の生物相調査は，国立科学博物館の研究者に加えて，国内の分類学研究者の参加があって成し遂げられた．このような研究者のネットワークは生物相解明には重要である．しかしながら，分類学研究者自体は減少傾向にある．今後は，新しい人材の教育

図7　デーデルラインコレクションのボタンコケムシ．

図8　生物学御研究所のボタンコケムシ．

も含め，このような博物館を軸とした研究者ネットワークを維持，発展させていかなければならないのである．

文献

藤田敏彦・並河　洋．2003．フランツ・ドフラインと相模湾の深海動物相．タクサ，(15): 1-12.
磯野直秀．1988．三崎臨海実験所を去来した人たち　日本における動物学の誕生．学会出版センター，東京，230 pp.
近田文弘・松本　定・勝山輝男・小西達夫・笹本岩男・野口英昭．2006．伊豆須崎の維管束植物相．国立科学博物館専報，(42): 113-221.
小山鐡夫（編）．1996．黒船が持ち帰った植物たち．アボック社出版局，鎌倉，98 pp.
生物学御研究所（編）．1980．伊豆須崎の植物．保育社，大阪，171 pp.
東京大学大学院理学系研究科附属臨海実験所．1999．東京大学三崎臨海実験所　1886-1999．東京大学大学院理学系研究科附属臨海実験所，三浦市．33 pp.

COLUMN 1

環境変遷による相模湾産生物相の変化 ——— 池田 等

　相模湾周辺海域は都市近郊に位置するため人為的な環境変化を受けやすく，近年になって生物相が大きく変動している．健全な海況であった明治時代には学術的に貴重な海洋生物が数多く水揚げされ，現在からは想像を絶するほど豊かな生物相が見られた．

　エドワード・モースが江ノ島に実験所を設立したのが1877年（明治10），彼はドレッジによりその周辺海域から多くのシャミセンガイを得ている．同海域からシャミセンガイは1960年代前半に消滅している．現在ここで調査を試みても収穫はバカガイ，カガミガイ程度である．同じく1881年（明治14）デーデルラインが江ノ島沖から三崎沖を調査したとき，数多くのガラスカイメンやヤマトオウサマウニ（図1A）などの深海性ウニ類が採集できたことを記録している．このガラスカイメン類は後に東京大学三崎臨海実験所において飯島魁による研究がなされたが，その収集資料の大半は実験所の採集人，青木熊吉によるものである．ガラスカイメン類に有効な採集手段は延縄である．当時は水深200～400 m付近でギスを目的としたダボ縄とよばれる延縄漁が盛大に行われていた．この漁で大量のガラスカイメン類が得られたのである．明治時代に江ノ島の土産物屋でガラスカイメンなどの海洋生物が売られていたことからも相当数採れていたれたことを物語っている．ダボ縄に掛かったギスがあちこちを泳ぎ回りカイメンなど他の生物をぐるぐる巻きにして絡めてくる．こうして3 mを超えるタカアシガニも得られた．ダボ縄を海底に仕掛けるとき，潮流が速かったり，山立てが外れると狙った水深からはずれ，こういうときにホッスガイやカイロウドウケツモドキ（図1B）など水深1000 m付近に産するものが掛かってきた．そのほかミツクリザメやラブカ（図1E）などのサメ類，オトヒメノハナガサ（刺胞動物）や深海性のナマコ類，ウスヒタチオビ（図1C）（軟体動物）など，相模湾を代表する深海生物が採れている．ダボ縄漁は相模湾の各所で1950年代後半まで零細ながら行われていたが今は影もない．1960年代にダボ縄漁の調査をしたところ，とくに大型のガラスカイメン類はほとんど見られなかった．明治時代に豊富に採れたガラスカイメン類は，1920年代以降激減した．その原因は汚染などによる環境の変化ではなく，何らかの自然的環境変化があったものであろうが不明である．一方で，デーデルラインが採集した深海性ウニ類は現在も採集されている．

　昭和に入っても，1960年代以前の相模湾は明治時代の海とは雲泥の差があったとはいえず，豊かな生物の多様性が見られたことは，昭和天皇のコレクションからも想像できる．

　そして相模湾の環境がもっとも変貌し始め，生物相に変調が見られたのが1970年代以降である（池田，2000）．これは高度成長期の開発が大きな理由といえよう．河川改修や埋め立て護岸工事に加え，下水道整備が進んでない川に洗剤などを含んだ家庭排水が垂れ流しされて川の水質は最悪となった．とくに東京湾ではほとんどの干潟が埋め立てられ，海水が自然浄化されずにその悪水が相模湾に流れ出た．この影響でそれまで潮通し良好であった相模湾が富栄養化されたのである．相模湾にはほとんどいなかったマコガレイ，マヒトデ（図1G），グミ（図1H）（棘皮動物）などが出現し，マガキやムラサキイガイなどの貝類がそれまで以上に急速に繁殖した．一方ハタ類やブダイなどが激減し始めた時期もこの頃である．またウマヅラハギやバカガイなどの異常発生もあった．貝類の中でもハマグリ（図1F），フジナミガイ，コオロギガイが消滅し，ベニイモ，ベッコウイモ，オニサザエ，ヒメイトマキボラなどが激減し始めた．そして帰化動物が目立った頃でもある．1970年前後にシマメノウフネガイ（図1I）が三浦半島の金田湾で，イッカククモガニ（図1J）が昭和天皇によって城ヶ島沖から採集され，現在両種は日本各地に拡散している．またアウトドアブームの波に乗り，バテイラ，クボガイなど

図1 相模湾の生物．A：ヤマトオウサマウニ．B：カイロウドウケツモドキ．C：ウスヒタチオビ．D：バイ．E：ラブカ．F：ハマグリ．G：マヒトデ．H：グミ．I：シマメノウフネガイ．J：イッカククモガニ．

いわゆる「磯もの」が激減している．さらに透明度が悪くなり，海中林が後退したことも大きな変貌である．水深30 m付近にまで繁茂していたカジメの海中林は浅場に移った．1930年代までは重量3 kg前後のマダカアワビがいくつも採れたが，今は小型化した．大アワビが採れなくなった理由は採取圧ばかりでなく，海中林の形成状態に関係しているかもしれない．

1980年代以降から現在にかけては，海底にヘドロが堆積したことが顕著である．葉山で1隻だけ残った打た瀬船がヘドロで網が持ち上がらなかったという話を聞いている．そのため，湘南海岸の浅所ではチョウセンハマグリ，ダンベイキサゴ，マルサルボウなどの貝類，シロギス，イシモチなどの魚類が減った．また，バイ（図1D）は1960年代にバイ筒で大量に水揚げされていたが，1980年代後半から姿をほとんど見なくなった．原因は船底と漁に使われたトリブチルスズの影響といわれ，いわゆるインポセックスによるものと考えられている．なお1995年の葉山しおさい博物館の調査では111種の貝類がレッドデータにランクされた（池田ほか，2001）．

前述のとおり相模湾の生物相は1970年代前半に変貌の過渡期を迎え，その原因は人為的な環境の変化によるものである．外洋的海況から内湾的海況となり，それに準じた生物相に移行しつつあるのが，近年の相模湾の生物相の一つの特徴である．

今後の相模湾の生物相は明治時代に戻ることはないにしても，人為的に環境が改善され，豊かな生物相が生成されることを期待したい．

文献

池田 等．2000．1960年代以降の相模湾の海洋生物相変化（概要）．潮騒だより，(11): 11-13.

池田 等・倉持卓司・渡辺政美．2001．相模湾レッドデータ貝類．葉山しおさい博物館，神奈川，104 pp.

TOPICS 1

東京湾のアマモの消滅と再生事業

田中法生

東京湾はアマモの宝庫であった

　アマモ *Zostera marina* L.（アマモ科）（図1）は，北半球の温帯から寒帯の沿岸の砂泥地に生育する沈水性の種子植物である．日本では北海道から鹿児島県まで広く分布するが，波浪などによる撹乱が比較的弱い環境を好むため，入り組んだ地形の湾などに生育することが多い．

　相模湾の中では三浦半島などがそれに該当し，多くのアマモ群落が確認されている（Tanaka *et al.*, 2006）．房総半島の内房，南房地域もアマモ群落が豊富に見られるが，大規模なものとしては，相模湾に隣接する東京湾内湾部（房総半島の富津岬と三浦半島の観音崎を結ぶ線の北側）があげられる．ここはその全体がアマモ生育地の該当要件を備えているともいえるのである．実際に，明治41年（1908年）の「東京湾漁場図」（図2）を見ると，現在の千葉県市川市千鳥町付近には大きなアマモ・コアマモ群落が記されており，東京都の江戸川・江東・品川区から神奈川県横浜市にかけての埋め立て地域にも断続的にアマモ・コアマモ群落が記されている．まさに，東京湾はアマモの宝庫だったのである．

　しかしその後，1940年頃からの沿岸の埋め立て，改変などによって，東京湾内湾部のアマモ場はほとんどが消滅した．図3を見ると，環境の悪化など以前に，アマモの生育地自体が埋立地となって消滅していることがわかる．

アマモ場再生を求める動きと解決すべき問題

　アマモ群落を主体にさまざまな動植物および物理的環境により構成される景観的まとまりをアマモ場とよぶが，ここはさまざまな生物種の生息場所として機能していることがわかってきた（相生，2000）．そのため近年，水産業の面からもアマモ場の重要性が評価されるようになってきた．つまり，健全なアマモ場が豊富にあれ

図1　アマモ群落の様子（千葉県富津干潟）．

ば，漁場は良好な状態になることを漁業関係者が認識するようになってきたのである．100年前の東京湾に，アマモ場の間を縫うようにアサリ，ハマグリ，イカなどの漁場が見られたことは，まさにそれを具現しているといえるだろう．

　近年このような経緯から，主に各地の水産研究所や漁協などがアマモ場を再生しようとする動きが活発になっている．また同時に，多くのNPOなどが自然環境保全を目的に，アマモ場の再生に取り組むようになってきた．さらに，学校における環境教育の場として活用される例も多く，「アマモ場の再生」にさまざまな方がかかわるようになってきた．このような状況自体は率直に喜ばしいことであるが，「アマモ場の再生」という言葉の独り歩きが懸念された．なぜなら，アマモ場の再生を行うために解決すべき次に述べる問題がなおざりにされる危険があったからだ．

　生物の保全を考える際に対象種の遺伝的構造を把握することは非常に重要であり，移植などを伴う再生事業の場合ではなおさらである．未知の種内分類群の存在の確認や遺伝的変異の維持，さらに長期的な保全活動の実現という面から，遺伝的多様性や遺伝子流動などの遺伝的情報について把握しておく必要があるのだ．たとえば，筆者

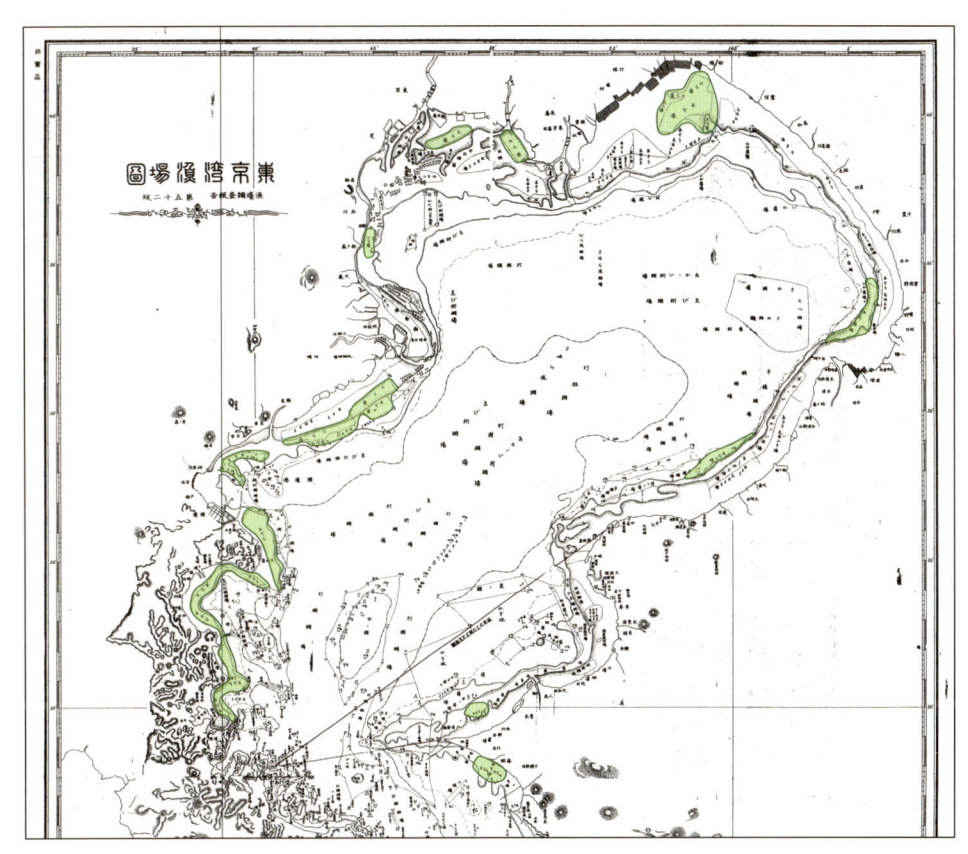

図2 明治41年発行の東京湾漁場図.(漁場調査報告第52版（農商務省）より転載).「あぢ藻」（アマモ）,「にら藻」（コアマモ）と記されているところを緑色で示した.

らがアマモ科のスゲアマモという種の遺伝的構造について調べたところ,同じ湾の集団同士が遺伝的によく交流している.つまり花粉や種子がそれぞれを往来している.とは限らないという結果が得られた（Tanaka et al., 2002）.これより,アマモ類の遺伝子流動の程度は地理的な距離だけに依存するものではないと考えられた.

この結果は,遺伝的構造を把握せずに推測で,A地から隣接するB地への移植などを計画すれば遺伝的撹乱を起こしかねないことも示している.このことから,本当の意味でのアマモ場再生を行うには遺伝的構造の把握は不可欠だという考えをより強くし,アマモ場再生の象徴ともなっている三番瀬を含む東京湾のアマモ集団について,仲岡雅裕,出店照子（千葉大学）,石井光廣,庄司泰雅（千葉県水産総合研究センター）と共同で遺伝的解析研究を行った.

東京湾アマモ集団の遺伝的構造

東京湾に生育するアマモ集団から規模の大きい12集団を選択し（図4）,各集団から20〜30個体を採集し,各個体の核DNAの中のマイクロサテライトという部位の変異を検出し遺伝的構造解析を行った.

まず始めに遺伝的多様性について算出したところ,12集団の間でとくに大きな差はないことが示された.さらに,国外のアマモや他の海草種と比較しても十分な遺伝的多様性を維持していることが明らかになった.仮に,東京湾の集団がそれ以外のアマモ集団と何らかの理由で交流が制限されるようなことがあると,遺伝的多様性が低くなっていることも考えられたが,そのような状況にはないことが示された.

次に,東京湾12集団の間でどのように遺伝的な交流が起きているのかを解析した.図5は各集団間の遺伝的分化の程度（Fst）を樹形図に表した

TOPICS 1

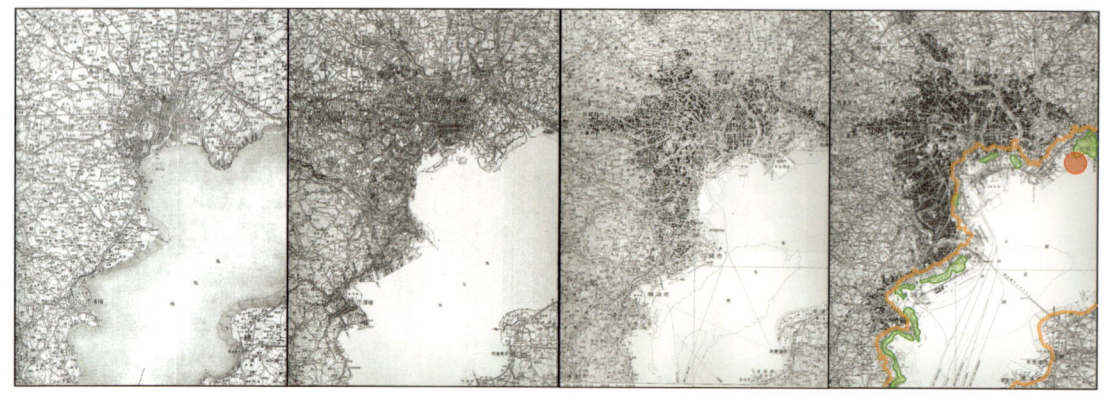

A 1914年（大正3）　　B 1947年（昭和22）　　C 1970年（昭和45）　　D 2005年（平成17）

図3　東京湾北西部沿岸の変遷（国土地理院刊行1/200,000地勢図より転載）．B：東京都江東・品川，神奈川県川崎周辺のアマモ場は昭和初期には埋め立てが始まっている．C：この頃には，横浜周辺の改変が進んでいる．D：オレンジ線は1914年の海岸線，緑色は明治41年漁場図に示されるアマモ場，赤丸は現在の三番瀬を示す．

図4　現在の主なアマモ集団の分布．現在確認されている規模の大きいアマモ集団を示した．東岸では盤洲，西岸では走水よりも北側にはアマモ自然集団は現存しない．

図5　Fst値に基づく集団間の樹状図．Fstは各集団間の遺伝的分化の程度を示す．集団の位置は図4を参照のこと．

ものである．集団間で遺伝子交流が強く起こっている場合には，集団間の枝の長さが短くなると考えていただきたい．この図から，東京湾内湾部の5集団：木更津湾，盤洲，富津1，2，3，走水が遺伝的によく交流していることがわかる．この5集団は地理的にも近いが，同程度の距離にある竹岡・金谷の2集団とは遺伝的交流が比較的抑えられている．このことを考えれば，より内湾的要素の強い東京湾内湾部の中に位置していることが強く影響しているのかもしれない．

三番瀬へはどこからどのように？

これらの結果から，三番瀬へアマモを移植することを前提とするならば，東京湾内湾部のいずれかの集団を移植元とするのが最善の選択と考えられた．しかし湾奥部に自生集団が存在しないため，三番瀬に移植をした場合に，その後どのような遺伝的交流が起きて集団が維持されていくかは明らかでない．もしも他集団との間に交流がなければ，遺伝的に孤立し遺伝的多様性が低下して，健全な集団として維持できない，という状況も予想される．そこで，湾奥部への移植後の遺伝子交流を予測するために，海上を浮遊する葉を採取し，それがどの集団から移動してきたのかを遺伝的に解析することを試みた．

アマモの遺伝子流動は主に種子が葉鞘に付い

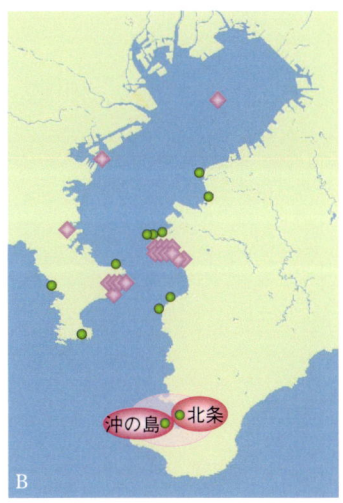

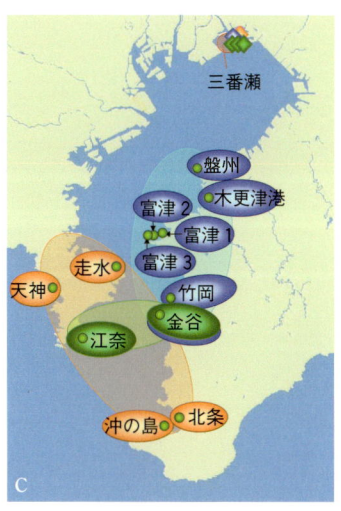

図6 流れ葉の帰属性解析結果．12集団全個体および東京湾海上および沿岸域で採取した流れ葉の遺伝的構造情報から解析した結果，各個体は6グループに分けられた．A：6グループのうちの一つを示した．これは富津3集団および走水の個体を主体に形成され，周辺および東京湾北部の流れ葉（◇）も同じグループに帰属された．これは，◇の流れ葉が富津3集団および走水いずれかの集団から流れてきた可能性が高いことを示している．B：別のグループは，沖の島・北条を主体に構成されており，ここからの流れ葉はほとんどが内湾部への手前に着岸していた．C：三番瀬付近で採取された流れ葉は，緑・青・オレンジで示した3グループに由来することが示された．

図7 移植のためのアマモ種子採取の様子（神奈川県走水海岸）．市民を中心に学校・漁業関係者・研究者・企業などが協同で作業を進めている．（写真：森田健二）

たまま流されて起こるため，海上を浮遊する葉の動きは種子散布と同じ動きをすると仮定して解析を行った（図6）．この解析から，東京湾内湾部への流れ葉は富津・走水などの集団を主体に，しかしそれ以外からも移動していることがわかった（図6A，B）．三番瀬付近にまで到達している葉のみに着目すると，竹岡・富津などから主に構成されるグループ，江奈・金谷が主体となるグループおよび天神などが主体となるグループから流れてきたと推定された（図6C）．これらの結果から，流れ葉に乗った種子が湾全体から内湾奥部（三番瀬周辺）まで運ばれる可能性が示された．これは，三番瀬にアマモ集団が再生された場合にも，他の集団から遺伝的に孤立しないことを示唆している．

なお慎重に

以上のように，三番瀬への移植に関しては遺伝的構造の面からは一定の指針が得られた．これに基づいて，移植元からは，遺伝的にランダムにするためにも種子を採取して移植を行うことが望ましいと考えられる．しかしなお，実際の種子散布の量や頻度，その発芽・定着率の把握，物理的環境の改善など，解決すべきことも多く残されている．移植後の定期的モニタリングを行い，それを漁業関係者・市民・各分野の研究者が随時検討するシステムが必要となるだろう．

文献

相生啓子．2000．アマモ場研究の夜明け．海洋と生物，22(6): 516-523.

Tanaka, N., Y. Omori, M. Nakaoka and K. Aioi. 2002. Gene flow among populations of *Zostera caespitosa* Miki (Zosteraceae) in Sanriku coast, Japan. *Otsuchi Mar. Sci.*, 27: 17-22.

Tanaka, N., S. Yasumasa, M. Nakaoka, M. Ishii and B. K. Lim. 2006. Distribution of *Zostera marina* (Zosteraceae) in coastal seawaters in the Sagami Sea. *Mem. Natn. Sci. Mus., Tokyo*, (42): 53-57.

第2部
相模湾の豊かな動物相

130年にわたる標本に基づく調査・研究によって明らかになってきた相模湾の動物相の特徴はどのようなものであろうか．類いまれな豊かさといわれる相模湾の動物相を知るために，相模湾を代表する動物や生物学的に重要な発見につながった珍しい動物などに焦点をあててトピック的に紹介する．

第12章　相模湾の魚たちと黒潮
―ベルトコンベヤーか障壁か―

瀬能　宏・松浦啓一

　相模湾にはいったいどんな魚が何種類いるのであろうか．この素朴な疑問に答えることはきわめて難しい．なぜならどんな魚がこれまでに記録されているのか，意外なことかもしれないが，一度も総括的に研究されたことがないからである．しかし，その一方で相模湾は多様な環境に恵まれ，南の海からさまざまな生物を運んでくる黒潮の影響を強く受け，魚類相は豊かで多様であるといわれている．われわれは長い研究の歴史をたどり，また最新の情報を加え，さらには他の海域との比較を通じて相模湾の魚類相の特徴を科学的に把握するために調査研究を行ってきた．ここでは相模湾に見られる魚類と魚類相の特徴について，最近の調査結果（Senou *et al.*, 2006）に沿って紹介したい．

どこを調べるのか

　相模湾とはいったいどこを指すのであろうか．地理的には真鶴岬と三浦半島南端の城ヶ島を結ぶ線よりも北側を狭義の相模湾とし，その南側を相模灘とよんで区別していることもあるし，真鶴岬の代わりに伊東市の川奈崎と城ヶ島を結んで相模湾とする場合もある．どちらも一理あるのだが，魚類のように多様な環境に適応し，しかも移動能力に優れた生物を扱う場合には，海岸や海底の地形的要素はもちろんのこと，水質や海流も考慮に入れた方が何かと都合がよい．ここでは伊豆半島南端の石廊崎から伊豆大島を含めて房総半島南端の野島崎までを結ぶ線の北側の海域から狭義の東京湾を除いた部分，すなわち三浦半

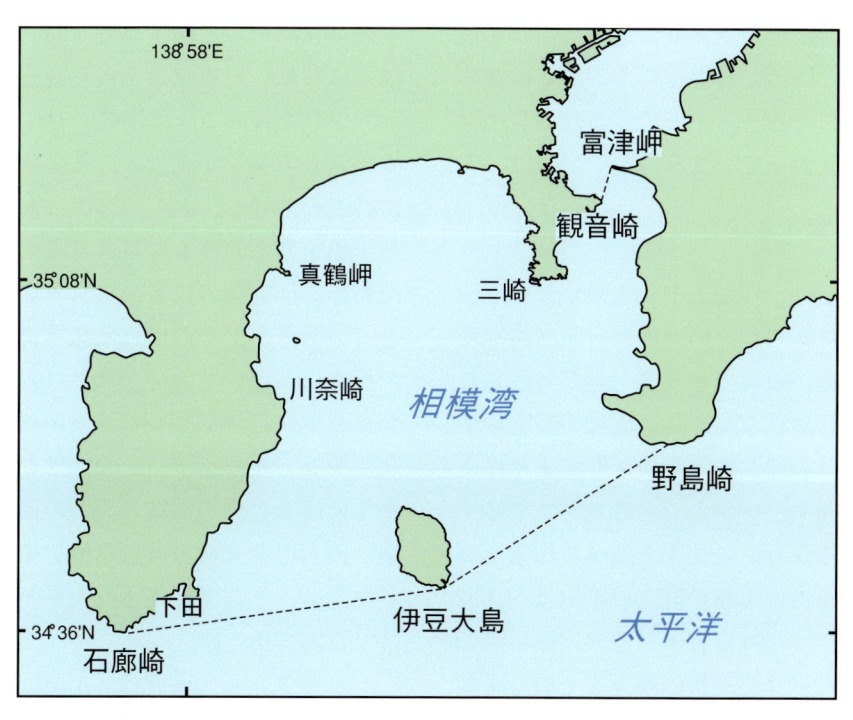

図1　相模湾と調査範囲を示す地図．

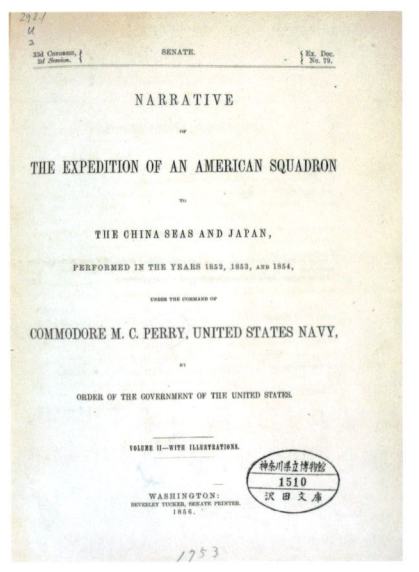

図2 ペリーによる黒船航海の報告書，第2巻（1856年）の表紙．（神奈川県立生命の星・地球博物館所蔵）．

図3 ブレフォールトによる魚類の報告書に収録された図版の一部．上からサンマ（下田産），リュウキュウダツ（沖縄産），ハコダテギンポ（函館産），キタフサギンポ（函館産）．（神奈川県立生命の星・地球博物館所蔵）．

島の観音崎と房総半島富津岬を結ぶ線よりも南側を広義の相模湾とよぶことにする（図1）．こうすることで湾奥の砂浜海岸，東側の入り組んだ内湾や海底に広がる藻場，西側の岩礁性海岸，湾央部の深海底，湾口部で黒潮の影響を強く受ける島といった環境を網羅したことになる．どこを調査海域に定めたのかを最初にきちんと決めておかないと，語る研究の歴史も違ってくるし，そこに見られる魚の種類も大きく変わってしまう．

どうやって調べるのか

相模湾にどのような魚がいるのかという設問にすぐに答えられない理由は冒頭で述べたとおりである．これは相模湾の魚が調べられていないからではなく，長い研究の歴史の中に情報が拡散しており，その量があまりに多く，また範囲も広いからである．そこでまず，時間はかかるが丹念に文献を調べる作業を開始した．相模湾の魚類の研究の歴史は，1852年から1854年にかけて日本とその近海に黒船でやってきたペリー一行の調査まで遡る必要がある（図2）．彼らは相模湾を含む各地で生物の調査を行ったが，魚はブレフォールト（J. C. Brevoort）によって研究された．食卓でおなじみのサンマは，この時伊豆半島の下田で採集された標本に基づいて学名が付けられた（図3）．ブレフォールトが研究した相模湾の魚類はわずか33種，そのうち新種が4種含まれていただけであった．

相模湾で本格的な魚類の研究がスタートするのは1886年，三浦半島の三崎入船（のちに油壺に移転）に東京大学の三崎臨海実験所が設立された後のことである．1900年，アメリカのジョルダンが来日し，この実験所を足場に220種の魚類を採集した．ジョルダンはその後，弟子たちとともにアメリカの国立自然史博物館の研究報告に多数の日本産魚類を記載していったが，その中には相模湾から得られた標本に基づいて新種記載されたものが25種含まれていた．ジョルダン以前にもドイツのヒルゲンドルフやデーデルラインらも相模湾あるいはその周辺海域の魚類の研究を行ったが，彼らの研究材料は魚市場を中心に集められたため，どこで採集されたか不明なものがほとんどであった．

ジョルダンらの研究は『A catalogue of the fishes of Japan』（図4）として集大成され，そ

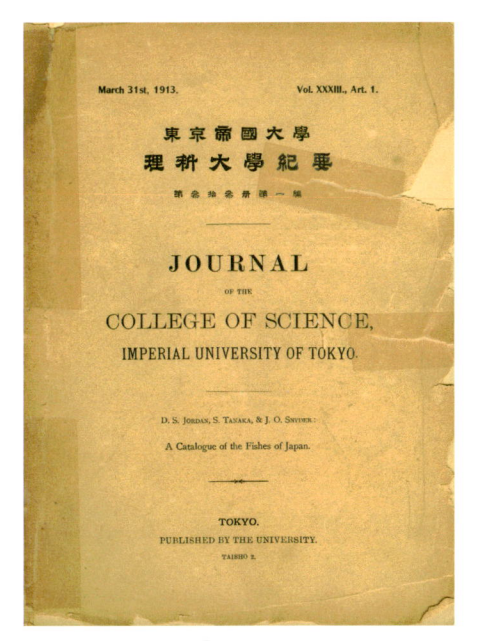

図4 ジョルダンらによる「A catalogue of the fishes of Japan」(1913年). 日本全土の魚類目録で，1235種が目録化された．分布地として相模湾の地名が多数登場する．

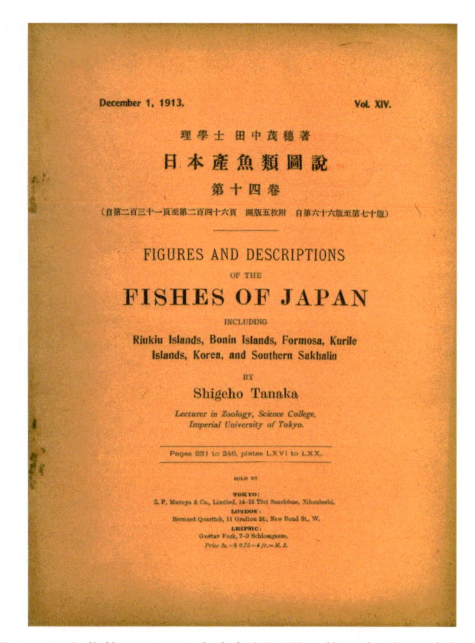

図5 田中茂穂による日本産魚類図説，第14巻（1913年）の表紙．全巻で50新種を含む337種が収録され，相模湾で採集された標本も多数含まれている．

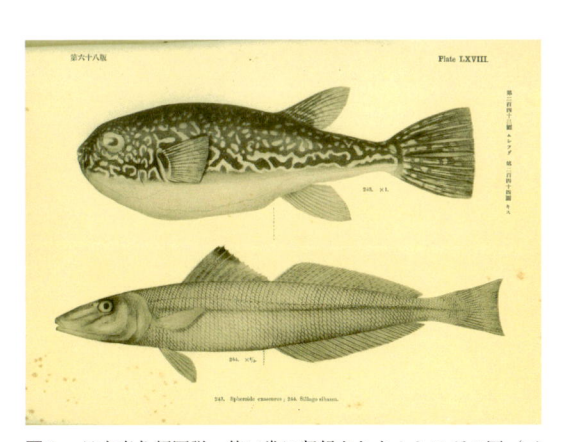

図6 日本産魚類図説，第14巻に収録されたムシフグの図（三崎産，上）．下図は東京湾産と思われるアオギス．

図7 ホタテエソ．KPM-NI 10480, 伊豆海洋公園産（撮影：瀬能　宏）．

　の中には相模湾の三崎が分布地であることを示す「Misaki」の文字が多数登場する．これと前後して1911年，日本の魚類学の父であり，ジョルダンの弟子でもあった田中茂穂は，「日本産魚類図説」（図5，6）の刊行を開始した．このシリーズは1930年までに48巻に分けて出版され，その後一時中断したが，弟子の冨山一郎と阿部宗明に受け継がれ，最終的には59巻を数えた．このシリーズにも相模湾で採集された魚類が多数登場する．

　1970年代に入ると相模湾の魚類相研究は新たな展開を迎える．スキューバダイビングの普及によって研究者自らが海に潜り，未知の魚類が続々と発見されるようになった．新科新属新種として発表されたホタテエソ科のホタテエソはその象徴的な存在である（図7）．また，横須賀市自然・人文博物館のような地域の博物館が中心となって地点ごとの詳細な魚類相も把握されるようになった．魚市場に水揚げされる魚類を研究することは少なくな

第12章　相模湾の魚たちと黒潮 ── 123

図8 イズハナダイ属の1種．写真での記録しかない稀種．KPM-NR 7804，伊豆海洋公園（撮影：深沢安雄）．

図9 スズメダイ属の未記載種．最初に伊豆大島で発見され，その後八丈島や台湾にも分布することがわかった．KPM-NR 38022，伊豆大島（撮影：大沼久之）．

図10 ベラ科 *Terelabrus* 属の1種．KPM-NR 37961，伊豆大島（撮影：大沼久之）．

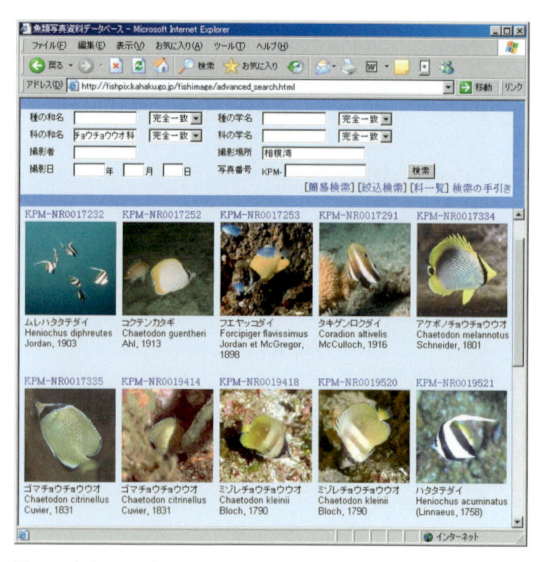

図11 魚類写真資料データベース．「相模湾」と「チョウチョウウオ科」をキーワードに検索した結果の一部を示す．

り，野外での潜水調査が魚類研究の主流となったのである．

ブレフールト以降，われわれの調査で参照した文献は520篇に達し，相模湾の魚類相の概要は十分につかめるかに見えるが，ス

キューバダイビングの普及はさらに新たな展開をもたらした．相模湾沿岸には伊豆半島の東岸を中心にダイビングポイントが点在しているが，そこには毎日多数のダイバーが訪れ，魚類をはじめとする海洋生物の水中写真が多数撮影されている．彼らが撮影した写真には相模湾から記録がなかったり，研究者も知らない未知の魚が写っていることも珍しくない（図8，9，10）．研究者の数はたかが知れているし，現場を訪れる頻度もきわめて低い．それに比べて季節を問わずダイバーが撮影する写真の数は膨大であり，未知の魚の姿や生態が記録される機会が飛躍的に増えたのである．神奈川県立生命の星・地球博物館では，魚類の水中写真のデータベース化を1995年から進めており，2006年9月現在，その数は6万件を超えている．われわれの調査に使用するためにこのデータベースから抽出された相模湾の魚類の写真は1万件に達した．登録されている画像の大部分は国立科学博物館のサーバを通じて「魚類写真資料データベース」として公開されているのでぜひ検索していただきたい（図11；http://research.kahaku.go.jp/zoology/photoDB/）．

表1　相模湾産魚類の科別種数.

	種　数	百分率（％）
ハゼ科	109	7.2
ベラ科	88	5.8
ハタ科	67	4.4
フサカサゴ科	53	3.5
スズメダイ科	44	2.9
チョウチョウウオ科	35	2.3
アジ科	32	2.1
テンジクダイ科	31	2.0
フグ科	29	1.9
ニザダイ科	26	1.7
イソギンポ科	26	1.7
ヨウジウオ科	23	1.5
フエダイ科	22	1.5
ハダカイワシ科	22	1.5
カジカ科	20	1.3
ソコダラ科	19	1.3
ヒメジ科	18	1.2
ネズッポ科	18	1.2
モンガラカワハギ科	16	1.1
カワハギ科	17	1.1
キンチャクダイ科	16	1.1
サバ科	16	1.1
その他（1.0％未満の科）	770	50.6
合　計	1517	100.0

1500種以上をリストアップ

　過去の文献調査とデータベース化された水中写真の調査に神奈川県立生命の星・地球博物館と国立科学博物館に保管されている標本を補足的に加えて相模湾産の魚類目録を作成したところ，同湾の魚類は45目249科1517種に達した（表1）．科別に種数を比較すると，まずハゼ科魚類が109種で全体の7.2％を占めていた．以下，ベラ科（88種，5.8％），ハタ科（67種，4.4％），フサカサゴ科（53種，3.5％），スズメダイ科（44種，2.9％），チョウチョウウオ科（35種，2.3％），アジ科（32種，2.1％），テンジクダイ科（31種，2.0％）と続く．多様性という視点からは，これらの魚類が相模湾を代表する魚といえるだろう（図12）．その他の科は種数の占める割合がすべて2％未満であり，1％未満の魚類が全体の約半分を占めていた．なお，これら1517種の中には過去に一度だけしか記録のないものや，出現する季節が決まっており，一時的にしか見られないものが含まれているため，相模湾に常時これだけの種がいるわけではないので注意が必要である．

固有種はいるのか

　ある地域の生物相を研究するときに必ず話題になるのが固有種である．その地域だけにしか分布していない生物の存在は地史と生物の進化を語るうえで重要である．では，相模湾に固有種はいるのだろうか．海は連続しているので，一般に狭い範囲に固有な種というのは非常に少なく，現時点では相模湾以外での記録がないものでも，生息場所が深海など特殊だったり，きわめてまれな種であったりする場合は，調査が進めば他の海域で見つかる可能性がある．アシロ科のクロヨロイイタチウオやニセイタチウオ科のサガミニセイタチウオなどがその例と思われる．では，比較的目立つ存在で他の海域から見つかっていな

図12 相模湾を代表する魚類10科．1：キヌバリ（ハゼ科）．2：キツネダイ（ベラ科）．3：ナガハナダイ（ハタ科）．4：カタボシアカメバル（フサカサゴ科）．5：イソスズメダイ（スズメダイ科）．6：トゲチョウチョウウオ（チョウチョウウオ科）．7：カイワリ（アジ科）．8：ネンブツダイ（テンジクダイ科）．9：アカメフグ（フグ科）．10：ニジハギ（ニザダイ科）．すべて相模湾産（撮影：瀬能宏）．

いものはあるのだろうか．相模湾を中心に伊豆半島の西岸（駿河湾の東岸）や房総半島の外房側まで分布範囲を広げると，準固有種ともよべるものは少数ながら存在する．たとえば，ヨウジウオ科のダイダイヨウジ（図13），ハタ科のシロオビハナダイ（図14），ゲンゲ科のコモンイトギンポ（図15）などがある．ホタテエソ（図7）やウミヘビ科のミサキウナギ（図16）もかつては相模湾だけに分布すると考えられていたが，ダイバーが撮影した水中写真によって前者は駿河湾や伊豆大島，さらには四国での分布が確認され，後者も最近になって四国での分布が確認された．

日本の中の相模湾

西村三郎（1992）によれば，日本の近海は7つの海洋生物地理区に区分されており，相模湾は暖温帯区に位置している（図17）．生物地理区とは，異なる分類群が同じ分布パターンを示す時に認識される最大公約数的な地理的範囲で，言い換えれば，同じ生物地理区には同じ種が共通して分布していることになる．西村の区分はいろいろな海洋生物の分布パターンに基づいているが，沿岸域の魚類についてはあまり考慮されていないと思われる．なぜなら，当時，地点ごとの詳細な魚類相の研

図13 ダイダイヨウジ．岩礁域の大きな岩のすき間などに生息する．KPM-NR 84525，伊豆海洋公園（撮影：内野啓道）．

図14 シロオビハナダイ．水深40～60mの深い岩礁に生息し，分布地点は局所的で生息数も少ない．KPM-NR 35130，伊豆海洋公園（撮影：山本 敏）．

図15 コモンイトギンポ．相模湾では三浦半島のガラモ場に多く生息するが，なぜか分布域は限られている．KPM-NR 64552，油壷湾（撮影：内野啓道）．

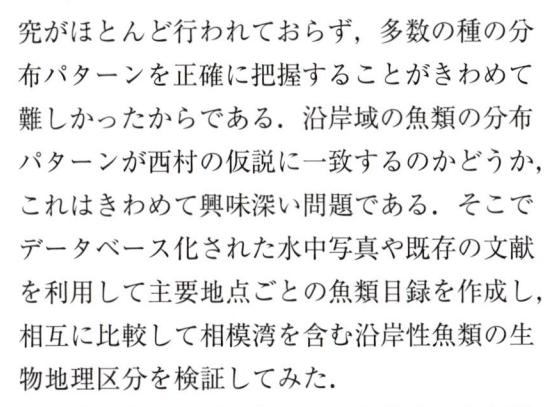

図16 ミサキウナギ．岩礁域の砂溜まりに生息する．KPM-NI 377，大瀬崎産（撮影：瀬能 宏）．

究がほとんど行われておらず，多数の種の分布パターンを正確に把握することがきわめて難しかったからである．沿岸域の魚類の分布パターンが西村の仮説に一致するのかどうか，これはきわめて興味深い問題である．そこでデータベース化された水中写真や既存の文献を利用して主要地点ごとの魚類目録を作成し，相互に比較して相模湾を含む沿岸性魚類の生物地理区分を検証してみた．

調査地点には暖温帯区から相模湾と大瀬崎（瀬能ほか，1997）の2地点，亜熱帯区から八丈島（古瀬ほか，1996；Senou et al., 2002），串本，柏島（平田ほか，1996），屋久島（市川ほか，1992）の4地点，そして熱帯区から琉球列島の伊江島（Senou et al., 2006），沖縄島（Yoshino and Nishijima, 1981；花崎, 1994），宮古島，石垣島，西表島（吉野，1990；岩田ほか，1997）の5地点と小笠原諸島（Randall et al., 1997）を選んだ．これら12地点に出現したすべての種について地点ごとに出現するかしないかの星取り表を作り，統計的に処理（クラスター分析）して魚類相が互いにどの程度似ているのかを計算してみた．ただし，すべてとはいっても相互に同じレベルの比較を行うため，取り扱った魚類は原則としてダイビングで観察可能なものが中心である．たとえば，漁獲された標本に基づくデータは使っていない．こうすることで種の多様性が最も高い水深帯に出現する魚類だけに絞って相互に比較することが可能になる．

結果は一目瞭然だった（図17，18）．相模湾の魚類相は同じ暖温帯区に区分されている隣の大瀬崎（駿河湾）のものにもっともよく似ていた．そして相模湾と大瀬崎を合わせたま

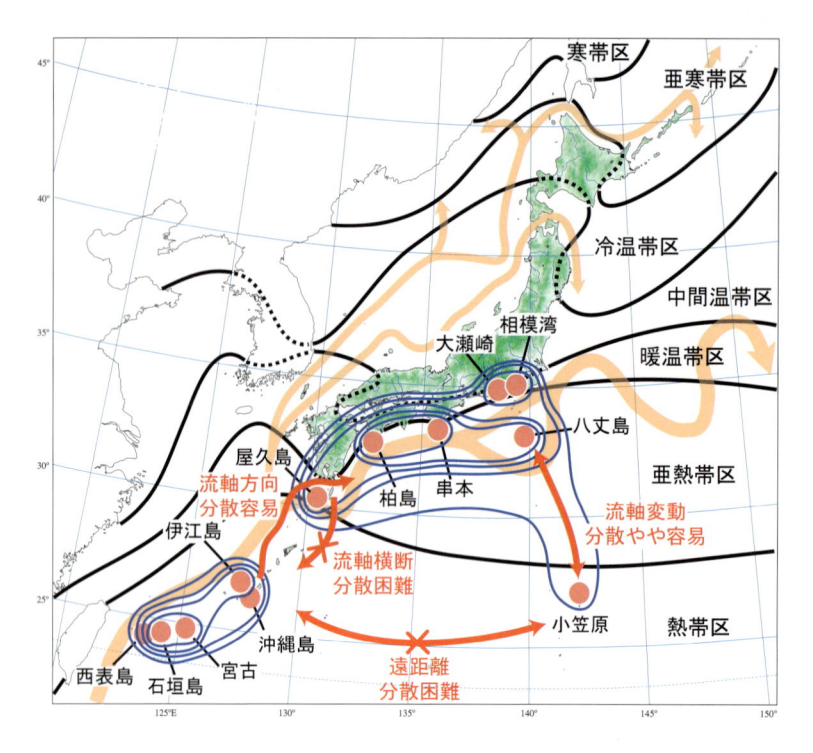

図17　日本近海の生物地理区分（黒線；西村，1992）と調査地点（赤丸）および沿岸魚類相の類似関係（青線）．薄いオレンジの線は黒潮の流路を示す．

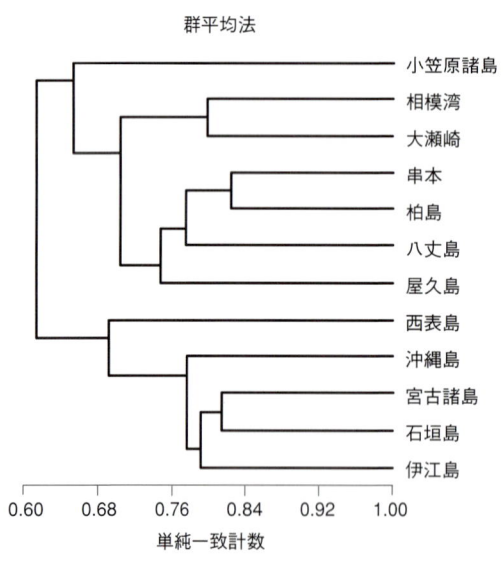

図18　黒潮流域12地点間における沿岸魚類相の類似関係．

った．これらのことは，南日本の太平洋岸においては魚類相が黒潮の影響を強く受けていることを物語っている．ところが意外だったのは琉球列島の5地点と小笠原諸島との関係である．小笠原諸島は琉球列島と同じ熱帯区にあるが，その魚類相は琉球列島のものよりも相模湾を含む南日本の太平洋岸のものに類似していたのである．この点では西村の仮説を支持していない．しかも琉球列島は他のすべての地点と対になるきわめて強固なクラスターを作り，その魚類相は日本の中で独特のものであることを示唆している．なぜこのような結果になったのだろうか．

見えてきた黒潮の役割

注目したいのは琉球列島とその他の地域を分けている位置に黒潮の流路が横切っており，その場所はトカラ海峡に一致していることである．黒潮が海洋生物の輸送，つまりは生物の分散に大きな役割を果たしていることは経験

とまり（クラスター）は，すぐ南の亜熱帯区の4地点との類似性が高く，暖温帯区と亜熱帯区については西村の仮説をよく支持する結果となったのである．相模湾に地理的に近い八丈島でさえ，串本や柏島との類似性が高か

図19 タテジマヘビギンポ．サンゴ礁域の普通種で，相模湾でも確認記録は比較的多い．KPM-NR 63075，伊豆海洋公園（撮影：山本　敏）．

図20 ハタタテハゼ．サンゴ礁域の普通種．相模湾における出現はまれ．KPM-NR 63082，伊豆海洋公園（撮影：山本　敏）．

図21 ブチブダイ．サンゴ礁域の普通種で，相模湾では小さな個体しか見られない．KPM-NR 29405，川奈（撮影：内野啓道）．

図22 ヒメスズメダイ．サンゴ礁域の普通種で，相模湾でも比較的よく記録されている．KPM-NR 35120，伊豆海洋公園（撮影：山本　敏）．

図23 シラタキベラダマシ属の1種 *Pseudocoris ocellata*．KPM-NR 16354，伊豆大島（撮影：狐塚英二）．

的によく知られている．相模湾でも毎年秋から初冬にかけてベラ科やスズメダイ科，チョウチョウウオ科など定住できずに水温の下がる冬場には姿を消すサンゴ礁性魚類（図19〜22）がたくさん現れるが，それらはサンゴ礁が発達する南の海域から卵や稚仔魚のときに黒潮によって運ばれてきたものと考えられている．こうした魚たちはどこで生まれたのだろうか．残念ながらまだよくわかっていないが，分布と出現パターンからそのルーツをある程度特定できる場合がある．ベラ科のシラタキベラダマシ属の一種（*Pseudocoris ocellata*）（図23）は台湾だけに分布すると考えられていたが，1997年9月に突如伊豆大島に現れた．情報の多い琉球列島のどこからも記録されていないにもかかわらずである．つまり，伊豆大島に現れた個体は，卵や稚仔魚のときに台湾から直接流されてきたとしか思えないのである．もしこの推論が正しければ，相模湾に現れるサンゴ礁性魚類は，成魚の出現状況から考えて紀伊半島や四国以南，台湾までのどこから流されてきていても不思議ではない．

黒潮が生物の輸送に大きな役割を演じていることはこうした事実から疑いようがないが，

もしその機能が生物の輸送中心であるならば，黒潮流域の魚類相を地点別に比較した場合，琉球列島から遠ざかれば類似性が低くなるような関係図が見えてくるはずである．しかしそうはならなかった．なぜか？ この問題を説明するためには黒潮が障壁となり，流路よりも北側にいる魚が黒潮を横切って南下することができないと考えるのがもっとも合理的である．カツオやクロマグロのような大型の回遊魚なら黒潮に乗るのも離脱するのも自由自在かもしれないが，大多数を占める小型の沿岸性魚類は成魚になるとそれぞれ好みの場所に定着し，長距離移動を行わないし，分散はもっぱら遊泳力のない卵や稚仔魚のときに限られている．もちろん，海はつながっているし，流路のそばに生じる反流や渦に乗って南下し，障壁を乗り越えて分散することもありうるだろうが，総じて見ればトカラ海峡における黒潮は，魚を分散させるよりも分断する効果が大きいことを示しているのではないだろうか．

生物の分布を特徴づける大きな要因の1つに水温があるが，もし水温が黒潮流域の魚類相にもっとも大きな影響を与えているのであれば，ほぼ同じ緯度にある琉球列島と小笠原諸島の非類似関係を合理的に説明することができない．さらに，小笠原諸島近海には黒潮のような勢力の強い安定した海流が存在しない．これらのことは，水温や海流以外に小笠原諸島の魚類相を特徴づける要因があることを示唆している．ここで琉球列島と小笠原諸島を地図で一望してみると，両地域間には目立った島が見あたらないことに気がつく．この海域はフィリピン海プレートの拡大によって生じたため，島がほとんど存在しない．このような島のない広大な海域は，多くの沿岸性魚類にとって分散の妨げになると思われる．卵や稚仔魚のときに分散するといっても，許容される漂流時間には限度があり，漂流時間が長くなれば稚仔魚は死んでしまう．つまり，琉球列島と小笠原諸島の間は遠距離という障壁で隔てられているのだ．

では，なぜ小笠原諸島の魚類相は伊豆諸島を含む南日本の太平洋岸のものと類似しているのであろうか．ここで注目したいのは伊豆諸島から小笠原諸島にかけて飛び石状に並ぶ島の配列と，黒潮の流路変動である．黒潮が魚類の分散を妨げる障壁としての機能をもつことは上で述べたとおりである．ただし，これは流路が安定していることが条件となるだろう．なぜなら，流路が移動した方向と逆の側では，魚類の分散範囲はその分だけ広がることになるからである．たとえば，黒潮流路が南にふれれば，流路の北側の魚類は南に展開するチャンスを得ることになる．黒潮は，紀伊半島を過ぎるあたりでその流路が南北にふれることはよく知られている．しかもこの変動はきわめて短期間のうちに起こり，そして繰り返される．

相模湾から伊豆諸島にかけての海域では，黒潮の流路は相模湾のすぐ沖合から八丈島よりも南にまで変動することがわかっている．このような状況下では黒潮の流路が北にあるときはその南側，そして南にあるときはその北側で飛び石状に並ぶ島を伝って魚類が分散しやすくなることは容易に想像されよう．伊豆諸島南端の青ヶ島と小笠原諸島北部の聟島列島間の距離は570 kmほどあるが，その間には鳥島を含めて小さな島が飛び石状に分布しており，伊豆諸島と小笠原諸島間の移動を助けているものと思われる．事実，八丈島では小笠原諸島固有と考えられているブダイ科のオビシメが記録されたことがあり（図24；古瀬ほか，1996），小笠原諸島から伊豆諸島へ偶発的な分散が起こりうる動かぬ証拠となっている．また，チョウチョウウオ科のユウゼン（図25）やヘビギンポ科のキビレヘビギンポ（図26）は，伊豆諸島と小笠原諸島に分布

図24 オビシメ．大型の個体は警戒心が強く，鮮明な写真を撮影するのは非常に困難．小笠原諸島以外で撮影された唯一の写真と思われる．KPM-NR 5662，八丈島（撮影：高須英之）．

図25 ユウゼン．伊豆・小笠原諸島を代表する魚で，黒潮流路が北上するときには稚魚が伊豆半島で記録されることもある．KPM-NR 37623，八丈島（撮影：内野啓道）．

の中心があり，両諸島間を魚類が相互に分散していることを端的に示している．

隔離される琉球列島

相模湾の魚類相の位置づけを明らかにする過程で見えてきたものは黒潮の意外な素顔だった．それは海洋生物を輸送するという機能と同時に，魚類の分散を妨げる大きな壁（障壁）としての機能を併せ持っていたのである．こうしてみると，興味深いのは黒潮の流路と琉球列島の位置関係である．黒潮の流路は台湾と与那国島の間を通り，琉球列島の西側に沿って北上し，そしてトカラ海峡から東へ抜けていく．この流路は少なくとも琉球列島が現在の配置になって以来，ほぼ安定していると思われる．さらに，琉球列島の東側や南側には島のないフィリピン海が広がっている．つまり，琉球列島はその周囲を障壁によって囲まれており，隔離された状態になっているのである．この仮説を裏付けるかのように琉球列島には興味深い魚たちが分布している．

タイ科のクロダイ（図27）は南日本の太平洋岸や朝鮮半島，中国，台湾に分布しているが，琉球列島には分布しない．そのかわり非常に近縁なミナミクロダイ（図28）が分布している．両種の間には形態的にわずかな違いが見られ，現時点では別種と考えられているが，最近の遺伝子レベルの研究では容易に区別で

図26 キビレヘビギンポ．岸よりの大きな岩の下面に張り付くように生息している．KPM-NR 63660，八丈島（撮影：瀬能 宏）．

きないほど似ているという．同様な例はハゼ科のミナミアシシロハゼ（近縁種のアシシロハゼは九州よりも北に広く分布）やスズメダイ科のミナミイソスズメダイ（図29；近縁種の *Pomacentrus adelus* はフィリピン以南に広く分布）がある．ニシン科のドロクイは琉球列島と南日本の太平洋岸に分布するが，琉球列島と四国の個体群の間には遺伝的な分化が見られるという（吉野，2005）．また，遺伝的な分化は知られていないが，琉球列島では沖縄島だけに分布しており，主要個体群は黒潮流路の西側あるいは北側に広く分布するものがいる．フグ科のクサフグ（吉野，2005），ハゼ科のトビハゼやトカゲハゼ（図30）（津波古，2005）などである．このような魚の事例を積み上げ，遺伝的変異や分布，さらには初期生活史を詳細に検討することで黒潮による琉球列島の隔離機構がより明確になると思われる．

図27　クロダイ．KPM-NR 2896，兵庫県城崎町産（撮影：鈴木寿之）．

図28　ミナミクロダイ．琉球列島では内湾から河川河口にかけて普通に見られる．まれに宮崎県で記録されることがあるという．KPM-NR 54079，西表島産（撮影：鈴木寿之）．

図29　ミナミイソスズメダイ．琉球列島では礁池の普通種であるにもかかわらずフィリピンなど海外からの記録がない．KPM-NR 36755，伊江島（撮影：古田土裕子）．

図30　トカゲハゼ．沖縄島の泥干潟に生息しているが，開発による影響で絶滅の危機に瀕している．KPM-NI 17253，沖縄島（撮影：瀬能　宏）．

将来に向けて

　相模湾の魚類相の特徴を浮かび上がらせるためには，少なくとも南に続く伊豆・小笠原諸島，黒潮の影響を受ける南日本の太平洋岸から琉球列島にまで目を向ける必要があることはおわかりいただけただろう．今回の調査研究によって相模湾にはどんな魚がいて，少なくとも沿岸性魚類についてはその魚類相が日本の中でどのように位置づけられるかがほぼ解明できた．だが，調査研究が一段落しても海の中は常に動き続けている．2006年3月16日には小田原市根府川沖で相模湾初記録のナカムラギンメ（図31）が漁獲されたし（瀬能，2006），同年5月2日には真鶴町福浦の定置網にメガマウスザメがかかった（田中，2006）．どんな魚が今後記録されるのか，われわれは常に注意深く観察と研究を続けなければならない．また，相模湾には深海底曳網漁業がないため，深海魚については明らかに調査不足である．カラスザメ科のハダカカスミザメやホテイエソ科のギンガエソなど，隣の駿河湾では記録されているが，相模湾では未記録の深海魚がいくつもある．さらに，ダイビングでは容易に到達できない100 m以深の岩礁は，ほとんど未開の分野といっても過言ではない．潜水艇による調査をぜひ実施したいところである．

　また，今回は黒潮が生物の分散を助けると同時に，分散を妨げる障壁としても重要な役割を演じていることを沿岸性魚類相の比較から推察したが，生物を分散させるといってもたとえば相模湾に現れるサンゴ礁性魚類の生まれ故郷はどこなのか，特殊なケースを除いてはまったくといっていいほどわかっていない．さらに，琉球列島から黒潮に乗って相模湾を含む南日本の太平洋岸に卵や稚仔魚が運ばれてくると想定できる一方で，琉球列島に固有とされる魚がなぜ黒潮に乗って南日本の

図31　ナカムラギンメ．日本では東北や北海道に分布するとされていたが，相模湾でも記録された．KPM-NI 16659, 相模湾（撮影：瀬能　宏）．

太平洋岸に運ばれてこないのかという疑問が残る．こうした問題を解決するためには魚類の初期生活史をより詳細に調査する必要があるだろう．

　黒潮がいつ頃，今の流路をとるようになったのか，そしてその地史的なプロセスの中で相模湾を含む黒潮流域の魚類相がどのように形成されてきたのか，調査研究はむしろこれから始まるといえるだろう．そしてもう1つ，相模湾における詳細な魚類相の研究を継続することで，地球温暖化のようなグローバルな環境変化の影響をとらえることができるようになるかもしれない．相模湾は黒潮流域の沿岸部ではもっとも北に位置するため，サンゴ礁性魚類の消長をより鋭敏にとらえることができるからである．黒潮と相模湾の魚に関するわれわれの興味は尽きない．

引用文献

古瀬浩史・瀬能　宏・加藤昌一・菊池　健．1996．魚類写真資料データベース（KPM-NR）に登録された水中写真に基づく八丈島産魚類目録．神奈川自然誌資料，(17): 49-62.

花崎勝司．1994．沖縄島崎本部沿岸における魚類相．Biol. Mag. Okinawa, 32: 17-25.

平田智法・山川　武・岩田明久・真鍋三郎・平松　亘・大西信弘．1996．高知県柏島の魚類相：行動と生態に関する記述を中心として．Bull. Mar. Sci. Fish., Kochi Univ., (16): 1-177, pls. 1-3.

市川　聡・砂川　聡・松本　毅．1992．屋久島産魚類の概要．屋久島沿岸海洋生物調査団（編），屋久島沿岸海洋生物学術調査報告書．pp. 19-46.

岩田明久・坂本勝一・池田祐二・目黒勝介・渋川浩一．1997．西表島網取湾のハゼ亜目魚類相．東海大学海洋研究所研究報告，(18): 23-34.

西村三郎．1992．日本近海における動物分布．西村三郎（編著），原色検索日本海岸動物図鑑 [I]．保育社，大阪，pp. xi-xix.

Randall, J. E., H. Ida, K. Kato, R. Pyle and J. L. Earle. 1997. Annotated checklist of the inshore fishes of the Ogasawara Islands. Natn. Sci. Mus. Monogr., (11): 1-74, pls. 1-19.

瀬能　宏．2006．ナカムラギンメとオカムラギンメ．自然科学のとびら，12(2): 1.

Senou, H., H. Kodato, T. Nomura and K. Yunokawa. 2006. Coastal fishes of Ie-jima Island, Ryukyu Islands, Okinawa, Japan. Bull. Kanagawa Pref. Mus. (Nat. Sci.), (35): 67-92.

Senou, H., K. Matsuura and G. Shinohara. 2006. Checklist of fishes in the Sagami Sea with zoogeographical comments on shallow water fishes occurring along the coastlines under the influence of the Kuroshio Current. Mem. Natn. Sci. Mus., Tokyo, (41): 389-542.

瀬能　宏・御宿昭彦・反田健児・野村智之・松沢陽士．1997．魚類写真資料データベース（KPM-NR）に登録された水中写真に基づく伊豆半島大瀬崎産魚類目録．神奈川自然誌資料，(18): 83-98.

Senou, H., G. Shinohara, K. Matsuura, K. Furuse, S. Kato and T. Kikuchi. 2002. Fishes of Hachijo-jima Island, Izu Islands Group, Tokyo, Japan. Mem. Natn. Sci. Mus., Tokyo, (38): 195-237.

田中　彰．2006．大型板鰓類・稀少軟骨魚類の出現記録—2005-2006．板鰓類研究会報，(42): 22-24.

津波古優子．2005．トカゲハゼ・トビハゼ．沖縄県文化環境部自然保護課（編），改訂・沖縄県の絶滅のおそれのある野生生物，動物編，レッドデータおきなわ．那覇，pp. 152-153, 168-169.

吉野哲夫．1990．西表島崎山湾の魚類相．環境庁自然保護局（編），崎山湾自然環境保全地域調査報告書．pp. 193-225.

吉野哲夫．2005．ドロクイ・沖縄島のクサフグ．沖縄県文化環境部自然保護課（編），改訂・沖縄県の絶滅のおそれのある野生生物，動物編，レッドデータおきなわ．那覇，pp. 184, 186.

Yoshino, T. and S. Nishijima. 1981. A list of fishes found around Sesoko Island, Japan. Sesoko Mar. Sci. Lab. Tech. Rep., (8): 19-87.

COLUMN 2

幕末・明治・大正にアメリカへ渡った魚類標本 ── 篠原現人

　日本人にとってもっとも有名なアメリカ人の一人であるペリー提督が浦賀に現れて，日本を騒然とさせたのは1853年7月（嘉永6年6月）．その後の日本の歴史は皆さんの知るとおりである．ペリー本人は生粋の軍人で，科学者ではない．しかし彼が率いた艦隊には，科学者が乗船し，測量や生物採集などの科学調査をしたとの記録がある．魚類については農学者のモローが下田で標本を集め，母国の魚類学者のブレフールトやギル（T. Gill）に渡している．モローの魚類標本は1856年に刊行されたペリー提督『日本遠征記』の一部（ブレフールト著）や1859年発行のフィラデルフィア科学アカデミー研究紀要（ギルの論文）に公表された．私は2005年の春から秋にかけて文部科学省の在外研究員として，スミソニアン協会の米国国立自然史博物館（スミソニアン自然史博物館）に滞在し，アメリカの調査船が世界中から集めた古い時代の魚類標本を調べることができた．そのときに1853年においてペリー艦隊が日本で採集した標本を見つけた．これはギルによって新種報告された魚類の一部で，現在の分類ではギンポ *Pholis nebulosa* Temminck & Schlegel, 1845と同定されるものだ（図1）．スミソニアン自然史博物館では19世紀の半ばから魚類標本が蒐集され始め，その最古のものは1850年にニューヨークで採集されたサッカー（コイ科）といわれている．ペリー提督の日本遠征時のギンポはそのわずか3年後であった．つまりこの標本はスミソニアン自然史博物館に保管される最古に近い標本としても歴史的価値の高いものだ．

　スミソニアン自然史博物館をはじめ，アメリカ合衆国で古参といわれる博物館はなにかしら古い（といっても1900年前後の）日本産魚類標本を保有している．これは同国の著名な魚類学者ディビッド・ジョルダンやその弟子たちが，この時代の日本の魚を精力的に研究したことと深い関連がある．ジョルダンは1851年（嘉永2）生まれで，1931年（昭和6）に没しているので，黒船が日本に出現したときにはすでに生まれていたわけだ．ジョルダンは後進を育てる能力でも卓越していた．日本での魚類分類学の黎明期に活躍した田中茂穂（東京帝国大学動物学教室教授）もジョルダンの弟子である．ジョルダンやその弟子たちが当時未開拓に近かった日本の魚の分類に魅かれたことは想像にかたくない．とくに真っ白な船

図1　黒船が持ち帰ったギンポの標本．（撮影：篠原現人）．

図2　米国水産局調査船アルバトロス号．当時最新鋭の蒸気船で，世界の海洋で生物採集や測量や海洋調査を行った．Townsend (1901) より．（提供：ディビッド・スミス）

図3 1878年に日本政府が米国に寄贈した魚類標本．A：ダイナンウミヘビ（全長約2.4 m）．B：マアジ（体長約18 cm）．C：カイワリ（体長約11 cm）．D：ニシキハゼ（体長約17 cm）．E：マサバ（体長約37 cm）．（撮影：篠原現人）．

体が印象的な最新鋭の調査船アルバトロス（＝アホウドリ）号（図2）が20世紀初頭前後に，日本列島周辺（北海道から九州・沖縄，さらに小笠原諸島の各地）で採集した魚類標本を使用して多くの論文を書き残している．この白船は合衆国水産局の所属で，日本に2回来ている．ジョルダンの高弟であるジョン・スナイダーやチャールズ・ギルバート（Charles H. Gilbert）が乗船し，相模灘の動物採集を行ったことが記録されている．私たちの調査によれば，アルバトロス号に関係する標本で相模灘産のものはスミソニアン自然史博物館に少なくとも734個体あった（Shinohara and Williams, 2006）．ただしそれらの採集場所については三崎や三浦半島などの簡単な記録しかないもの（種類としては浅場や磯にいるものが多く含まれていたので，研究者や乗組員が下船して採集を行ったか，日本人からもらったものを，アルバトロス号で持ち帰ったと想像される）もあるが，ムネエソ科，ソコダラ科などの深海魚は採集された緯度経度が記録され，相模灘の深海魚類相の解明に非常に貴重なデータを提供してくれている．

スミソニアン自然史博物館は黒船やアルバトロス号以外にも古い相模灘産の魚類標本を保管している．それらの採集者にはアラン・オーストンや青木熊吉の名がある（第6章参照）．いずれも1920年代前半よりも古い時代に採集された標本である．特筆すべきは1878年（明治11）日本政府寄贈と記録された魚類標本であろう（図3）．これらの標本の経た時間は，偶然にも国立科学博物館の歴史とほぼ同じである．その標本は非常に良い状態で保管され，通常は消えてしまうグアニン（銀色の色素）も残っており，それほどの長い年月を感じさせない点がまた印象的であった．

文献

Shinohara, G. and J. T. Williams. 2006. Historical Japanese fish specimens from the Sagami Sea in the National Museum of Natural History, Smithsonian Institution. *Mem. Natn. Sci. Mus., Tokyo*, (41): 543–568.

Townsend, C. H. 1901. Dredging and other records of the United States Fish Commission steamer Albatross, with bibliography relative to the work of the vessel. *In*: U.S. Commission of Fish and Fisheries (ed.), *Report of the Commissioner for the Year Ending June 30, 1900*. Government Printing Office, Washington DC, pp. 387–570.

COLUMN 3

エノコロフサカツギの正体を求めて

西川輝昭・並河 洋

はじめに―フサカツギ類とは

　半索動物門フサカツギ（翼鰓）綱は微小な海産動物で，円盤ないし盾状の頭盤（前体），触手腕を備えた頸（中体），体の大部分を占めるソラマメ形の胴体（後体）の3部分からなり，胴体の後端はのびて柄部とよばれる．以下の3つの属からなる（西川，1986，1995）．

　エラナシフサカツギ属 Rhabdopleura：柄部後半が棲管壁に埋没して走根となり無性生殖（出芽）で個虫を増やす群体性．触手腕は1対．鰓裂はない．現生既知4種．

　エラフサカツギ属 Cephalodiscus：走根をもつかわりに柄部後端で出芽したいろいろな発生段階の個虫が房状に一群を作る．触手腕は3～9対．鰓裂は1対．同18種．

　エノコロフサカツギ属 Atubaria：無性生殖能力をもたないとされる（以下に詳述）．

　前2属は棲管を作って生活するが，エノコロフサカツギ属にはこれがない．これら3属以外に，棲管と思しき化石に対して数属が提唱されているが，ここでは省略する．

日本列島周辺における分布

　本コラムの主役，エノコロフサカツギ A. heterolopha Sato, 1936は，これまで相模湾の城ヶ島西方沖，水深200～300 mからドレッジで，1935年にただ1度採集されただけの特異な種である．1属1種であるから，属レベルで相模湾固有ということになる．「特異」というのは，上で紹介したように，フサカツギ類現生種のうち，棲管を作らず，無性生殖（出芽）しないと考えられるのが，今のところ本種しかないからである．採集時には，単独個体が多数，棲管を伴わずに「裸」で，ヒドロ虫類オタマヒドラ Dicoryne conybearei (Allman, 1864) の群体に絡まっていた（原記載で D. conferta と同定しているのを訂正）．これらには，触手がよく発達した触手腕を4対備える成体と，触手のない触手腕を2対もつ幼若体が区別された．

　なお，日本列島周辺でこれまで発見されているフサカツギ類としてはほかに，長崎県男女群島沖水深約183 mでドレッジされたレヴィンセンフサカツギ C. (Idiothecia) levinseni Harmer, 1905（触手腕6対），および琉球列島黒島の潮間帯で1989年に発見されたナギサエラフサカツギ C. (C.) sp. (cf. gracilis Harmer, 1905)（触手腕5対）がある．

科博の相模灘調査による新たな発見

　2003年10月に東京海洋大学の「神鷹丸」による調査で，八丈島北西沖の水深157～172 mおよび大島北東沖の312～348 mの2地点から，管棲フサカツギ類が採集された．糸くずのような数ミリの1塊をほぐしてみると，エラフサカツギ属らしき房状の個虫群4つに分けられた．その後，個虫群が入った棲管も新たに見つかり（図1），棲管の構造を詳しく調べたところ，エラフサカツギ属の Orthoecus 亜属という日本初記録の亜属と同定された．

　個虫群は，触手がよく発達した触手腕を4対備える成体個虫と，触手のない触手腕を2対もつ幼若個虫とが後端で連結していた（図2）．触手腕の数が同亜属の既知種と異なるので，新種として記載することが可能である．とはいえ，この個虫の形態が，それが単独でないことを除けば，エノコロフサカツギとそっくりであることはやはり気になる．

エノコロフサカツギの正体を求めて

　このエラフサカツギ属の新種が，採集に伴って棲管から離脱し（「糸くず」として発見されたことを想起されたい），柄部後端が何らかの損傷を受けて個虫がバラバラになった状態で発見されたものがエノコロフサカツギなのではないか，との仮説も可能である．もしもそうであれば，エノコ

図1 相模灘産エラフサカツギ属の棲管（基部の長さ約5mm）．

図2 相模灘産エラフサカツギ属の個虫群．

図3 エノコロフサカツギのシンタイプの1つ（体長2mm）．後端がヒドロ虫のポリプ（＊印）に飲み込まれている．

ロフサカツギはエラフサカツギ属の Orthoecus 亜属に移され，新種記載はあり得ない．エノコロフサカツギ属も消滅することになる．

　エノコロフサカツギの原記載には，「麻酔中に……いくつかの個虫が［一緒に採集されたヒドロ虫類の］ポリプにかじられたり，完全に飲み込まれた」と記述されている．事実，エノコロフサカツギのシンタイプ（国立科学博物館所蔵）を調査したところ，ヒドロ虫に柄部後端を飲み込まれている単独個虫が多数存在した（図3）．したがって，前記の「損傷」を，図らずもヒドロ虫に末端部を食われた結果と考えると，いちおう辻褄が合う．原記載は暗黙のうちにヒドロ虫群体をエノコロフサカツギ本来の生息場所としているが，そうであれば，両者が「食う食われる」の関係に入るのはやや奇妙とも思える．そこで，新種記載を急ぐよりは，タイプ産地でのドレッジをしばらく試みて，エノコロフサカツギが自然に単独の状態で採集されるかどうかを確かめたいと考えている．

　なお本稿は，西川・並河（2006）に手を加えたものである．

文献

西川輝昭．1986．半索動物．内田　亨・山田真弓（編），動物系統分類学8（下）．中山書店，東京，pp. 1-110.

西川輝昭．1995．半索動物．西村三郎（編著），日本海岸動物図鑑［Ⅱ］．保育社，大阪，pp. 494-499.

西川輝昭・並河　洋．2006．エノコロフサカツギの正体を求めて．うみうし通信，50: 8.

第13章　相模湾の棘皮動物

藤田敏彦

　相模湾を中心とする日本産の棘皮動物は，初めは欧米の研究者によって，デーデルラインならびにドフラインらが採集した膨大な数の標本に基づいて，また，チャレンジャー号，アルバトロス号で採集された多数の標本も用いられ記載が進められた．その後，日本人研究者が分類学的研究を行うようになり，とくに，五島清太郎（ヒトデ類），松本彦七郎（クモヒトデ類），箕作佳吉（ナマコ類），大島廣（ナマコ類）らが多数の種の記載を含む分類学的論文を発表し，それぞれの分類群において日本産の種の分類学的研究の基礎が完成した．これら初期の研究の後，相模湾の海産動物の調査採集を大々的に行ったのは昭和天皇である．昭和天皇御採集の相模湾産棘皮動物標本については，ヒトデ類が林良二，クモヒトデ類が入村精一，ウニ類が重井陸夫によって，「相模湾産」という表題のもとに，その成果をとりまとめた出版物が公表されている（図1；林，1973；入村，1982；重井，1986）．とくに『相模湾産海胆類』は実に84種をも採録しており，詳細な記載とともに，そのほとんどに写真ならびに原色写真も与えられていて，日本産のウニ類の分類の最重要文献となっている（重井，1986）．これらの研究をふまえて実施された国立科学博物館の研究プロジェクト「相模灘の生物相調査」では，5年の間にさまざまな方法で採集した標本をもとにして，国内で棘皮動物の分類学的な研究を行っている研究者の協力を得て，相模湾を中心とする海域の棘皮動物相を明らかにすべく研究が行われ，成果の一部は国立科学博物館専報にとりまとめられ2006年に発表された（藤田ほか，2006；Kogo, 2006；水井・菊池，2006；Oji and Kitazawa, 2006；Saba and Fujita, 2006；重井，2006）．このプロジェクト研究でも未記載種と考えられる標本が採集されており，まだまだ新しい発見があるものの，デーデルライン以来130年間で相模湾の棘皮動物についてさまざまなことがわかってきた．ここでは，相模湾の棘皮動物に関して，この130年でわかったことを新旧とり混ぜて，各類ごとにいくつかの話題を取り上げて紹介することにしたい．

ウミユリ類

　ウミユリ類は大きく茎をもつ有柄ウミユリ類（マガリウミユリ目，ツボウミユリ目，サカズキウミユリ目，ゴカクウミユリ目の4目からなる）と茎をもたないウミシダ目とに分けられる．そのうちの有柄ウミユリ類は相模湾には2種が分布している（Oji and Kitazawa, 2006）．そのうちの1つのトリノアシは日本産のウミユリ類の中で初めて記載された種で，デーデルラインが相模湾の水深70ファゾムから採集した標本に基づいて記載された（Carpenter, 1884）（第3章参照）．有柄ウミユリ類は深海のみから知られる動物群であるが，その中でトリノアシはもっとも浅い海域から

図1　生物学御研究所編の相模湾産棘皮動物のモノグラフ．左から，『相模湾産蛇尾類』（入村，1982），『相模湾産海星類』（林，1973），『相模湾産海胆類』（重井，1986）．

図2 トリノアシ Metacrinus rotundus Carpenter, 1884. しんかい2000から撮影. 相模湾初島沖, 水深114 m. (提供：独立行政法人海洋研究開発機構).

とれる種であり分布もよく知られるようになったため研究も進められ, 水中での生態が深海カメラによって観察されて以来 (Fujita et al., 1987), 潜水調査船によっても現場で観察されるようになった(図2). 最近では飼育も可能となったことから, 実験材料としても頻繁に用いられ, 再生 (Amemiya and Oji, 1992), 発生 (Nakano et al., 2003), 遺伝子 (Hara et al., 2006) などと盛んに研究が進められ, 棘皮動物の系統分類や進化を研究するうえでとても重要な動物となっている.

もう1種の有柄ウミユリ類はハダカカワウミユリ Phrynocrinus nudus (A. H. Clark, 1907) というツボウミユリ目に属するウミユリで, この種は, 青木熊吉が沖ノ瀬から採集した標本に基づき, 松本彦七郎 (Matsumoto, 1913a) が新種, カハウミユリ Phrynocrinus obtortus として発表した (第6章参照). カワウミユリ科は世界で2属2種しか知られていない珍しいウミユリ類であるが, ハダカカワウミユリは大型の種で, 茎の先端は足盤とよばれる構造をもっている.

相模湾産のウミシダ類を初めて記載したのは日本人の原十太である. 三崎から採集された標本で, オオウミシダ Antedon macrodiscus [= Tropiometra afra macrodiscus] が記載された (Hara, 1895) これまで相模湾周辺の海域から報告されたウミシダ類は合計58種にのぼるが, 国立科学博物館のプロジェクト調査によって, この海域に新たに4種が分布することが明らかとなり, 62種となった (Kogo, 2006). 日本のウミシダ類は約100種が知られているので, 相模湾および周辺だけで日本全体の約6割が分布しており, 相模湾のウミユリ類相の多様性の高さを示しているといえる (Kogo, 1998, 2006).

ヒトデ類

日本産のヒトデ類を初めて記載したのは Gray (1840) で, Anthenea chinensis [? = Anthenea pentagonula (Lamarck, 1816)] など3種を日本産として記載した. 相模湾周辺からの初めてのヒトデ類の報告はスラーデン (Walter Pearcy Sladen) によるもので, チャレンジャー号で相模湾の345ファゾムから採集された標本によって Astropecten brevispinus [= Persephonaster brevispinus] を記載した (Sladen, 1883). チャレンジャー号で採集されたヒトデ類をとりまとめた Sladen (1889) の後, デーデルライン (Döderlein, 1902, 1917, 1920), ヒュバート・クラーク (H. L. Clark, 1908), オースチン・クラーク (A. H. Clark, 1916), 日本の五島清太郎 (Goto, 1914) が相模湾産のヒトデ類を報告している. Goto (1914) が記載した新種には, 三崎や諸磯といった相模湾の地名にちなんだ Persephonaster misakiensis, Pentagonaster misakiensis [= Ceramaster misakiensis], Luidia moroisoana [= Luidia avicularia Fisher, 1913] などが含まれている. その後, 林良二によって相模湾産も含む日本のヒトデ類の分類学的研究が進められ, 1973年には昭和天皇標本に基づいて『相模湾産海星類』としてとりまとめられ (林, 1973), これらの研究により, これまでに70種を超える種が相模湾とその周辺海域から報告されていた. 国立科学博物館のプロジェクト調査では, ヒトデ類のうちのモミジガイ目と

図3 相模湾産のヒトデ類（モミジガイ目，アカヒトデ目）．A：スナヒトデ *Luidia quinaria* Martens, 1865．B：クロスジモミジガイ *Astropecten kagoshimensis* de Loriol, 1899．C：ニセモミジガイ *Ctenopleura fisheri* Hayashi, 1975．D：イトマキヒトデ *Patiria pectinifera* (Müller & Troschel, 1842)．E：ヤマトホシヒトデ *Hippasteria imperialis* Goto, 1914．F：*Neoferdina offreti* (Koehler, 1910)．

アカヒトデ目がとりまとめられ，相模湾とその周辺海域産として41種が報告されているが（図3；Saba and Fujita, 2006），1973年の林による相模湾産海星類で報告された両目の種数27種よりも，さらに多くの種がこの海域に分布していることが明らかとなった．

クモヒトデ類

相模湾産のクモヒトデ類の分類学的な研究は，チャレンジャー号やアルバトロス号での採集標本に基づく記載がその端緒である（Lyman, 1878, 1879, 1882；H. L. Clark, 1911）．デーデルラインならびにドフラインが収集した標本を使ってのデーデルラインの研究がそれに続いている（Döderlein, 1911, 1927）．現在，クモヒトデ類はクロサンゴ類に付着しているムカシクモヒトデ *Ophiocanops fugiens* という1種（ムカシクモヒトデ亜綱）を除いたクモヒトデ亜綱が，大きくツルクモヒトデ目とクモヒトデ目の2つの目に分類されている．デーデルライン・コレクションやドフライン・コレクションのクモヒトデ類については，デーデルラインがツルクモヒトデ目の分

図4 ハスノハクモヒトデ *Astrophiura kawamurai* Matsumoto, 1912．左は反口側，右は口側．細長い腕は取れて失いやすいが，この標本では3本だけ残っている．

類研究を進めたものの（第5章参照），クモヒトデ目標本はほとんど研究されずじまいに終わってしまったようだ．最初にクモヒトデ類の分類学的研究を行った日本人は松本彦七郎である．彼は，分類学が衰退し始め実験的な生物学が隆盛してきた中，クモヒトデ類の分類学的研究を開始し，新種記載を含むツルクモヒトデ類（テヅルモヅル類）の論文を続けて動物学雑誌に発表した（松本, 1911, 1912a, c）．1912年1月14日に青木熊吉が沖ノ瀬で採集したクモヒトデの珍種を研究し，ハスノハクモヒトデと名付け新種として記載した（図4；松本, 1912b；Matsumoto, 1913b）．同時に採れたウミユリの珍種が先に述べたカハウ

ミユリである．松本はこのハスノハクモヒトデを古世代の化石として知られるクモヒトデ類と近縁であると位置づけることにより，ラマルク以来用いられてきた腕の分岐パターンによるクモヒトデ類の分類体系を見直していくこととなる．松本はその後研究を進め，クモヒトデ類の内部骨格に注目した従来とは異なるまったく新しいクモヒトデ類の分類体系を提唱し，1913年にその一端を動物学雑誌に紹介したのち（松本，1913），1915年には欧文で発表した（Matsumoto, 1915）．1917年には，この新分類体系に沿って，408ページにおよぶ彼のクモヒトデ研究の集大成ともいうべき "A monograph of Japanese Ophiuroidea, arranged according to a new classification" を著した．松本が提唱した新しい分類体系は，デーデルラインが反対するなど賛否両論だったものの（入村，1991），Fell (1962) の研究などによって受け入れられるようになった．沖ノ瀬で採集されたハスノハクモヒトデの発見が契機となり，1917年に完成された松本の研究を基礎にした分類体系が長らく用いられてきたのである．近年になって松本彦七郎の標本（タイプ標本を含む）の一部は東京大学総合研究博物館に収蔵されていることが判明し，カタログが作成された（藤田，2006）．

ウニ類

相模湾周辺のウニ類は，チャレンジャー号の標本に基づいてアレクサンダー・アガシー（Alexander Agassiz）が3種報告したのが初めてであるが（Agassiz, 1879, 1881），相模湾のウニ類研究を大きく進めたのは，デーデルラインであり，彼の研究によって多数のウニ類が記載された（Döderlein 1885, 1887）．その後はアルバトロス号で採集された標本の報告（Agassiz and H. L. Clark, 1907）やモルテンセンが著したウニ類研究の集大成である "The Monograph of the Echinoidea" (Mortensen,

図5 オキナブンブク *Brissopatagus relictus* Shigei, 1975（重井，1986『相模湾産海胆類』，丸善より引用）．

1928, 1935, 1940, 1943a, b, 1948a, b, 1950, 1951）で多数の相模湾産のウニ類が扱われている．日本人では吉原重康（Yoshiwara, 1897, 1898；吉原1898, 1900）の後，重井陸夫が精力的に標本を収集し研究を進め，昭和天皇コレクションを併せて研究をとりまとめ，『相模湾産海胆類』として発表した（重井，1986）．さらに重井（2006）は，国立科学博物館のプロジェクト調査で採集されたウニ類を研究し，相模湾とその周辺海域における過去の研究の歴史を振り返るとともに，本調査で採集された55種に加え，従来の報告をとりまとめることにより，相模灘産の総計84種のウニを報告し，相模灘のウニ類相の整理を行っている．オキナブンブク *Brissopatagus relictus* は重井が1975年に記載した相模湾のみから知られている種である（図5）．オキナブンブク属はそれまで始新世の化石でのみ知られており，本種が唯一の現生種であり，この研究からオオブンブク科の中できわめて特異的な体の特徴をもつ種であることが明瞭となった（Shigei, 1975）．

ナマコ類

相模湾産ナマコ類を本格的に研究したのは，アウグスティーンで，主にドフライン・コレクションに基づき，オキナマコ

Stichopus nigripunctatus [= *Parastichopus nigripunctatus*]，ミツマタナマコ *Synallactes chuni*，チビフクロナマコ *Thyone multipes* [= *Allothyone multipes*] などの相模湾産の新種を報告している（第 5 章参照；Augustin, 1908）。その後は三崎臨海実験所の初代所長となる箕作佳吉によって研究が進められ，彼は主に分類と生活史にかかわる多数の論文を発表した．とくに，1912 年に発表された "Studies on actinopodes Holothurioidea"（Mitsukuri, 1912）は大著であり，20 新種を含む 69 種のナマコを日本産として記載しているが，この著書は箕作が 1909 年に亡くなった後，大島廣がその遺稿をまとめ補綴して報告したものである．

文献

Agassiz, A. 1879. Preliminary report on the echini of the exploring expedition H. M. S. "Challenger" Sir C. Wyville Thomson chieff of civillian staff. *Proc. Amer. Acad. Arts Sci.*, 14: 182-261.

Agassiz, A. 1881. Report on the Echinoideda dredged by H. M. S. Challenger during the years 1873-75, I-VII. *Rep. Sci. Res. Voy. Challenger, Zool.*, 3(9): 1-321, pls. 1-45.

Agassiz, A. and H. L. Clark. 1907. Preliminary reports on the echini collected in 1906, from May to December, among the Aleutian Islands, in Bering Sea, and along the coasts of Kamtchtka, Sakhalin, Korea, and Japan, by the U. S. Fish Comission Steamer Albatross, in Charge of Lieut, Commander, L. M. Garett, U. S. N. Commanding. *Bull. Mus. Comp. Zool.*, 51: 109-139.

Amemiya, S. and T. Oji. 1992. Regeneration in sea lilies. *Nature,* 357: 546-547.

Augustin, E. 1908. Über japanische Seewalzen. *In*: Doflein, F. (ed.), Beiträge zur Naturgeschichte Ostasiens. *Abh. math.-phys. Kl. Kongl.-Bayer. Akad. Wiss.*, *Suppl.*, 2(1): 1-45, 2 pls.

Carpenter, P. H. 1884. On three new species of *Metacrinus*. *Trans. Linn. Soc., Ser. 2 (Zool.)*, 1: 435-446.

Clark, A. H. 1916. Seven new genera of echinoderms. *J. Wash. Acad. Sci.*, 6: 115-122.

Clark, H. L. 1908. Some Japanese and East Indian Echinoderms. *Bull. Mus. Comp. Zool. Harvard Coll.*, 51(2): 279-311.

Clark, H. L. 1911. North Pacific ophiurans in the collection of the United States National Museum. *Bull. U. S. Natn. Mus.*, 75: 1-301.

Döderlein, L. 1885. Seeigel von Japan und den Liu-Kiu-Inseln. *Arch. Naturgesch.*, 51(1): 72-112.

Döderlein, L. 1887. Die Japanischen Seeigel. I. Thiel, Die Familien Cidaridae und Saleniidae. E. Koch, Stuttgart, iv+59 pp. 11 pls.

Döderlein, L. 1902. Japanische Seesterne. *Zool. Anz.*, 25: 326-336.

Döderlein, L. 1911. Über japanische und andere Euryalae. *In*: Doflein, F. (ed.), Beiträge zur Naturgeschichte Ostasiens. *Abh. math.-phys. Kl. Kongl.-Bayer. Akad. Wiss.*, *Suppl.*, 2(5): 1-123, 9 pls.

Döderlein, L. 1917. Die Asteriden der Siboga-Expedition. 1. Die Gattung Astropecten und ihre Stammesgeschichte. *Siboga-Exped.*, 46(a): 1-191, 17 pls.

Döderlein, L. 1920. Die Asteriden der Siboga-Expedition. 2. Die Gattung Luidia und ihre Stammesgeschichte. *Siboga-Exped.*, 46(b): 193-294, 3 pls.

Döderlein, L. 1927. Indopacifische Euryale. *Abh. Bayer. Akad. Wiss., Math.-naturwiss. Abt.*, 31(6): 1-105, 10 pls.

Fell, H. B. 1962. Evidence for the validity of Matsumoto's classification of the Ophiuroidea. *Publ. Seto Mar. Biol. Lab.*, 10: 145-152

藤田敏彦．2006．東京大学総合博物館所蔵クモヒトデ類標本について．東京大学総合研究博物館標本資料報告，No. 62: 135-150.

藤田敏彦・石田吉明・入村精一．2006．相模灘から採集されたトゲナガクモヒトデ科（棘皮動物門，クモヒトデ綱）（予報）．国立科博専報，(41): 289-303.

Fujita, T., S. Ohta and T. Oji. 1987. Photographic observations of the stalked crinoid *Metacrinus rotundus* Carpenter in Suruga Bay, central Japan. *J. Oceanogr. Soc. Japan*, 43(6): 333-343.

Goto, S. 1914. A descriptive monograph of Japanese Asteroidea. *J. Coll. Sci., Imp. Univ. Tokyo*, 29(1): 1-808, 19 pls.

Gray, J. E. 1840. A synopsis of the genera and species of the class Hypostoma (*Asterias* Linnaeus). *Ann. Mag. Nat. Hist.*, 6: 175-184; 275-290.

Hara, J. 1895. Description of a new species of comatula, *Antedon macrodiscus*, n. sp. *Zool. Mag.*, 7: 115-116.

Hara, Y., M. Yamaguchi, K. Akasaka, H. Nakano, M. Nonaka, and S. Amemiya. 2006. Expression patterns of Hox genes in larvae of the sea lily *Metacrinus rotundus*. *Dev. Genes Evol.*, in press.

林　良二．1973．相模湾産海星類．生物学御研究所，東京，xi+114+89 pp., 18 pls.

入村精一．1982．相模湾産蛇尾類．生物学御研究所，東京，xii+95+53 pp., 15 pls., 1 map.

入村精一．1991．クモヒトデとはどんな動物か？うみうし通信，11: 12-23.

Kogo, I. 1998. Crinoids from Japan and its adjacent waters. *Spec. Publ. Osaka Mus. Nat. Hist.*, 30: 1-148.

Kogo, I. 2006. Comatulid fauna (Echinodermata: Crinoidea: Comatulida) of the Sagami Sea and a part of Izu Islands, central Japan. *Mem. Natn. Sci.*

Mus., Tokyo, (41): 223-246.

Lyman, T. 1878. Ophiuridae and Astrophytidae of the Exploring voyage of H. M. S. Challenger, under Prof. Sir Wyville Thomson, F. R. S. Part I. *Bull. Mus. Comp. Zool.*, 5(7): 65-168, 10 pls.

Lyman, T. 1879. Ophiuridae and Astrophytidae of the Exploring Voyage of H. M. S. Challenger, under Prof. Sir Wyville Thomson, F. R. S. Part II. *Bull. Mus. Comp. Zool.*, 6(2): 17-83, 9 pls.

Lyman, T. 1882. Report on the Ophiuroidea dredged by H. M. S. Challenger during the years 1873-76. *Rep. Sci. Res. Voy. Challenger, Zool.*, 5: 1-386, 48 pls.

松本彦七郎．1911．日本産テヅルモヅル類の一科に就て．動物学雑誌，23(277): 617-631.

松本彦七郎．1912a．日本産テヅルモヅル科に就て．動物學雑誌，24(282): 198-206.

松本彦七郎．1912b．現世の原腸遂足類附腸遂足類の目の再査．動物學雑誌，24(283): 263-269，図版4.

松本彦七郎．1912c．日本産テヅルモヅル類の再査．動物學雑誌，24(285): 379-390，図版5.

松本彦七郎．1913．蛇尾綱発達史並に該綱新分類法の一端．動物學雑誌，25(300): 521-526.

Matsumoto, H. 1913a. On a new stalked crinoid from the Sagami Sea (*Phrynocrinus obtortus*). *Annot. Zool. Jap.*, 8: 221-224.

Matsumoto, H. 1913b. Preliminary notice of a new interesting ophiuran (*Astrophiura kawamurai*). *Annot. Zool. Japon.*, 8: 225-228, pl. 3.

Matsumoto, H. 1915. A new classification of the Ophiuroidea: with descriptions of new genera and species. *Proc. Nat. Sci. Phil.*, 67: 43-92.

Matsumoto, H. 1917. A monograph of Japanese Ophiuroidea, arranged according to a new classification. *J. Coll. Sci. Imp. Univ. Tokyo*, 38(2): 1-408, 7 pls.

Mitsukuri, K. 1912. Studies on actinopodes Holothurioidea. *J. Coll. Sci. Imp. Univ. Tokyo*, 29(2): 1-248.

水井涼太・菊池知彦．2006．相模湾北西部真鶴半島沖人工漁礁とその周辺海域に出現するウミシダ類（棘皮動物ウミユリ綱）について（予報）．国立科博専報，(41): 247-250.

Mortensen, T. 1928. A Monograph of the Echinoidea, Vol. I (Cidaroidea). Reitzel, København, 551 pp., 88 pls.

Mortensen, T. 1935. A Monograph of the Echinoidea, Vol. II (Bothriocidaroida, Melonechinoida, Lepidocentroida and Stirodonta). Reitzel, København, 647 pp., 89 pls.

Mortensen, T. 1940. A Monograph of the Echinoidea, Vol. III(1) (Aulodonta). Reitzel, København, 370 pp., 77 pls.

Mortensen, T. 1943a. A Monograph of the Echinoidea, Vol. III(2) (Cemarodonta I; Orthopsidae, Glyphocyphidae, Temnopleuridae, and Toxopneustidae). Reitzel, København, 553 pp., 56 pls.

Mortensen, T. 1943b. A Monograph of the Echinoidea, Vol. III(3) (Cemarodonta II; Echinidae, Strongylocentrotidae, Parasalenidae, and Echinometridae). Reitzel, København, 446 pp., 66 pls.

Mortensen, T. 1948a. A Monograph of the Echinoidea, Vol. IV(1) (Holectypoida, Cassiduloida). Reitzel, København, 363 pp., 14 pls.

Mortensen, T. 1948b. A Monograph of the Echinoidea, Vol. IV(2) (Clypeasteroida; Clypeasteridae, Arachnoididae, Fibulariidae, Laganidae, and Scutellidae). Reitzel, København, iii+471 pp., 72 pls.

Mortensen, T. 1950. A Monograph of the Echinoidea, Vol. V(1) (Spatangoida I: Protosternata, Meridosternata, Amphisternata I; the Palaeopneustidae, Palaeostomatidae, Aeropsidae, Toxoasteridae, Micrasteridae, and Hemiasteridae). Reitzel, København, v+432 pp., 25 pls.

Mortensen, T. 1951. A Monograph of the Echinoidea, Vol. V(2) (Spatangoida II: Amphisternata II; the Spatangidae, Loveniidae, Pericosmidae, Schizasteridae, and Brissidae). Reitzel, København, iv+593 pp., 64 pls.

Nakano, H., T. Hibino, T. Oji, Y. Hara and S. Amemiya. 2003. Larval stages of a living sea lily (stalked crinoid echinoderm). *Nature*, 421: 158-160.

Oji, T. and K. Kitazawa. 2006. Distribution of stalked crinoids (Echinodermata) from waters off the southern coasts of Japan. *Mem. Natn. Sci. Mus., Tokyo,* (41): 217-222.

Saba, M. and T. Fujita. 2006. Asteroidea (Echinodermata) from the Sagami Sea, central Japan. 1. Paxillosida and Valvatida. *Mem. Natn. Sci. Mus., Tokyo,* (41): 251-287.

Shigei, M. 1975. A new species of the herart-urchin, an extant species of Brissopatagus (Echinoidea; Spatangoida), from Sagami Bay. *J. Fac. Sci, Univ. Tokyo, Sec. 4, Zool.*, 13: 333-339.

重井陸夫．1986．相模湾産海胆類．生物学御研究所（編），丸善，東京，xxv+204+173 pp., 133 pls., 2 maps.

重井陸夫．2006．相模灘から得られたウニ類（棘皮動物門：ウニ綱）の分類学的研究．国立科博専報，(41): 305-327.

Sladen, W. P. 1883. The Asteroidea of HMS 'Challenger' Expedition. Part II. *J. Linn. Soc. Zool.*, 17: 214-269.

Sladen, W. P. 1889. Report on the Asteroidea collected by H. M. S. Challenger during the years 1873-1876. *Rep. Sci. Res. Voy. Challenger, Zool.*, 30: 1-893, 117 pls.

Yoshiwara, S. 1897. On two new species of Asthenosoma from the Sea of Sagami. *Annot. Zool. Japon.*, 1: 5-11.

Yoshiwara, S. 1898. Preliminary notice of new Japanese echinoids. *Annot. Zool. Japon.*, 2: 57-61.

吉原重康．1898．日本産海胆類．動物學雑誌，10: 1-8, 73-76, 145-150, 247-250, 328-331, 439-443.

吉原重康．1900．日本産海胆類．動物學雑誌，12: 379-405.

COLUMN 4

相模湾沿岸の海浜性半翅類 ───── 友国雅章・林 正美

　半翅類（セミ，カメムシ類）には海浜性の種がかなり知られている（長谷川，1954など）が，全国的にその調査例は少なく，とくに関東地方の海浜に生息する半翅類についてはほとんどわかっていない．そこでわれわれは，国立科学博物館が実施した研究プロジェクト「相模灘およびその沿岸域における動植物相の経時的比較に基づく環境変遷の解明」に参加し，房総半島の西海岸，三浦半島から湘南海岸を経て伊豆半島の南端に至る海岸および伊豆大島の海岸の計37カ所で（図1），主として砂浜植物群落にどのような半翅類がすんでいるかを5年かけて調べた（友国・林，2006）．関東地方の砂浜海岸のほとんどは海水浴場などに利用されているので，環境が相当悪化していて，興味をそそられる半翅類はあまり見つからないだろうと思われたが，場所によっては今も良い環境が保たれていて（図2，3），調査結果はなかなか面白いものであった．見つかった種数は，異翅類（カメムシ類）が17科94種，同翅類（セミ，ヨコバイ類）が10科82種で，思った以上にこの地方の海浜性半翅類の種多様性が高いことがわかった．カメムシの仲間には，昆虫としては珍しく海水にすむものがいる．このようなカメムシが2種（ケシウミアメンボとウミミズカメムシ）見つかった．この2種はすでに採集記録があったので，たぶん採れると予想していたが，これまで海岸からしか発見されていない，陸棲の半翅類が11種もいたことは大いに予想外であった．すなわちスナコバネナガカメムシ，ハマベナガカメムシ，ハマベツチカメムシ，スナヨコバイ，タテヤマナガウンカ，ヒメウンカなどがそれである．なかでもハマベナガカメムシ（図4）は日本からの採集記録がごく少なく，その存在自体があまり知られていない珍しい種であって，何を食べてい

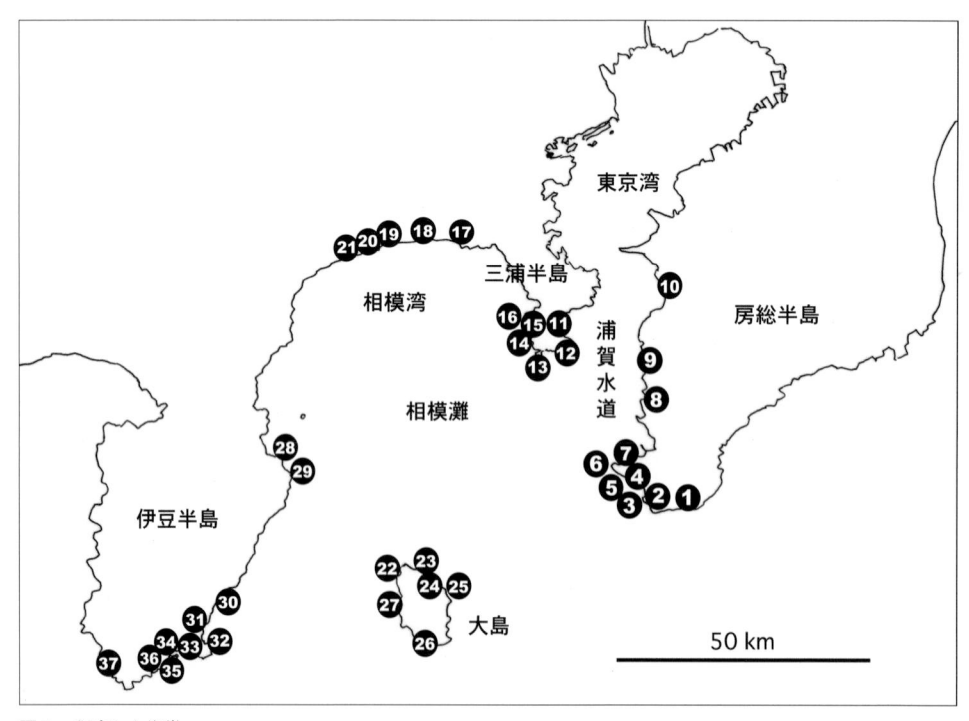

図1　調査した海岸．

図2　房総半島平砂浦海岸.

図3　伊豆半島白浜海岸.

るのかとか，1年をどのように過ごしているのかなど，ごく基本的な事柄もほとんどわかっていない．房総半島の新舞子海岸だけで見つかったこの調査の目玉である．われわれは，せめてその食性だけでも知りたいと思ったが果たせなかった．これを明らかにするには，現地をたびたび訪れて観察と検証実験を繰り返す必要がある．スナコバネナガカメムシとハマベツチカメムシは，砂浜の植物の根ぎわの砂を少し掘ると出てくる．前者はイネ科植物の根から，後者はそれ以外にもコマツヨイグサやハマヒルガオなどさまざまな植物の根から養分を吸っているらしい．スナヨコバイ（図5）は典型的な海浜性のヨコバイで，コウボウムギに寄生することが知られているが，それが生えている砂浜ならどこにでもいるような種ではない．今回は湘南海岸の2カ所で得られた．ハマベナガカメムシと同様，この調査の目玉といえよう．タテヤマナガウンカとヒメウンカも砂浜のイネ科植物の群落を探すと採集できる．前者は1930年代に館山市の海岸から発見された種で，コウボウシバに寄生する．また，後者は今回あちこちの海岸で見つかったが，そのうちの房総半島は分布の北限にあたる．カモノハシに寄生することがわかっている．

　海岸部に生息する半翅類には，海岸部でしか見られない種，内陸部にもいるが海岸にとくに多い種，通常は内陸部にすむが海岸でも見られる種などがあり，海岸部への適応度はさまざまである．これらの多くは植物に依存した生活をしている

図4　ハマベナガカメムシ．体長約5 mm.

図5　スナヨコバイ．体長（はねの先まで）約3.5 mm.

ので，適応度の差は依存する植物の海岸への適応度と深い関係がある．すなわち，海岸でしか育たない植物に寄生する半翅類は海岸にしかすめないし，内陸部にもある植物に依存している半翅類は，海岸にも内陸にもすんでいる．しかし，一般に海岸部の昆虫相は貧弱なため，研究者があまり注目してこなかったこともあって，海浜性半翅類の全国的な分布の実態はまだあまりよくわかっていない．人為的撹乱の進んだ関東地方の海岸でもこれだけの半翅類がいるのだから，全国的に海岸の調査をすればきっとびっくりするような半翅類が発見されるに違いない．

文献

長谷川仁．1954．海岸の異翅半翅類（1）．新昆虫，7(9): 6-10.

友国雅章・林　正美．2006．相模灘沿岸部の半翅類（昆虫綱）．国立科博専報，(42): 285-309.

COLUMN 5

ヒルゲンドルフ，デーデルラインおよびドフラインが日本で採集したクモ類

小野展嗣

　日本では今日でこそクモについての学問分野が確立されているが（小野，2002a），1世紀前までは科学的な情報は皆無に等しかった．鎖国が解けて西洋文明が一気に輸入された明治の世の中になっても，クモ類を博物学的に研究する日本人はしばらく現れなかった．その間，この分野の研究に先鞭をつけたのが，いろいろな肩書きでヨーロッパの国々から日本にやってきて，多くの動物を収集して帰った好奇心おう盛な人々と，その標本をもとにして多くの新種を記載し記録を残したドイツを中心とする外国人の研究者だった．そして忘れてならないのは，それらの標本が130年以上たった今日でもヨーロッパの自然史博物館に良い状態で保管されているという事実である．

　クモという動物は，昆虫と違って液浸標本にする（小野，2003）．エチルアルコールを用いるのが最良だが，以前はホルマリンで固定されることが多かった．同じ「虫」ではあるが，チョウや甲虫などの昆虫のようにピンで刺して乾燥させた状態では柔らかい組織が変形し，研究材料とはならないのだ．そのため，当時の有名な昆虫の研究者や採集人はほとんどクモを採っていない．また，液浸標本を扱う海産動物の研究者にはクモにまで注意を払って採集する人はそう多くなかった．結果として，その時代のクモの標本はそれこそ数えるほどの人によってしか収集されなかったのである（小野，1987，1994）．

　フランツ・ヒルゲンドルフはクモに興味をもった当時の数少ない外国人科学者の中でもさらに際立った存在だったといえる．

　ヒルゲンドルフが収集してドイツに持ち帰ったクモの標本は，当時のベルリン大学自然史博物館の館員フェルディナント・カルシュ（Ferdinand Karsch：1853-1936）によって研究され，2編の論文となって世に出た（Karsch，1879，1881）．それらの論文の中でカルシュは約70種の日本のクモを記録しているが，そのうちヒルゲンドルフが採集したと明記されているものが45種ある（図1）．

　残念ながら，その論文中にも，また筆者がベルリンの博物館で調査したタイプ標本のラベルにも産地は「日本」としか記されておらず，日本のどこで採集されたものかは不明である．なかには分布域から北海道であることが推定されているものもあるが，ほとんどが普通種なので，ヒルゲンドルフが足跡を残した複数の場所にこれらのクモが生息しているケースが多い（小野，2001a, b, 2002b）．このうち，小野（2006）が相模灘沿岸地域から記録しているのは次の15種である：ヒノマルコモリグモ，オオヒメグモ，カレハヒメグモ，トガリアシナガグモ，オニグモ，ゴミグモ，ヨツデゴミグモ，コガタコガネグモ，ナガコガネグモ，ヤマトコマチグモ，シボグモ，コアシダカグモ，ガザミグモ，オスクロハエトリ，ミズジハエトリ．とくにコガタコガネグモ（図2）は，目を引いたものと思われる．

　もう1つ，彼の隠れた功績は，ヴィルヘルム・デーニッツ（Wilhelm Dönitz：1838-1912）との交流を通じて彼に動物学の基礎を教えたことである．もともと医学者だったデーニッツは，日本に1873年から1884年の10年におよぶ長い期間滞在した．とくに後半，赴任した佐賀県立病院では名医とうたわれ日本の医学に多大の貢献をし，帰国後も多くの業績を残した．そのデーニッツはヒルゲンドルフに感化を受けて，とくにクモ類を研究，収集し，膨大な標本を主にフランクフルトのゼンケンベルク博物館に寄贈した．そのコレクションは1906年に刊行されたBösenbergとStrandの大著『日本のクモ』となって結実する．今日，日本から知られる約1400種のクモの実に3分の1にあたる種が彼によって日本から記録され，日本のクモの分類の基礎を作った，といっても過言ではない．

　その大著の中に，ヒルゲンドルフによって採集されたにもかかわらずカルシュに見過ごされた1個体の標本がヒメグモ科の1新種，*Theridium hilgendorfi* Bösenberg et Strand, 1906と命名されて記載された．ヒルゲンドルフの名を冠したクモだったが，残念ながら今日ではコガネグ

図1 ベルリンのフンボルト大学附属自然史博物館の収蔵庫に保管されているヒルゲンドルフの収集品（撮影：小野展嗣）．

図2 コガタコガネグモ *Argiope minuta* Karsch, 1879の雌，体長約10 mm，林や草むらの低い位置に円網をはる（撮影：小野展嗣）．

図3 キンイロエビグモ *Philodromus auricomus* L. Koch, 1878の雌，体長8 mm，網をはらず灌木の葉の上を歩き回って獲物を捕らえる（撮影：千国安之輔）．

モ科のシロスジショウジョウグモ *Hypsosinga sanguinea* (C.L. Koch, 1845) の異名とされている（Ono, 1981）．

ルートウィヒ・デーデルラインのクモの収集品はほとんど知られていなかったが，ミュンヘンの国立動物学博物館に保管されている日本産のクモの標本の多くは彼とドフラインが採集したものと推定されている（小野，1977）．

前述の『日本のクモ』の中に *Aranea dofleini* Bösenberg et Strand, 1906（ドフラインオニグモ）と命名されたクモがある（現在では *Araneus dofleini*）．タイプ産地は日光で，記載も正確だが，残念なことに，今日なお不明種となっている．標本はミュンヘンの博物館に所蔵されているはずだが，所在不明となっているらしい．

筆者は，ミュンヘンの未整理標本を検したことがあるが，その中に唯一，「Abwratsubo bei Misaki, 8-X-1904, leg. Doflein」というラベルを付したものがあった．それは，三浦半島の油壺でドフラインが採集したキンイロエビグモ（図3）の未成熟な雌であった（小野，1977）．

文献

Bösenberg, W. und E. Strand. 1906. Japanische Spinnen. *Abh. senckenb. naturf. Ges.*, 30: 93-373, 400-422, pls. 3-16.

Karsch, F. 1879. Baustoffe zu einer Spinnenfauna von Japan. *Verh. naturf. Ver. Preuss. Rheinl. Westfalens*, 36: 57-105.

Karsch, F. 1881. Diagnoses Arachnoidarum japoniae. *Berl. ent. Z.*, 25: 35-40.

小野展嗣．1977．明治時代の日本のクモ．ミュンヘン博物館所蔵日本産クモの未整理標本の同定記録．*Kishidaia*, (42): 4-12.

Ono, H. 1981. Revision japanischer Spinnen I. Synonymie einiger Arten der Familien Theridiidae, Araneidae, Tetragnathidae und Agelenidae (Arachnida: Araneae). *Acta arachnologica*, 30: 1-7.

小野展嗣．1987．日本のクモ発見ものがたり．動物大百科，15．平凡社，東京，pp. 160-161.

小野展嗣．1994．明治の日本でクモを研究したドイツ人．国立科学博物館ニュース，(300): 12-15.

小野展嗣．2001a．日本のクモ学史資料(6)．フランツ・ヒルゲンドルフの年譜．Orthobula's Box, (8): 3-5.

小野展嗣．2001b．日本のクモ学史資料(8)．カルシュ著「日本のクモ相の構成要素」(1879) の前文．Orthobula's Box, (10): 3-4.

小野展嗣．2002a．クモ学．摩訶不思議な八本足の世界．東海大学出版会，東京，xiii+224 pp.

小野展嗣．2002b．日本のクモ学史資料(9)．カルシュ著「日本の蛛形類の特性」(1881)．Orthobula's Box, (12): 3-4.

小野展嗣．2003．クモ類．松浦啓一（編），標本学，自然史標本の収集と管理．東海大学出版会，秦野，pp. 78-88.

小野展嗣．2006．相模灘沿岸地域の海浜性クモ類．国立科博専報，(42): 255-274.

第14章　相模湾の十脚甲殻類

駒井智幸・小松浩典・武田正倫

　相模湾といえば，湘南，江ノ島，葉山，熱海など身近に感じる場所を思い浮かべる人も多いのではないだろうか．首都圏に近接し，レジャー，観光，漁業，都市生活など人間による活動の影響を大きく受ける海域である．このような身近な場所で新しい発見などあるのかと疑問に思う人がいても不思議ではない．筆者らは，わが国沿岸と周辺海域に生息する十脚甲殻類（エビ，カニ，ヤドカリの仲間）の分類学的研究を継続してきた．その研究を通じて，この身近な海である相模湾とその周辺に生息する種類についてもいろいろなことを明らかにしてきた．本稿では，研究の結果わかってきたことのいくつかについて紹介したいと思う．

研究の歴史

　日本産の十脚甲殻類については，オランダのデ＝ハーン（W. de Haan）によるモノグラフ『日本動物誌』の甲殻類編がその分類学的研究の基礎となっている．その後，アメリカ合衆国による太平洋航海で収集された資料を扱ったスティンプソン（W. Stimpson）の一連の論文，ドイツのヒルゲンドルフ，オルトマン，ドフライン，バルス，イタリアのパリシ（B. Parisi），アメリカ合衆国のラスバン（M. J. Rathbun）らによる業績が続く．とくに，オルトマンの論文は，当時ドイツ領であったストラスブールの動物学博物館に所蔵されていた資料を扱ったもので，本書でもしばしば言及されているデーデルラインが日本に滞在中に収集した材料が多く含まれている（第5章参照）．デーデルラインは東京をベースに採集を行ったので，相模湾および東京湾産の標本が多く，この海域の十脚甲殻類相を調べるうえで避けることのできない文献となっている．1890年代以降は，日本人研究者による業績も出始め，次第に研究を主導するようになっていく．さらに，相模湾産十脚類については，短尾類（酒井，1965）と異尾類（コシオリエビ上科を除く）（三宅，1978）をまとめたモノグラフがあり（図1，2），その後の分類学的研究に大きな影響を与えた．

　近年は，ある特定の分類群（たいていは科か属のレベル）を対象に，地球規模で標本を検討してまとめるというのが分類学的研究の傾向である．狭い地域の動物相の解明はこれらの包括的再検討の結果を利用してさらに進められるというのがこれからの主要な研究スタイルとなっていくのではないかと考える．最近刊行された『相模湾産深海性蟹類』（池田，1998）などは，新しい分類学的知見を十全に反映させて地域生物相を明らかにした好著である．

新たな採集調査

　著者の一人駒井は千葉県立中央博物館という地方の博物館に勤務していることもあり，

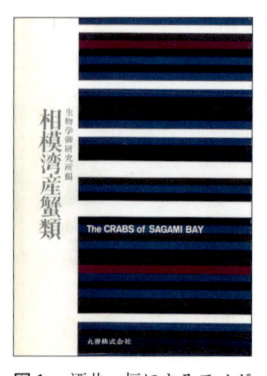

図1　酒井 恒によるモノグラフ『相模湾産蟹類』.

図2　三宅貞祥によるモノグラフ『相模湾産甲殻異尾類』.

図3　出漁準備中のかご網漁船.

図4　タカアシガニかご漁の様子.

図5　アカザエビかご漁の漁獲物.アカザエビとサガミアカザエビが見える.

1993年に就職して以来，千葉県の海産甲殻類相の研究を継続している．房総半島の西側は相模湾を擁する相模灘に面しており，相模湾とはほぼ同様の生物相をもっているといっていいだろう．浦賀水道や相模灘に面した内房とよばれる地域では刺網やかご網漁業が盛んで，漁業を利用した標本の収集を行ってきた（図3-5）．さらに，東京大学海洋研究所調査船「淡青丸」（現：海洋研究開発機構所属）や東京海洋大学練習船「神鷹丸」などの調査船によるドレッジ採集などもあわせて実施し，資料の収集につとめてきた．

このようなわれわれの調査の結果，相模灘海域から多くの甲殻類標本が収集されてきた．研究はまだ現在進行中であるが，これまでにわかってきたことの一部を紹介しよう．

発見された新種

まずはどれぐらいの新種が見つかったのかを見てみよう．最近15年間の間に，相模湾およびその周辺海域から記載された新種のリストを表1にまとめた．37種が記載されており，そのうち30種が筆者らにより記載されたものである．もちろん，種の再検討の過程で同定の混乱が是正され，新たに新種として認識されたものも含まれているが，これまでの調査・研究の密度を考えると少なくない数字ではないだろうか．これらの中でとくに興味深いのは，カワリエビジャコ（図6），イワホリアナエビ，イズシンカイヨコバサミ（図7），イズウスベニヤドカリ（図8）の4種で，いずれも東アジア海域からは属レベルで発見されていなかったものである．イズウスベニヤドカリの属する *Cestopagurus* 属は太平洋という範囲からさえ確たる記録がなかった．イズシンカイヨコバサミとイズウスベニヤドカリのいずれも伊豆大島沖相模灘で採集されたものである（Komai and Takeda, 2004, 2005）．カワリエビジャコとイワホリアナエビはいずれもホロタイプのみが知られる稀種である．カワリエビジャコは房総半島洲崎沖にある沖ノ山堆の急峻な斜面から採集されたもので（Komai, 1995），追加標本の採集はかなわないままとなっている．イワホリアナエビは，浦賀水道で発見されたもので，刺網にかかった泥岩を

表1　最近15年間に相模湾およびその周辺海域から新種として記載された種のリスト．

Infraorder Caridea　コエビ下目
    Family Stylodactylidae　サンゴエビ科
        Neostylodactylus hayashii Komai, 1997　ハヤシハネツキエビ

    Family Palaemonidae　テナガエビ科
        Periclimenes kobayashii Okuno, 2003　アカホシカクレエビ

    Family Pandalidae　タラバエビ科
        Pandalopsis gibba Komai & Takeda, 2002　コブモロトゲエビ

    Family Hippolytidae　モエビ科
        Lebbeus nudirostris Komai & Takeda, 2004　トゲナシイバラモエビ（新称）
        Lebbeus spongiaris Komai, 2001　カイメンヤドリイバラモエビ

    Family Alpheidae　テッポウエビ科
        Betaeus gelasinifer Nomura & Komai, 2000　エクボテッポウエビモドキ

    Family Crangonidae　エビジャコ科
        Metacrangon proxima Kim, 2005　サガミトゲエビジャコ（新称）
        Paracrangon ostlingos Komai & Kim, 2004　サガミヤツアシエビ（新称）
        Vercoia japonica Komai, 1995　カワリエビジャコ

Infraorder Astacidea　ザリガニ下目
    Family Nephropidae　アカザエビ科
        Nephropsis hamadai Watabe & Ikeda, 1994　サガミオキナエビ

Infraorder Thalassinidea　アナジャコ下目
    Family Calocarididae　カロカリス科（新称）
        Calaxiopsis manningi Komai, 2000　イワホリアナエビ（新称）

Infraorder Anomura　異尾下目
    Family Diogenidae　ヤドカリ科
        Bathynarius izuensis Komai & Takeda, 2004　イズシンカイヨコバサミ（新称）
        Cancellus mayoae Forest & McLaughlin, 1998　ヤッコヤドカリ
        Paguristes albimaculatus Komai, 2001　カノコヒメヨコバサミ（新称）
        Paguristes brachytes Komai, 1999　コビトヒメヨコバサミ
        Paguristes doederleini Komai, 2001　ツマジロヒメヨコバサミ
        Paguristes miyakei Forest & McLaughlin, 1998　タンカクヒメヨコバサミ
        Paguristes versus Komai, 2001　カゴシマヒメヨコバサミ

    Family Paguridae　ホンヤドカリ科
        Bathypaguropsis carinatus Komai & Takeda, 2004　ケショウクロシオヤドカリ
        Bathypaguropsis foresti Komai & Lemaitre, 2002　サガミクロシオヤドカリ
        Cestopagurus puniceus Komai & Takeda, 2005　イズウスベニヤドカリ
        Discorsopagurus tubicola Komai, 2003　ゴカイノクダヤドカリ
        Pagurixus fasciatus Komai & Myorin, 2005　カシワジマヒメホンヤドカリ
        Pagurixus pseliophorus Komai & Osawa, 2006　サミダレヒメホンヤドカリ
        Pagurixus ruber Komai & Osawa, 2006　クレナイヒメホンヤドカリ
        Pagurus decimbranchiae Komai & Osawa, 2001　アオヒゲヒラホンヤドカリ
        Pagurus erythrogrammus Komai, 2003　アカシマホンヤドカリ
        Pagurus ikedai Lemaitre & Watabe, 2004　イケダホンヤドカリ
        Pagurus maculosus Komai & Imafuku, 1996　ホシゾラホンヤドカリ
        Pagurus nigrivittatus Komai, 2003　クロシマホンヤドカリ
        Pagurus proximus Komai, 2000　イクビホンヤドカリ
        Pagurus quinquelineatus Komai, 2003　ゴホンアカシマホンヤドカリ
        Pagurus rubrior Komai, 2003　ベニホンヤドカリ
        Pagurus simulans Komai, 2000　チャイロイクビホンヤドカリ

Infraorder Brachyura　短尾下目
    Family Leucosiidae　コブシガニ科
        Merocryptoides peteri Komatsu & Takeda, 2001　シモダヒメツバサコブシ（新称）

    Family Goneplacidae　エンコウガニ科
        Goneplax megalops Komatsu & Takeda, 2004　ケアシメダカガニ（新称）

    Family Varunidae　モクズガニ科
        Hemigrapsus takanoi Asakura & Watanabe, 2005　タカノケフサイソガニ

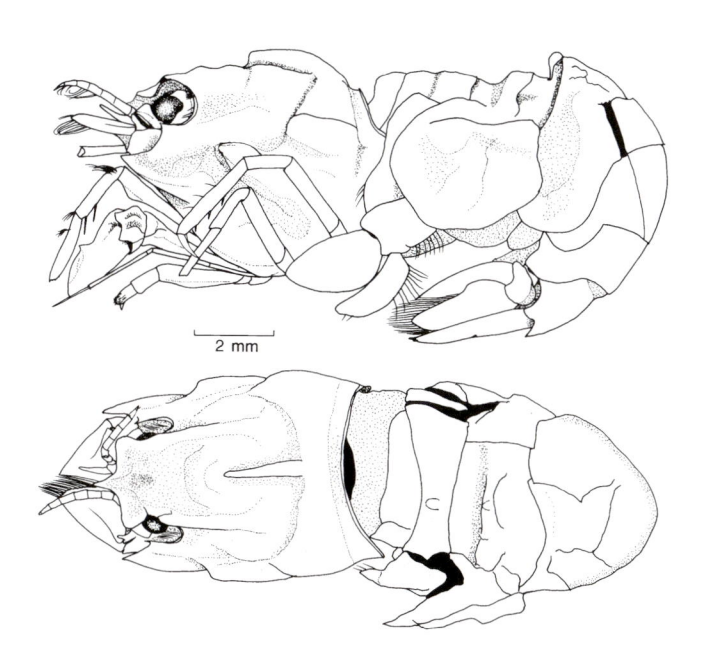

図6　カワリエビジャコのホロタイプ．

図7　イズシンカイヨコバサミのホロタイプ．

図8　イズウスベニヤドカリのパラタイプ．

割って得られた．泥岩中に巣穴を形成して生息するようである（Komai, 2000）．生態的にも興味深いが，追加標本はいまだに採れていない．また，大型のタラバエビ類であるコブモロトゲエビ（図9）も興味深い．アカザエビかご漁で混獲され，その存在はずいぶん前から知られていたが，2002年にようやく記載された（Komai and Takeda, 2002）．漁師さんたちにはお馴染みのエビだったのだろうが，

図9　コブモロトゲエビ．房総半島館山湾沖相模灘で採集された．

図10 オオジンケンエビ．房総半島館山湾沖相模灘で採集された．

食用になるような大型種がつい最近まで記載されていなかったという例の1つである．深海だけでなく，潮間帯からも新種が見つかっている．テッポウエビ科のエクボテッポウエビモドキである．タイプ標本の一部は千葉県館山市や神奈川県葉山町の海岸で採集された（Nomura and Komai, 2000）．岩礁域の岩の隙間や，カキなどの貝類が形成したベッドの中に潜んでいるので，通常の採集方法では見つけにくいエビである．

ホンヤドカリ科の3種 *Pagurus erythrogrammus*, *P. nigrivittatus* および *P. quinquelineatus* は *P. pilosipes* (Stimpson, 1858) という種の再検討の結果認識され，新種記載されたものである（Komai, 2003）．この種は長い間アカシマホンヤドカリという和名で知られていたものであるが，これまでに報告された標本や新たに採集された標本を再調査した結果，複数種が混在していることが判明した．これらの種はいずれも磯遊びや浅い場所の潜水で見ることができるものである．また，タカノケフサイソガニはこれまでケフサイソガニと混同されてきたのだが，遺伝的に隔離されているうえに，オスの鋏脚にある毛束が大きいことや，腹部に褐色の斑点がないことなどの形態的な相違が認められ，つい最近新種として記載された（Asakura and Watanabe, 2005）．これらは，日本の海岸にごく普通に生息する種でさえ，隠蔽種や同胞種を内包することを示す好例だといえる．

新記録種

新種以外にも，多くの海域初記録種も発見されてきた．とくに，千葉県立中央博物館分館海の博物館の奥野淳兒は房総半島，伊豆半島東岸，伊豆大島などでスキューバによる活発な潜水調査を行っているが，数多くの種を新たに記録している（奥野・有馬，2004；奥野ほか，2006など）．とくに注目すべきは，これまで考えられてきた以上に熱帯・亜熱帯に分布する種が相模湾とその周辺海域に生息していることである．さらに漸深海帯には，比較的大型になるタラバエビ科ジンケンエビ属のエビが数種新たに見つかっている．そのうちの1種は *Plesionika williamsi*（新称：オオジンケンエビ）という大型種である（図10）．本種は，大西洋〜南西太平洋熱帯域の広い範囲から記録があるが，日本近海から報告されるのはこの相模灘産の標本と土佐湾産の標本が最初のものである（Komai et al., 2005）．この種のほかにも見つかっているが，ジンケンエビ属には分類学的な問題が多く，正確な同定がまだできていない．短尾類については本調査において新たに10種が記録された．やはり他の分類群と同様，トサエバリア *Ebalia tosaensis* やモルテンセンオウギガニ *Actaea mortenseni* といった亜熱帯色の強い種が分布することが明らかになってきた．

十脚類相の概要

現時点で相模湾とその周辺海域から記録のある十脚類は870種を超える．分布の観点から眺めると，やはり東アジア温帯域固有要素が卓越している．このことは海域の緯度的な位置からしても驚くべきことではない．比較的情報が集積されたホンヤドカリ科を例に取ると，Komai and Takeda (2006) により記録

された53種のうち，半数を超える27種が東アジア固有要素と考えられた．14種については，記録数が少ないので，分布の概要はいまだ不明であるが，やはり東アジア固有要素に帰せられる種がさらに存在するのではないかと予想される．熱帯・亜熱帯に広く分布する種は11種であり，少なくない．今後調査が進めば，より多くの種が発見されるかもしれない．逆に，北太平洋北部に分布の中心をもつ冷水性種はホンヤドカリ科では見つかっていない．ただし，近接した鹿島灘南部海域では，北太平洋冷水性種が生息している（駒井，未発表）．他の分類群だと，タラバガニ科のエゾイバラガニ Paralomis multispina やイバラガニモドキ Lithodes aequispinus，クリガニ科のケガニ Erimacrus isenbecki，クモガニ科のベニズワイガニ Chionoecetes japonicus のような北海道から北米西岸に至る北太平洋北部に分布の中心がある種が相模湾に生息している．

固有種の存在については，現在のところ明らかではない．一般的に海洋生物の場合，浮遊幼生期をもつため，幼生の地理的な分散が生じやすい．そのため，地理的分布にある程度の広がりをもつ種が多い傾向がある．相模湾とその周辺海域から知られるもので，他の海域からまだ見つかっていない種としては以下のものがあげられる：コブモロトゲエビ，カワリエビジャコ，イズシンカイヨコバサミ，ケショウクロシオヤドカリ，サガミクロシオヤドカリ，イズウスベニヤドカリ，イケダホンヤドカリ，フクレツノガニ．おそらく，相模湾にしかいないという種は存在しないとは思うが，コブモロトゲエビとイケダホンヤドカリ，フクレツノガニ Rochinia debilis（図11）の3種は漁業を通じて当該海域では比較的普通に見られるにもかかわらず，鹿島灘南部や駿河湾のような漁業の盛んな海域からの採集記録がないので，相模湾とその周辺海域に限定されている可能性を否定できない．

図11 フクレツノガニ．横須賀市久里浜沖で採集された．

図12 コウナガカムリの生体．房総半島勝山浮島沖で採集された．水槽写真．

相模湾の海底地形はなかなかに複雑で，生物にとって多様な生息環境を提供していることが示唆される．とくに，沖ノ山堆のような大きな海丘，伊豆大島，相模トラフ，東京海底谷など凹凸に富んでいる．相模湾内の初島沖には冷水湧出帯が存在し，そこには化学合成生物群集が形成されていることが知られている（藤倉ほか，1996）．東京海底谷は東京湾口部の浦賀水道から沖合にかけて発達した谷で，房総半島の内房沖に急峻な斜面を形成している．そのため，陸地からほど遠くない場所に深海環境が存在する．気温，水温の上昇する夏季を除けば，深海性種の生体を採取し飼育することも不可能ではない．たとえば，生きている化石といわれる深海性カニ類コウナガカムリを比較的容易に採集できる世界でも珍しい海域ともなっている（図12）．このよ

図13　フクレツノガニの第1ゾエア．飼育下で孵化したもの．

図14　ハシボソテッポウエビのシンタイプ．東京湾産．

うに，深海性種の繁殖生態や行動を飼育実験を通じて研究することも可能であり，一例としてKomatsu and Takeda（2003）によるフクレツノガニ第1ゾエア幼生の観察があげられる（図13）．

100年前と比べて

　日本の場合，明治時代に至るまでは本草学的な資料はあっても，自然史科学的な発想が乏しかったせいもあるのだろうが，江戸時代以前の自然史資料の蓄積がほとんどない．したがって，とくに海洋生物相については，経時的な比較ができない地域がほとんどである．幸い，相模湾とその周辺海域では，デーデルラインやドフラインが100年あまり前にヨーロッパに持ち帰った標本がある．それらのコレクションはその時代の海産生物相を切り取って保存したようなものである．もちろん，調査の精度の違いもあるので簡単には比較できないが，当時は存在したが現在はいなくなった種，あるいはその逆の種は存在するだろうか．調べてみたところ，当時は普通に生息していたが，現在ではまったく採集されていない種が1種見いだされた．テッポウエビ科のハシボソテッポウエビ *Alpheus dolichodactylus* Ortmann, 1890である（図14）．東京湾というラベルが付けられた標本15個体がシンタイプであるが，その他論文では言及されていない相模湾産の標本59個体が見つかった．いずれも，ストラスブール動物学博物館に所蔵されているものである．標本数を見る限り，採集当時（1880～1881年）には普通種であったと考えられるが，国立科学博物館の調査プロジェクトでも本種の標本は採集されていない．神奈川県産のテッポウエビ類をまとめた野村ほか（1998）でも本種は扱われていない．本種は，国内では有明海などの泥干潟海域に現存しているので，生息好適地はやはり泥質干潟なのであろう．東京湾や相模湾では，埋め立てや人為的な開発により本種の生息に必要な環境が失われてしまったのかもしれない．絶滅してしまったとは断言できないが，少なくとも，個体数が激減してしまった種の1つといってよいのではないだろうか．

　逆に，過去には存在しなかったが，現在普通種となってしまったものもいる．外来種であるイッカククモガニ *Pyromaia tuberculata*（原産地カリフォルニア）とチチュウカイミドリガニ *Carcinus aestuari*（原産地地中海）である．いずれも東京湾では大規模な繁殖が確認されている．相模湾におけるイッカククモガニの初めての記録は1970年の三浦半島城ヶ島沖であり，一方チチュウカイミドリガニは1996年に江ノ島で初めて記録された．いずれも東京湾が起点となり，相模湾へと分布を広げていったものと考えられる．

その他の種については，相模湾とその周辺海域というおおまかな範囲で考える限りは組成の大きな変動はないように思われる．ただし，都市に隣接した狭い海域では汚染や開発による動物相の大きな変化が起きたことは推測されるが，事象の詳細を実証するだけのデータは乏しいのが現状である．

今後の展開

前に述べたように，十脚類については，コシオリエビ上科を除く異尾類と短尾類については相模湾をタイトルに冠したモノグラフが出版されている．しかし，異尾類については，近年の分類学的研究の進展が目覚ましいものがあり，ヤドカリ類についてはほとんど使い物にならなくなってしまった．異尾類以外についても，多くの分類群について多かれ少なかれ状況は同様である．なお，ホンヤドカリ科については最新の分類学的な知見に基づくレビューがあり（Komai and Takeda, 2006），短尾類についてはチェックリストがある（武田ほか，2006）．地方動物相の研究においては，最新の分類学研究の成果がほとんど反映されていない例もあり，これは研究者にとっては悲しいものである．せっかく研究結果を論文として公表しても，引用されなければまったく評価されない．研究に取り組む方は，ぜひ最新の研究成果をフォローするよう希望する．それが分類学者の社会的評価にもつながり，分類学分野の発展につながるものと信じている．

いわゆるエビ類としてひとくくりにされることの多い分類群（クルマエビ下目，コエビ下目，オトヒメエビ下目，イセエビ下目，ザリガニ下目，アナジャコ下目）については，モノグラフが刊行されておらず，特定分類群の再検討論文や新種記載論文に情報がちらばっているような段階である．とくにコエビ下目は種多様性が高いので，せめてチェックリストぐらいは作成したいと考えている．また，さまざまな分類群で未記載種もまだかなりの数が見つかっているので，研究を進めていかなければならない．コシオリエビ科についても，最近のインド太平洋海域産種の検討により莫大な数の新種が発見されており，相模湾とその周辺海域においても多くの種が発見されるであろうことは予想にかたくない．

文献

Asakura, A. and S. Watanabe. 2005. *Hemigrapsus takanoi*, new species, a sibling species of the common Japanese intertidal crab *H. penicillatus* (Decapoda: Brachyura: Grapsoidea). *J. Crust. Biol.*, 25: 279-292.

藤倉克則・橋本　淳・藤原義弘・奥谷喬司．1996．相模湾初島沖化学合成群集の群集生態―第2報―（動物相の比較）．JAMSTEC深海研究，(12): 133-153.

池田　等．1998．相模湾産深海性蟹類．葉山しおさい博物館，葉山町，180 pp.

Komai, T. 1995. *Vercoia japonica*, a new species of crangonid shrimp (Crustacea: Decapoda: Caridea) from Japan. *Nat. Hist. Res.*, 3: 123-132.

Komai, T. 2000. A new species of the genus *Calaxiopsis* (Decapoda: Thalassinidea: Calocarididae) from Japan. *J. Crust. Biol.*, 20, Special No. 2: 218-229.

Komai, T. 2003. Reassessment of *Pagurus pilosipes* (Stimpson), supplemental description of *P. insulae* Asakura, and descriptions of three new species of *Pagurus* from East Asian waters (Crustacea: Decapoda: Anomura: Paguridae). *Nat. Hist. Res.*, 7: 115-166.

Komai, T. and M. Takeda. 2002. A new deep-water shrimp of the genus *Pandalopsis* (Decapoda: Caridea: Pandalidae) from Sagami Bay, Japan. *Bull. Natn. Sci. Mus., Tokyo, Ser. A*, 28: 91-100.

Komai, T. and M. Takeda. 2004. Two new deep-water species of hermit crabs (Crustacea: Decapoda: Anomura: Paguroidea) from Japan. *Bull. Natn. Sci. Mus., Tokyo, Ser. A*, 30: 113-127.

Komai, T. and M. Takeda. 2005. First report of *Cestopagurus* Bouvier (Crustacea: Decapoda: Anomura: Paguridae) from the Pacific Ocean, and the description of a new species. *Bull. Natn. Sci. Mus., Tokyo, Ser. A*, 31: 93-104.

Komai, T. and M. Takeda. 2006. A review of the pagurid hermit crab (Decapoda: Anomura: Paguroidea) fauna of the Sagami Sea and Tokyo Bay, central Japan. *Mem. Natn. Sci. Mus., Tokyo*, (41): 71-144.

Komai, T., T-Y. Chan, Y. Hanamura and Y. Abe. 2005.

First record of the deep-water shrimp *Plesionika williamsi* Forest, 1964 (Decapoda: Caridea: Pandalidae) from Japan and Taiwan. *Crustaceana*, 78: 1001-1012.

Komatsu, H. and M. Takeda. 2003. First zoea of the deep-water spider crab, *Rochinia debilis* Rathbun, 1932 (Crustacea, Decapoda, Majidae), from Sagami Bay, central Japan. *Bull. Natn. Sci. Mus., Tokyo, Ser. A*, 29: 197-203.

三宅貞祥．1978．相模湾産甲殻異尾類．保育社，大阪，ix+200+161 pp., 4 pls.

Nomura, K. and T. Komai. 2000. A new alpheid shrimp of the genus *Betaeus* from the Pacific coast of central Japan (Crustacea: Decapoda: Alpheidae). *Crust. Res.*, 29: 45-57.

野村恵一・萩原清司・池田 等．1998．神奈川県下で記録されたテッポウエビ類．神奈川県自然誌資料，19: 39-48.

奥野淳兒・有馬啓人．2004．伊豆諸島・伊豆大島における浅海性ヤドカリ類相（甲殻上綱，十脚目，異尾下目）．日本生物地理学会会報，59: 49-69.

奥野淳兒・武田正倫・横田雅臣．2006．伊豆海洋公園浅海性ヤドカリ類（甲殻上綱：十脚目：異尾下目）．国立科博専報，(41): 145-174.

酒井 恒．1965．相模湾産蟹類．丸善，東京，xvi+206+92+32 pp., 100 pls., 1 map.

武田正倫・駒井智幸・小松浩典・池田 等．2006．相模灘のカニ類相．国立科博専報，(41): 183-208.

第15章　相模湾の多毛類

今島　実

　環形動物の多毛類とはゴカイの仲間であって，一般に体が細長く各体節の両側にある疣足から多くの剛毛が生えていることからこの名がある．自然界ではとくにカレイの好餌料になっており，釣りの愛好者や漁業者にとってジャリメやイワムシなどは釣餌虫として貴重な存在で外国からも輸入されている．現在，世界から約1万種ほどが知られているが，世界の海域から毎年多くの新種が報告されている．日本では現在950種ほど知られているが，さらに増える可能性がある．

日本海域の外国船による多毛類調査

　世界における多毛類の分類学的研究は1800年初頭から盛んに行われ，Lamarck (1818) の大きな研究は有名である．飯塚啓が日本で初めて研究を始めた1902年までは，諸外国の研究船が日本周辺海域を調査して海産動物を採集して持ち帰った．1875～1876年に世界の海洋を探検した地質調査隊が江ノ島の東海岸，横浜沖や周辺海域から多毛類を採集し，これを Marenzeller (1879) が30種報告し，そのうち24種が新種であった．また，イギリスの研究船チャレンジャー号が1875年に日本周辺海域を調査して水深27～1017 m から採集した多毛類を McIntosh (1885) が Challenger Reports に多くの種類を報告した．その中に相模湾産のものも多い．また，1900年にはアメリカのアルバトロス号が主に相模湾と駿河湾の約70地点でドレッジ採集をして Moore (1903) ほかが報告している．スウェーデンの学者の Hessle (1917, 1925) や Johansson (1922, 1927) らはボック（Sixten Bock）教授が1914～1916年に採集した多毛類を報告している．これら外国船による日本からの新種のタイプ標本はそれぞれの国に保管されており，比較検討する際に不便を感じる．以前は移送中の紛失を恐れ，タイプ標本の貸出を禁止していた時期もあった．

相模湾の多毛類調査

　東京大学理学部附属臨海実験所で研究していた飯塚啓は1912年に『日本産多毛類』（英文）で14科，124種を報告し（Izuka, 1912），その中に相模湾産が56種含まれている．また東京大学海洋研究所の「淡青丸」（現：海洋研究開発機構所属）は1964年以来日本周辺海域を調査し，相模湾と相模灘の中央部の水深1200～1400 m から深海性多毛類を採集している．また，神奈川県水産試験場（現：神奈川県水産技術センター）では数年間にわたり，海底の地質環境の調査を神奈川県の海岸に沿って水深20～200 m で行い，その折に多毛類が採集された．

　独立行政法人国立科学博物館が2001～2005年の5年計画で相模灘の生物相調査プロジェクトを組み，東京大学大学院理学研究科附属三崎臨海実験所の「臨海丸」，「淡青丸」，東京海洋大学の「神鷹丸」やチャーターした漁船などの協力を得て調査を行った．各調査船によって123地点から多毛類が採集された（図1）．これによって4新種と18日本初記録種を含めて300種ほどが確認された（Imajima, 2006）．しかし，この広い相模湾や相模灘であり，まだ網羅的に採集が行われたとは決していえない現状である．

　Marenzeller (1879) の報告以来，現在までの100年以上にわたって各研究者が相模湾から報告した種類を総括すると，47科，574種になっている．実に日本産種の半数以上の種類が相模湾と相模灘から出現していて，いかに

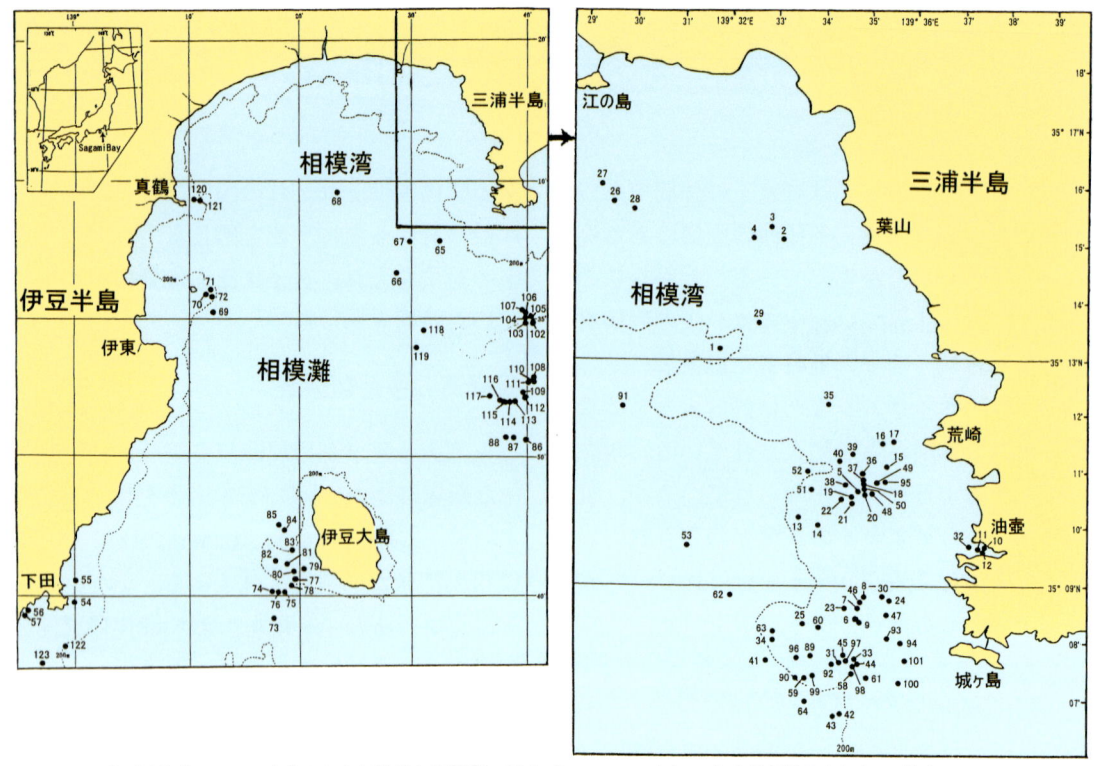

図1 国立科学博物館によって実施された相模湾と相模灘の調査（2001〜2005年）で多毛類が採集された123地点.

多様性に富んだ種類が生息しているかがわかる．しかし，まだ，科によっては調査研究が不十分なものがあり，これらの科の研究が終了するなら種類はさらに大幅に増加するであろうし，今後の採集によっても増加する可能性は大きい．

昭和天皇が相模湾から採集された多毛類

昭和天皇は1926〜1988年の約60年間にわたって相模湾の生物調査をなされ，各種の海産動物をご採集になった．昭和天皇が長年にかけて採集された多毛類は天皇がご存命中に研究成果が出版されなかった．1993年に生物学御研究所の標本が当館へ寄贈されてから，筆者が多毛類の分類学的研究を行い，1997年に31種を，2003年に117種を報告し，2報告中に28新種と13日本初記録種が含まれていた（Imajima, 1997, 2003）．未研究の標本がまだ100種ほどあり，それらの研究により新種や日本初記録種がさらに増える可能性がある．

28新種は以下のとおりである．

ウロコムシ科
　Showascalisetosus shimizui Imajima, 1997
　Medioantenna clavata Imajima, 1997（図2A）
　Harmothoe cylindrica Imajima, 1997
　Harmothoe glomerosa Imajima, 1997
　Eunoe spinosa Imajima, 1997（図2B）
　Hololepida japonica Imajima, 1997（図2C）
　Lepidonotus glaber Imajima, 1997
コガネウロコムシ科
　Aphrodita nipponensis Imajima, 2003（図2D）
　Pontogenia dentata Imajima, 2003
　Pontogenia sagamiana Imajima, 2003
ノラリウロコムシ科
　Sthenelais brachiata Imajima, 2003（図2E）
　Sthenelanella japonica Imajima, 2003
サシバゴカイ科
　Mystides japonica Imajima, 2003
　Nereiphylla crassa Imajima, 2003（図2F）
　Paranaitis serrata Imajima, 2003（図2G）
チロリ科
　Glycera amadaiba Imajima, 2003
ニカイチロリ科
　Goniada brunnea goronba Imajima, 2003
　Goniada sagamiana Imajima, 2003（図2H）

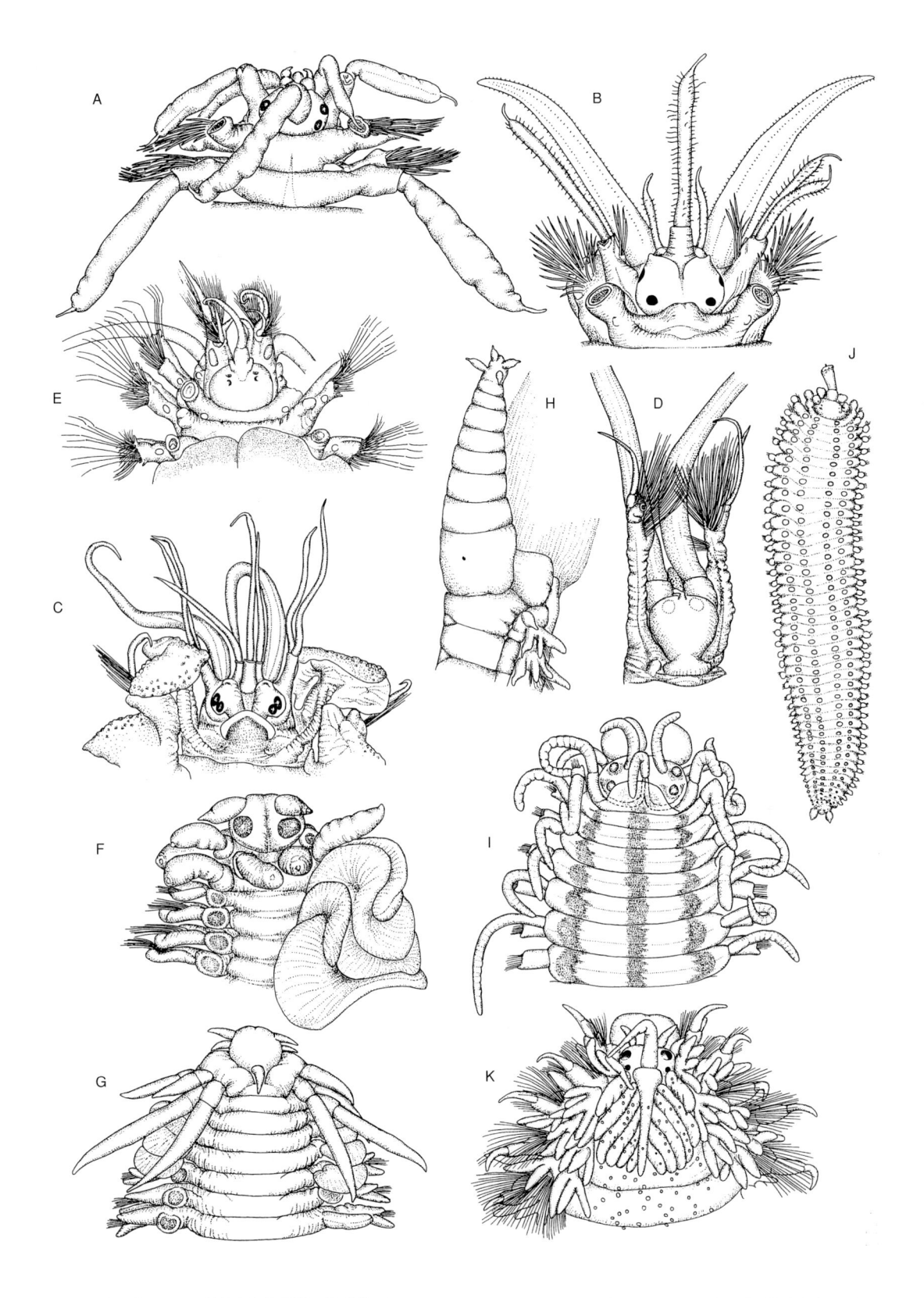

図2 昭和天皇によって採集された新種の多毛類. A: *Medioantenna clavata*. B: *Eunoe spinosa*. C: *Hololepida japonica*. D: *Aphrodita nipponensis*. E: *Sthenelais brachiata*. F: *Nereiphylla crassa*. G: *Paranaitis serrata*. H: *Goniada sagamiana*. I: *Odontosyllis trilineata*. J: *Eurysyllis japonicum*. K: *Pherecardia maculata*.

コブゴカイ科
　Ephesiella oculata Imajima, 2003
シリス科
　Odontosyllis trilineata Imajima, 2003（図2I）
　Exogone exilis Imajima, 2003
　Eurysyllis japonicum Imajima, 2003（図2J）
　Syllis exiliformis Imajima, 2003
　Trypanosyllis (Trypanobia) foliosa Imajima, 2003
ウミケムシ科
　Pherecardia maculata Imajima, 2003（図2K）
ケハダウミケムシ科
　Euphrosine polyclada Imajima, 2003
　Euphrosine ramosa Imajima, 2003
ヒレアシゴカイ科
　Spinther sagamiensis Imajima, 2003

相模湾産の珍奇な多毛類の3種

　多毛類はほとんどが海産で，潮間帯の海藻の間にすむものや，石灰質の管を作って岩に着生するものから深海までの砂泥中に生息するもの，または終生浮游生活を送るものなどがある．一般には体が細長く，各体節の疣足にある剛毛を使って自由に移動することができるが，なかには，背中がうろこでおおわれて背中とうろこの間に産卵するもの，体の大部分は砂中にあって前方のみにある鰓を砂泥中から海中に出して呼吸しているもの，ホタテガイの固い貝殻の中にトンネルを掘ってその中で生活し，産卵する小さな体のものまで形態や生態が特殊化しているものが多い．

　ここに変わり種ともいえるカラクサシリス，サガミヒレアシゴカイ（新称），クノジクダイソメ（新称）の3種を紹介する．

カラクサシリス（*Syllis ramosa* McIntosh, 1879）

　体全体が唐草模様なのでこの名がある．深海産のカイメン類のカイロウドウケツカイメンやタカツキカイメンの体表に寄生している．体節から無性的に何回も出芽して，どちらが前方か後方か区別がつかず，全体が網目

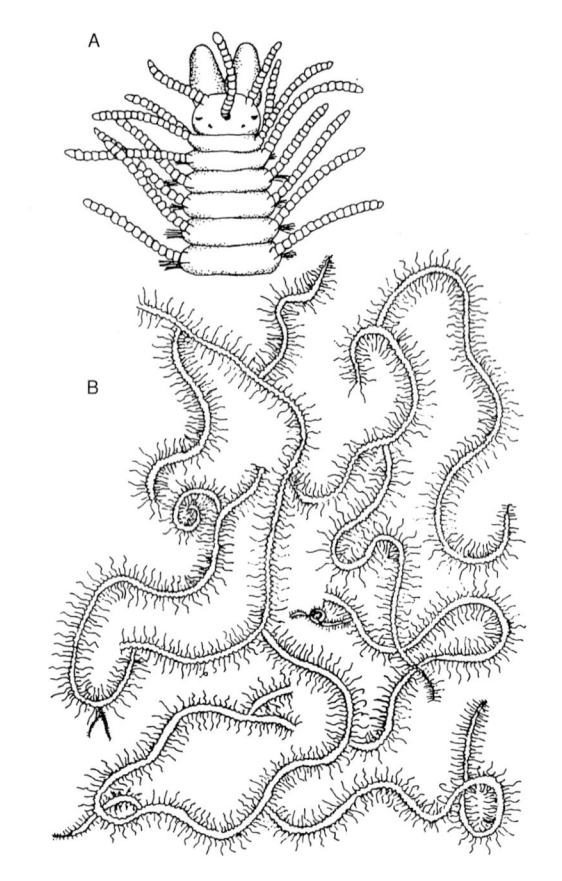

図3　カラクサシリス．A：体前部．B：体全形．

のようになる．体はバラ色で体幅は0.3〜0.7 mmで細い．前口葉は卵形で2対の眼点と3本の感触手がある．各体節の疣足には細長い背触糸と剛毛がある．体のいろいろな場所の2つの体節の間に新しい節ができ，その両側に芽が現れて体節を増やす．またある節では芽が伸びてその先端が肛門になり，片方の芽には大きな眼ができて体内に生殖物が充満する（図3）．

サガミヒレアシゴカイ（*Spinther sagamiensis* Imajima, 2003）

　体長2.7 mmの全体がほぼ円形で，背腹に扁平，14剛毛節からなる．背面は正中線上の幅の狭い縦の部分を除いて各体節は薄い膜でおおわれる．腹面の各節には2〜5本の指状突起が散在する．前口葉は短い指状で眼はな

図4　サガミヒレアシゴカイの背面.

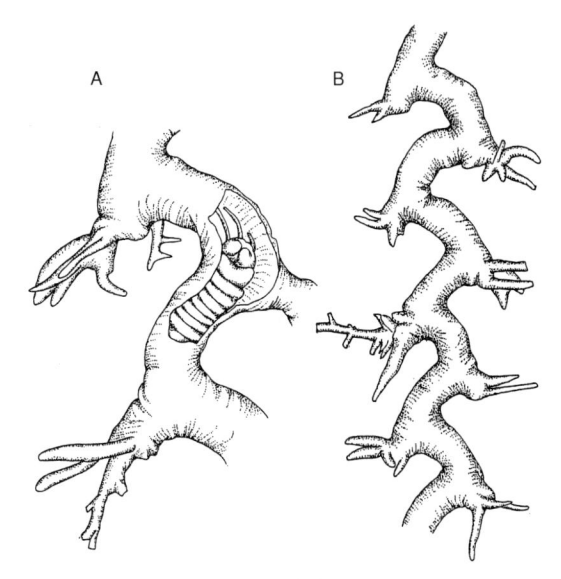

図5　クノジクダイソメ. A：棲管内の虫体. B：棲管の一部.

い. 各節の背面に2枚の薄い膜が並列し, 膜は多くの剛毛で支えられている. 剛毛には長短あって先端が二叉に分かれる. 腹足枝は細い円筒形で, 1～2本の太い鉤状複剛毛があり, 内部に未発達の剛毛が見られる. 肛門は腹側に開く（図4）.

クノジクダイソメ（*Eunice palauensis* Okuda, 1937）

靭皮質のジグザグ状の特殊な形の棲管を作り, その中にすむ. 棲管のそれぞれの角が丸く開いて縁に針状の突起がある. 虫体は50 mm, 150体節からなる. 前口葉に5本の感触手と1対の眼がある. 鰓が第6～7剛毛節から生じ, 1～3鰓糸. 疣足には針状剛毛と被嚢二叉鉤状複剛毛があり, 第20剛毛節付近から黄色い被嚢二叉足刺状剛毛が生じる（図5）.

文献

Hessle, C. 1917. Zur Kenntnis Terebellomorphen Polychaeten. *Zool. Bidr. Uppsala*, 5: 39-258.

Hessle, C. 1925. Einiges über die Hesioniden und die Stellung der Gattung *Ancistrosyllis*. *Ark. Zool. Stockholm*, 17: 1-37.

Imajima, M. 1997. Polychaetous annelids from Sagami Bay and Sagami Sea collected by the Emperor Showa of Japan and deposited at the Showa Memorial Institute, National Science Museum, Tokyo. Families Polynoidae and Acoetidae. *Natn. Sci. Mus. Monogr.*, (13): 1-131.

Imajima, M. 2003. Polychaetous annelids from Sagami Bay and Sagami Sea collected by the Emperor Showa of Japan and deposited at the Showa Memorial Institute, National Science Museum, Tokyo II. Orders included within the Phyllodocida, Amphinomida, Spintherida and Eunicida. *Natn. Sci. Mus. Monogr.*, (23): 1-221.

Imajima, M. 2006. Polychaetous annelids from Sagami Bay and Sagami Sea, Central Japan. *Mem. Natn. Sci. Mus., Tokyo*, (40): 313-401.

Izuka, A. 1912. The errantiate Polychaeta of Japan. *J. Coll. Sci. Imp. Univ. Tokyo*, 30 (2): 1-262.

Johansson, K. E. 1922. On some new tubicolous annelids from Japan, the Bonin Islands and the Antarctic. *Arc. Zool.*, 15 (2): 1-11, 4 pls.

Johansson, K. E. 1927. Beiträge zur Kenntniss der Polychaeten-Familien Hermellidae, Sabellidae und Serpulidae. *Zool. Bidr. Uppsala*, 11: 1-184, 5 pls.

Lamarck, J. B. de 1818. *Histoire naturelle des Animaux sans vertèbres*. Tome 5. Paris, 612 pp.

Marenzeller, E. von. 1879. Südjapanische Anneliden. I. *Denkschr. Akad. Wiss. Wien*, 41: 109-154.

McIntosh, W. C. 1885. Annelida Polychaeta. Report on the Annelida Polychaeta collected by H.M.S. *Challenger* during the years 1873-76. *Rep. Sci. Voy. Challenger, Zool.*, 12: 1-554.

Moore, J. P. 1903. Polychaeta from the coastal slope of Japan and from Kamchatka and Bering Sea. *Proc. Acad. Nat. Sci. Phila.*, 55: 401-490, pls. 23-27.

第16章　相模湾の貝類

長谷川和範・齋藤　寛

はじめに

　相模湾と貝類（およびそれを含む広義の軟体動物）研究の結びつきは深い．相模湾における深海生物調査のきっかけとなったヒルゲンドルフによるオキナエビスガイの発見は130年前に遡り，それから現在に至るまで，数多くの愛好家よる綿密な採集の積み重ねや，研究者による高度な調査器機を備えた調査船を利用した深海の探索などによって，国内の他の海域では例が見られないほど詳しい調査が行われてきた．その結果，この海域から300種を超える新種貝類が見いだされ，多くの種類の学名や和名に「相模」の名が残されることになった．「sagami」を含む名をもつ軟体動物のタクサは38（5属を含む）に上り，和名に「サガミ〜」を冠する貝類（殻をもたないウミウシを含む）は40種類を超える（図1）．

　本章ではそのような相模湾の貝類について，研究の歴史を振り返り，またその貝類相の概要について紹介していく．なお，本章を書くにあたっては多くの先人の業績に基づいた．本書の性格上そのすべてを記すことができないが，なかでも日本の貝類研究の歴史についてはCallomon and Tada (2006), Cosel (1998), 奥谷（1987），動物相に関してはOkutani (1972a)，奥谷（1972b），Horikoshi (1957) および相模貝類同好会会報「みたまき」に掲載された多くの記事を拠り所とした．

相模湾産軟体動物研究の歴史

　他の動物群と同様に，日本の貝類分類学の歴史は，最初は欧米の研究者の手による断片的なものから，日本人が主体となった総合的なものへと発展してきた．相模湾の貝類（軟体動物）研究も例外ではない．ここでは相模湾の貝類相研究の歴史について，日本の貝類研究との関連から振り返ってみたい．

　日本でも江戸時代から本草学の形で，さまざまな動植物を体系的に記録に留める試みはなされてきた．貝類においても，『目八譜』（武蔵石壽著，1843年，全15巻）のような，現代の目にも耐えられる素晴らしい図譜も作られている．この中には相模湾から得られたものに違いない件のオキナエビスガイも「西王母，翁蛭子」として掲載されている（図2）．しかし，19世紀半ばまで続いた鎖国のため，西ヨーロッパに生じた近代的な分類学に日本の貝類が組み入れられる機会は少なかった．生物学名の始源であるリンネの『自然の体系』第10版（1758年）にも日本由来の種類は含まれていない．ただ，長崎の出島を介して少量の標本は西洋に渡っていたようで，ライトフット（Lightfoot）のいわゆる『ポートランド・

図1　相模に因む貝類．A：サガミハブタエシタダミ*．B：ハヤマヒラコマ．C：サガミウラシマカタベ*．D：サガミリュウグウウミウシ*．E：サガミマルミノガイ*．E：サガミハラブトツノガイ*（*：タイプ標本）．標本はすべて相模湾産（以下同様）．

カタログ』(1786年)では，サザエに学名が付けられているし，『自然の体系』の13版(1791年，著者はメラン(Gmelin)に変わっている)では，日本産のツキヒガイやメガイアワビが記載されている．江戸時代から幕末にかけて，日本から西欧に渡った貝類標本の主なソースとして，『日本誌』の著者でドイツ人の博物学者ケンペル(日本滞在1690～1692年)，東インド会社の医官として赴いたリンネの高弟ツンベルク(日本滞在1775～1776年)や，有名なシーボルト(日本滞在1823～1828年)のコレクションがあげられる．とくにシーボルトの2000点を超えるといわれる貝類標本の中には，相模湾を含む関東周辺から採集されたものも多く含まれていた．残念ながらそれらの大部分はその後詳しく研究されることがなかったが，一部はイギリスの著名な貝類収集家であるカミング(Cuming)によって買い取られ(1834年)，その中からイギリスの貝類研究家リーヴ(Reeve)やサワービー(Sowerby)によって新種として記載されたものがある．相模湾の漸深海帯から得られるマボロシヒタチオビ(ホンヒタチオビの変異形ともされる)はその一例で，これが相模湾から最初に記載された深海性貝類といえるであろう．

その後，日本の開国を皮切りに，急激に大量の標本が欧米へともたらされるようになるとともに，大規模な海外の探検団や調査船も日本を訪れるようになり，主要な港を抱える相模湾周辺でも調査が行われた．開国のきっかけとなった黒船で来航したペリー(日本滞在1853～1854年)は，日本滞在中に採集したさまざまな生物標本をアメリカに持ち帰ったが，そのうち貝類はジェイ(Jay)によって研究され，1857年に140種の目録として報告された．その中に東京湾産のモスソガイやイソシジミなどの計7新種が含まれている．次いで，アメリカの北太平洋探検調査の一団は，香港で日本の開国を知ると，早速日本周辺に赴いて調査を実施し，1855年5月にはその先年に開港したばかりの下田にも入港している．この調査で採集された貝類はグールド(Gould)が詳細に研究し，下田からはシワホラダマシやカブトヒザラガイなど12新種を報告している．さらに，1859～1861年に水路測量のため東アジアを訪れたイギリスのアクテオン号には，イギリスの貝類研究家アダムズ(Adams)が船医として乗船しており，ドレッジによって日本各地から非常に多くの貝類を採集した．アクテオン号は日本近海に3回来航しているが，その3回目(1861年)に横浜に入港し，浦賀，下田や館山などでドレッジを実施している．アダムズはこれらの調査で採集された貝類の中から微小種を含む夥しい

図2 『目八譜』のオキナエビスガイ(東京国立博物館蔵).

第16章 相模湾の貝類 —— 163

図3　リシュケ (Cosel, 1998).　　　　　　　　　　図4　ピルスブリー (日本貝類学会).

数の新種を報告した．館山沖からはナガニシとキンウチカンス，浦賀からはエントツヨウラク，シキシマヨウラクなどが記載されている．その他，1860年にプロシアの東アジア探検隊の一員としてテティス号で来日したマルテンスは，主な研究目的の陸・淡水貝のほかに，東京や横浜で潮間帯の貝類も採集している．

こうして日本の貝類に関する知見は欧米に急速に蓄積していくのであるが，リシュケ（Lischke）（図3）は1869～1874年にかけて，それまでの断片的な記録を取りまとめるとともに，新たな資料も付加して，初めて日本の海産貝類についての包括的なモノグラフ（3巻）を著し，合計429種類をあげた．これに含まれる64の新種のうちの3割近い19種類は「横浜から江ノ島外周までの間」，すなわち相模湾沿岸から採集されたもので，中にはギンエビス，スルガバイ，シャジクガイなどの深海性の種類も含まれている．先のマボロシヒタチオビともども，相模湾は19世紀以前の日本においても深海性貝類の主要な供給地であ

ったことがうかがえる．さらに19世紀末になるとピルスブリー（Pilsbry, 1895）（図4）はアダムスの記載したおびただしい数の微小種を含む過去のすべての種類をくまなく整理するとともに，1889年～1892年に日本に滞在したスターンズ（Stearns）によって採集された大量の貝類標本を詳しく研究し，日本産貝類の詳しいチェックリストを作成している．この中に「kamakura」の種小名をもつ新種が2種類見られる．

1870年代以降は，相模湾の深海性貝類に関してとくに関心が深まる．ヒルゲンドルフは，江ノ島の土産物屋でオキナエビスガイを見つけ，帰国後の1877年に新種として記載した（第2章参照）．これによって相模湾が一躍世界中に知れ渡ることになる．ちょうど同じ頃，イギリスのチャレンジャー号は，江ノ島沖の水深631mで，クサイロギンエビス，ヤゲンクダマキ，クルミガイとオオベッコウキララを採集した．そのしばらく後，アメリカ水産局の海洋調査船アルバトロス号が先のチャレンジャー号と同一地点でドレッジを行い，2種

図5 岩川友太郎（船水, 1983）.

図6 平瀬與一郎（Callomon and Tada, 2006）.

の巻貝を採集した．そのうちの1種ヒメヤゲンイグチはドール（Dall）が新種として記載している．これ以降は，スウェーデンのボックの探検隊（1914年：房総沖からヒザラガイの新種を発見）などいくつかの外国調査船が訪れているが，外国人による調査から日本人が主体となった研究へと徐々に移り変わっていく．

1877年に設けられた東京大学生物学科の最初の卒業生の一人であった岩川友太郎（図5）は，モースやホイットマンに師事した後，貝類分類学に深い関心を示すようになり，女子高等師範学校の教授などを務める傍ら，帝国博物館天産部動物科（1889～1900年：1889～1904年までは天産部動物科臨時取調べ）および帝室博物館（1900～1925年）の学芸委員を兼務し，貝類標本の整理にあたった．1900年から1919年にわたって計4版発行された同館貝類標本目録は，実質的に日本人による初めての日本産貝類目録となるもので，三崎や江ノ島など多くの相模湾産の貝類も含まれている．しかし岩川は新種は1種類も記載することはなかった．一方で，ほぼ同時期に私財を投げ打って日本産の貝類研究を大きく進めたのは，京都の平瀬與一郎（図6）である．平瀬は多くの採集人を日本各地に派遣して膨大な日本産貝類のコレクションを作り上げ，それ以降の日本の近代貝類学の礎を築いた．しかし，それらの詳しい分類学的研究は主にアメリカのピルスブリーとドールに委ねていた．これらアメリカ人研究者との交流は1900年前後から始まり，とくにピルスブリーは日本の貝類に深い関心をもって研究し多くの新種を記載した．葉山や鎌倉をタイプ産地とするウチヤマタマツバキやカマクライグチはこの頃ピルスブリーによって記載された．平瀬は，また，1907年に国内では初の軟体動物学専門誌「介類雑誌」を刊行する．その1巻に松本（1907）が三浦半島三崎で採集した119種類の貝類のリストを出したのが，相模湾の貝類リストとして初めてのものである．この華々しい平瀬の事業は経済的な行き詰まりにより1920年頃に終了したが，平瀬の下で実質的に貝類研究を行っていた黒田徳米はその後京都

第16章 相模湾の貝類 —— 165

図7　蒼鷹丸．上から初代，第二代，第三代．（奥谷，1979）.

図8　細谷角次郎（池田，2003）.

大学に移り，黒田を中心として日本人による本格的な貝類の分類研究が花開くことになる．1928年には日本貝類学会が創設され，機関誌「Venus」には続々と日本産の新種貝類が記載されるようになる．

欧米の調査船によって始まった相模湾の深海性貝類の調査も，日本の調査船によって引き継がれる．初期に中心的な働きをしたのは，水産講習所の調査船で，1922年から「天鴎丸」によって開始された「日本近海における大陸棚調査」は，1925年に新造された「蒼鷹丸」（図7）によって本格的に実施されるようになる．多くの貝類の学名や和名にその名を残す初代「蒼鷹丸」は，1928年までに，日本周辺の658地点でドレッジを実施し，なかでも相模湾周辺では，館山湾を皮切りに26点で調査を行っているが，調査の名前のとおり，当時は大陸棚よりも浅い海域が中心であり漸深海帯以深に達しているのは6点ほどにすぎない

（奥谷，1987）．館山湾での予備調査では66種類の貝類が採集され，その翌年にはタテヤマヨフバイなど4種類が新種として報告された（藤田，1929）．初代「蒼鷹丸」による陸棚調査で得られた貝類は，その後黒田徳米や波部忠重など当時の一線の研究者によって研究され，53もの新種が発表された（奥谷，1979）．残念ながらその全体的な成果がまとめられる前にサンプルは散逸してしまったが（奥谷，1989），一部は仙台にある斎藤報恩会自然史博物館に保管されているのが見つかり，現在国立科学博物館に移管されている．

このような研究者や研究機関の活動と同時に，地方の愛好家の活躍も盛んになってくる．単発的な探検調査と異なり，地の利を生かした綿密な採集は，潮間帯から浅海にかけての地域のファウナを明らかにするのに非常に大きな役割を果たす．この方面で，相模湾において先駆的な貢献をしたのは細谷角次郎（1884-1956）（図8）である．細谷は秋谷で旅館業を営みながら，海岸での採集のみならず，漁船による混獲物からの採集や，自身で

図9 細谷角次郎著『相模湾産貝類図絵』.

図10 細谷角次郎と中上川小六郎に因む貝類. A：ホソヤスソキレ. B：ホソヤツメタ. C：オナガリュウグウハゴロモ*. D：ウズマキキセワタ（*：タイプ標本）.

の手製ドレッジによる採集など可能な限りの手を尽くして，潮間帯から浅海にかけての貝類相の概要を明らかにし，また多くの同好者の活動に大きな影響を与えた．とくに，後述する昭和天皇のドレッジ調査へのきっかけを与え，また案内役として初期の調査に協力した功績は大きい．晩年に研究の集大成となる謄写版による相模湾の貝類目録を自費出版しており，自身の採集品に基づく『相模湾産和名貝類目録』（1952年）で616種をあげ，『相模湾産貝類図絵』（1954年）では918種類を分布，生息場所に簡単な図を添えてリストした（図9）．細谷の貝類コレクションは現在，横須賀市立自然・人文博物館に収蔵されている．中上川小六郎（1894-1966）もまた相模湾の，とくに潮間帯の貝類を綿密に調べ，稀種として知られるオナガリュウグウハゴロモやウズマキキセワタ（図10）などの新種を発見している．中上川もしばしば案内役として昭和天皇のご採集に同行している．当時関東地方では最大といわれた中上川コレクションの大部分は第二次世界大戦中に戦火で焼失した．

そして，相模湾の貝類相解明にもっとも大きな役割を果たし，また相模湾を世界の貝類学界で類まれな存在としたのは，昭和天皇であった．昭和天皇の相模湾産動物研究については第9章で詳しく扱われているが，包括的なドレッジ調査のきっかけとなったのが貝類研究だったといわれる（波部, 1988）．学習院初等科にご在学の1913年（大正2）3月に京都の平瀬貝類博物館へ行啓されたことから貝類へ深い関心を寄せられるようになった昭和天皇は，1931年（昭和6）1月に，細谷角次郎の採集船「源太郎丸」にご乗船になり，葉山沖をドレッジされたところ，新しい貝類が多く採集されたことから，同年5月18日に「三浦丸」でドレッジ採集を始められた（波部, 1988）．採集された貝類はご自身でお調べになるとともに，新たなものは専門家に詳しい研究を依頼された．1934年（昭和9）には，ご採集の貝類のうちの稀種59種が発表されるとともに，ご採集による初めての新種ミタマキガイが記載された（黒田, 1934）．さらに1938年にはヒグルマガイ，ネダケシャジク，フタバヒザラガイとミツカドヒザラガイの4新種（ヒザラガイ類はご採集品であることが論文中に触れられていない）が記載されるなど，成果は実り始める（図11）．戦争中に

図11 昭和天皇ご発見の新種貝類．A：ミタマキガイ*．B：ヒグルマ．C：ネダケシャジク*．D：フタバヒザラガイ．E：ミツカドヒザラガイ（*：タイプ標本）．

ご研究は一時中断するが，戦後に再開されたご研究はますます活発となり，「葉山丸」および1956年からは「はたぐも」で1971年までに415地点においてドレッジが行われた．得られた標本に基づいた専門の研究者による詳しい研究は一連のモノグラフシリーズとして公表された．まず殻をもたない巻貝の仲間であるウミウシ（後鰓類）は馬場菊太郎によって，1949年に相模湾のシーズの最初の成果となる，『相模湾産後鰓類』として出版された．1955年に発行された同補遺を合わせて72新種を含む181種類もの後鰓類が図示および記載されている．次いで1971年には，黒田・波部・大山によって『相模湾産貝類』が出版される．本文1230ページ，121図版，厚さ9 cm近い大著には，1121種および亜種が掲載され，そのうちの104が新種および新亜種とされた．本書は，多くの新種を記載しただけでなく，日本の温帯域に分布する一般的な種類について詳しい形態の記述とともに，詳しい学名の検討（異名の整理）を行った日本初の貝類分類専門書といえるもので，その後の日本の貝類学に与えた影響は測り知れない．また，細谷の目録と，この相模湾産貝類は，それぞれ潮間帯～潮下帯と潮下帯～大陸棚上に精度の中心が別れているため，両者が相補することで幅広い相模湾産の貝類相がカバーされることになる．

その後，横須賀市博物館（現：横須賀市自然・人文博物館）を拠点として発足した相模貝類同好会の目覚しい活動と会報「みたまき」（1967年～）の発行により，潮間帯～浅海の貝について詳細な情報が蓄積されていく．なかでも池田等による下部潮下帯の貝類垂直分布や生息環境に関する情報は，他の海域ではほとんど見られない貴重なものである．

一方で，相模湾のもう1つの特徴である深海の貝類相については，戦後しばらく中断していたが，2代目（1955建造）および3代目（1970建造）となった「蒼鷹丸」（図7）による漸深海以深のトロール調査と，その資料に基づいた奥谷喬司の一連の詳細な研究によって劇的な進展を見せた．「蒼鷹丸」（2代目）は，初航海となる1955年の試験航海の帰途に相模湾では初めて城ヶ島南西沖の水深700～750 mでトロールを実施しているが，早くもシロウリガイやニッポンオトヒメゴコロなど相模湾の深海を象徴する新種を採集して，相模湾のみならず，日本の深海研究への先鞭をつけた．これを皮切りに，相模湾周辺の水深400 mの陸棚縁辺部から相模トラフ最深部の1600 m付近まで80回以上のトロールが実施され，その結果得られた資料に基づいて，巻貝類だけで約90種類が報告されている．相模湾の深海性貝類研究は，その後新造された東京大学海洋研究所の淡青丸や海洋科学技術センター（現：海洋研究開発機構）の潜水調査船「しんかい2000」などのよりパワフルな調査船によって引き継がれ，今日に至るまで継続して調査が続けられている．

その中で注目すべきは，1984年6月に「しんかい2000」によって相模湾西部の初島沖水深1000 m付近で発見されたシロウリガイの

大群集である．「地球を食べる」化学合成群集の代名詞ともなっているシロウリガイ群集については，地球物理学・科学などの分野からも注目され，活発な研究が進められているが（第10章参照），それに付随する特殊な貝類相についてはやはり奥谷によって詳細に報告されている（Sasaki et al., 2005）．

相模湾におけるこのような長い生物研究の歴史を受けて，国立科学博物館では2001年より相模湾とその周辺の生物相調査を実施しているが，その一環として，2004年まで東京大学三崎臨海実験所の調査船「臨海丸」のドレッジや，長井漁港所属の漁船の協力によって，詳しい貝類相の調査が行われた（Hasegawa, 2006；Okutani, 2006）．また，これまでまとまった報告のなかった多板類（Saito, 2006）のほか，無板類や頭足類（Kubodera and Yamada, 2001）の研究も進められており，相模湾貝類相の研究はなお進展しつつある．

相模湾における貝類相の特徴

南北に長く伸びる日本列島は，陸上と同様，海中もまた生物地理的に多様である．紀伊半島より南の太平洋側は黒潮の強い影響を受け，海の中は造礁サンゴの生い茂る亜熱帯の様相を呈している．一方，東北より北では寒流の影響で冷水系の生物が中心となる．さらに日本列島の温帯域から朝鮮半島を経て中国に至る海域に固有の種類も少なくない．日本列島の中央近くに位置する相模湾は，ちょうどそれらが交じり合う場所に位置する．

潮間帯〜浅海

相模湾の潮間帯から浅海域にかけての貝類相は，温帯系の要素を中心に，それが黒潮の影響を受けた亜熱帯系の要素で彩られる．日本列島の南部を北上してきた黒潮は，紀伊半島沖でいったん岸から離れ，房総半島の沖合で進路を東に変えて日本列島を離れる．伊豆半島と大島に囲まれた相模灘にはその支流が入り込み，大部分は房総半島南端をかすめて外洋へ流去するが，その一部は三浦半島に沿って北上し，相模湾内を半時計回りに流れる環流となる（Horikoshi, 1957）（第1章, 図3）．したがって，伊豆半島南端部と比べて，相模湾内は黒潮の影響が弱まり，亜熱帯系の要素も明らかに減少する．たとえば，伊豆半島南部で普通に見られるイボベッコウタマガイは，三浦半島ではきわめて少ない．

しかし，この相模湾周辺の海流は，黒潮の流路や本州沖の冷水塊の存在などにより大きく変動し，それが南方由来の貝類の消長に反映されることになる．温暖な海流は，南方から幼生を運び込むだけでなく，水温を高く保つことによって，その生存も可能にする．高い水温が長い期間にわたって維持される場合には，本来分布しない種類も十分に成長した状態で採集されることがある．このような例は，浮遊幼生期間が長いフジツガイ科などにしばしば見られ，近年フジツガイ，クロフジツガイ，シロシノマキガイ，レイシボラなどの亜熱帯系の種類が相次いで相模湾から記録されている（池田・渡辺，2002ほか）．逆に，冬季の水温が急激に下がった年には，タカラガイ類などの大量斃死が起こることもある．

南方系の種類の消長は，潮間帯にすむほかの動物でも起こっていると考えられるが，貝類は死後も貝殻が残され，しかも死亡した時点の成長段階も記録されること，および愛好者が多く記録に残されやすいことで，このような海流の動きの指標として重要な役割を果たしている．その代表的な例としてタカラガイ科の種類があげられる．

熱帯域に分布の中心をもつタカラガイ科は，赤道に近いほど種類が多く，沖縄以南に86種も分布しているのに対して，和歌山県に78種，八丈島と周辺海域には75種と北上するに従って徐々に種類数が減少する（淲見，2004）．三

図12 A：ハチジョウダカラ．B：ホシダカラ．いずれも未成熟のまま死滅したもの（葉山しおさい博物館，1995）．

図13 A：ウミニナ．B：フトヘナタリ．C：ヘナタリ．

　浦半島でこれまで記録されているタカラガイ科は48種類であり，より南方に位置する伊豆大島の34種類よりも多い（淤見，2004）が，これは三浦半島の海岸環境の多様性の高さと調査精度の違いによるものであろう．一方，房総半島を挟んで北側の銚子では6種類（渡辺・成毛，1988）と激減することが，相模湾における黒潮の影響の強さを如実に物語っている．これらのタカラガイ類はすべてが常に相模湾に生息するわけでなく，種類ごとの出現やその頻度には著しい変動がある．また，ホシダカラやハチジョウダカラのように，大型で成長に時間がかかり，その間に高い水温が維持されることが必要な種類は，偶因的にたどりつき，成熟に至る前に死滅したものがまれに採集されることもある（図12）．

　一方，相模湾内における潮間帯や浅海の貝類の生息環境に目を向けると，三浦半島には，荒々しい岩礁地，転石が発達した海岸，穏やかな湾に面した砂浜などの，多様な環境が存在し，さまざまな貝類に生息場所を提供している．日本で出版される貝類や海岸動物のフィールドガイドは，この相模湾沿岸をモデルの地域としているものが多く，それらの図鑑類に見られるような種類は一通り見られるといってよい．中上川（1960-1962）は，日本貝類学会の研究連絡誌「ちりぼたん」に連載した「相模湾，三浦半島，磯採集手引き草」（1～6）の中で，本来の三浦半島の豊富な貝類相について詳しく述べている．

　従来あまり注目されておらず，最近になって各地で詳しい調査が行われるようになり，微小種を中心に多様性の重要度が明らかになってきたのは，内湾や干潟の環境である．三浦半島にはかつて宮田湾という良好な内湾が存在し，細谷（堀越ほか，1963），野村洋太郎（村岡・内藤，1991）などの古い相模湾産貝類コレクションの中には，ウミニナやフトヘナタリ（図13）など，現在ではこの海域から消滅している多くの内湾性貝類の産地に，「矢作」，「初声」として記録が残されている．中上川の名前を属名に残すウズマキキセワタのタイプ産地もここであった．現在では，宮田湾は埋め立てによって完全に消滅しており，おそらくそこに生息していたであろう微小な種類の詳細についてほとんど調査されないまま失われてしまったことは惜しまれる．三浦半島で現在も小規模な内湾環境が残るのは江奈湾と小網代湾のみであるが，小網代湾の湾奥には芦原も保存されており，江川（1999）はこの小さな入り江から遺骸を中心に262種類もの貝類を報告している．

　葉山しおさい博物館が2001年に発行した『相模湾レッドデータ—貝類—』によると，

図14 A：キンウチカンス．B：ホンクマサカ＊．C：イセヨウラク．D：オオシラタマ（＊：タイプ標本）．

図15 手繰網（池田，2003）．

1970年頃から2000年までの間に相模湾から消滅した潮間帯から浅海（水深20m以浅）の貝類は28種，消滅寸前のものは39種にのぼる．これらに微小種は含まれていないので，実際はこれをはるかに上回る数の貝類が消滅したことは明らかである．

陸棚までの下部潮下帯

三浦半島の周辺は，水深100～200mぐらいまでは所々に岩礁域や貝殻混じりの硬底が続き，また長井の沖にある亀城礁や甘鯛場をはじめとした多くの瀬（根）が発達することで，多様な水中環境を作り出している．この水深帯においても，貝類は深度や底質，潮の流れなど，それぞれにとって適切な環境を選び，たとえば，湾口に近い潮通しの良い水深100～150mの岩礁地には，オキナエビスガイ，キンウチカンスなど相模湾を代表とする種類がすみ，同じ深度の貝殻の混じった砂礫地にはニクイロナデシコ，ヒヨクガイ，ホンクマサカ，ミウライモなどが見られる（図14）．また，湾口寄りの水深50m付近の硬底ではベッコウガキを中心とする群集が見られるのに対して，少し湾奥に入った亀城礁付近などの岩礁ではハリサザエ，ボウシュウボラ，イセヨウラクなどが多く見られる．

このような潮下帯の貝類分布に関する情報は，主に漁労によって得られた貝類の蓄積から得られたものである．相模湾では古くから，多様な漁具によって採集された貝類に関する情報が綿々と蓄積されてきた．（大里・池田，1980；池田，1985など）．岩礁の多い三浦半島沿岸では刺網が主な漁具となるが，イセエビ（磯立網：10～50m岩礁），クルマエビ（10～30m砂底）やヒラメ（ナナメ網：通常50～120m岩礁や砂礫底）など，それぞれ漁獲対象物の違いから，仕掛けられる水深や底質環境が異なり，結果としてそれぞれ異なる貝類が得られる．また，現在相模湾で底曳網は全面禁止されているが，1950年代までは手繰網（図15）とよばれる底曳網の一種が盛んに操業されており，100m前後までの砂底から砂礫底にかけての貴重な貝類が得られていた．昭和天皇のご採集品にもこの手繰網で採集された見事なハナデンシャなどの標本が保存されている．また，蛸壺の中や，浚渫砂中から採集される微小な貝類についても丹念な探索が続けられてきた．

さらに，細谷角次郎のように自らドレッジを実施して目的の地点を調査するものもあったが，これを著しく発展させたのが，昭和天

図16　A：サガミナガニシ．B：ツバクロナガニシ．C：ツノマタガイ．

皇である．深場の岩礁域など通常の漁具が入れ難い海域で重点的に調査を行われ，その成果は『相模湾産貝類』で多数の新種となって顕れている．これら相模湾における潮下帯以深の貝類の分布については，池田等によって「みたまき」誌等に発表された数多くの文章の中に詳しく述べられており，貴重な生態的情報となっている．

このような生息深度や底質と種類のかかわりについて詳しい情報が明らかになると，従来独立した種類，あるいは亜種として区別されていたものの間の生物学的な関係を考察する材料ともなる．例として，昭和天皇のご採集品をもとに相模湾から新種として報告されたサガミナガニシと，それに近似するツバクロナガニシおよびツノマタガイの関係があげられる（図16）．これら3つの「種類」については，それぞれ独立した種類であるとする見解や，全部が同一の種類の亜種，あるいは「型」であるとする考えがあって，現在もはっきりと決着がついていない．これらの生息環境を見ると，ツノマタガイは潮下帯から水深10 mぐらいまでの潮通しの良い岩礁にすむのに対して，ツバクロナガニシは水深10〜30 mの岩礁地に，そしてサガミナガニシは水深80〜120 mの砂礫地に見られる（池田，1987）．ツノマタガイとツバクロナガニシ（ツノマタ

ナガニシ）は生息環境が重なる上に，形態的に中間のタイプは見られないことから，亜種ではなくそれぞれ独立した種である可能性が高い．一方，ツバクロナガニシとサガミナガニシは，生息深度が異なっているもの，形態的な類似性が高く，同一種の生態型とも見ることができる．同様の例はボウシュウボラとナンカイボラでも知られている．これらの詳しい関係を明らかにするためには今後遺伝子の詳しい解析が必要となるであろうが，生息環境の情報はそれらを裏付けるための重要な鍵となりうるのである．

深海

相模湾の貝類相に関するもう1つの大きな特徴は，その深海域について詳細な調査が行われていることである．

相模湾では陸棚の終わる水深400 m以深は概ね泥や軟泥などの軟底となる．三浦半島と大島に囲まれた相模灘全体で見ると，中央部に位置する相模トラフの最深部は1600 mに達し，ここの深海域は，生物学的な海洋区分では漸深海帯に含まれる．

Okutani (1967) によれば，この相模湾の漸深海帯貝類は大きく分けて3つの要素が混合したものと見なされる．すなわち，400 mよりも浅い陸棚上から深海域に分布域を拡大してきたオオベッコウキララ，オオシラスナガイ，サクライハラブトツノガイなどの「陸棚」要素，ウスイロタマツメタ，フデヒタチオビ，ケショウシラトリに代表される北方冷水起源の要素，およびそれらが地理的隔離や海流の消長によって種分化したと考えられるサガミバイなどの固有種である（図17）．また，垂直分布から見ると，400〜1600 mの貝類相は全般的に比較的均質であるが，水深1000 m付近を境にして，群集中の種類組成や個体数比率がやや異なり，上下2つの亜帯に分けられる傾向があるとされる．

図17 A：クサイロギンエビス．B：キヌジサメザンショウ．C：ウラウズカニモリ．D：チヂワバイ．E：サガミバイ．F：カワムラエゾイグチ．G：オオベッコウキララ．H：ニッポンオトヒメゴコロ．

　これらのうち，相模湾における北方冷水起源の要素は明らかで，フジタバイ，カワムラエゾイグチなど，ここが北海道から鹿島灘にかけての沖合に分布の中心をもつ種類の南限となっている例が少なくない．しかし，金華山沖付近～九州南部（種類によっては南西諸島）に分布するギンエビス（ヒラセギンエビスを含む），クサイロギンエビスやチヂワバイ，相模湾～土佐湾に分布するワタゾコシロアミガサ，ウラウズカニモリ，キヌジサメザンショウ，ツムガタネジボラなどの例を見ると，深海性貝類の中にも，北方冷水起源とみるよりは，浅海域と同様日本列島周辺温帯域固有とも見なすべき要素が存在している可能性が高い．また，ミナミクチキレエビスのように，熱帯太平洋域（インドネシア）の深海から報告されている種類（あるいはそれに近似の種類）が相模湾にも分布するなど，深海性貝類相の成立にも複雑な要因が絡んでいる．

　固有種に関しては，他の海域での深海性貝類の調査が十分でなく，はたして相模湾にどのくらい固有の深海性貝類がいるのかについては明らかでない．陸棚の下，400～700 mの泥底に多く見られるサガミバイは，現在のところ相模灘とその周辺に固有と考えられる種類の1つである．しかし四国沖から東シナ海にかけて近似するコシキバイが分布し，またサガミバイは駿河湾からも発見されているので，これらの関係については今後の詳しい研究が必要となろう．

　相模湾の深海貝類相を特徴づけるもう1つの要素は，深海冷水湧出域におけるシロウリ

図18 国立科学博物館相模灘調査で採集された微小貝類 (Hasegawa, 2006). A:*Brookesena* sp. B:*Paramormula* sp. C:*Odostomia* sp. D:*Odostomia* sp. E:*Aatesenia* sp. F:*Pyrgulina* sp. G:*Linopyrga* sp. H:*Parthenina* sp. スケールはいずれも100μm.

ガイの大群集と,それに付随する化学合成群集である.前述のように相模湾西部の初島沖水深1000 m付近で発見されたシロウリガイ大群集は,その後相模トラフの水深1000 mラインに沿って多く発見されている.ここに分布するシロウリガイ類は実際は2種であることが分子データの解析から明らかになっているが,最近の遺伝子に基づいた解析によれば,シロウリガイはアメリカ西岸に,またもう一方のシマイシロウリガイは沖縄トラフからも発見されているものと同種であるとされる(第10章参照).一方,ワタゾコヤドリカサガイやサガミハイカブリニナなどの付随する貝類は今のところほとんどが相模湾に固有と考えられている.

今後の課題

これまでに述べてきたように,長い研究の積み重ねの結果,相模湾は日本中でもっとも貝類相の調査の進んだ海域となっている.しかしながら,現実にはまだ非常に多くの貝類が未研究のまま残されている.

その最も重要なものは微小な種類である.肉眼で何とか見いだせる2mm程度ぐらいまでの大きさの貝類ならば熱心な愛好者にも注目されることはあっても,それよりも小さくなると急激に認知度は下がる.潮間帯の海藻上から普通に得られる種類にも依然として未記載種が含まれており,さらに潮下帯,深海になるとどのくらいの種類が存在しているのかも明らかでない現状である.

先に述べた国立科学博物館の相模灘の生物相調査において,12〜580 mの主に硬底から採集された有殻腹足類(巻貝類)を,微小な種類も含めて詳細に検討した結果,400種類ほどに分類された.そのうちの20%以上を占める80種類以上は相模湾から初めて記録された種類で,さらにそのうち70種類近くは種レベルまで同定することができず,未記載種の可能性が高いものであった(図18).さらに,さまざまな調査船で漸深海帯下部から得られたサンプルを調べると,また異なる多くの未記載種が含まれていることが明らかになっている.これらの種類についての研究は次のステップの大きな課題となる.

また,相模湾だけでなく,その他の海域でも同様に調査が進むことも重要である.とくに情報が断片的な深海域に分布する種類では,近隣海域を含むさまざまな海域から採集された標本と比較することで,あらためて種の実体や分化の様子を知ることができる場合が多い.国立科学博物館でも1990年より日本周辺の深海生物相調査を実施しており,駿河湾(1993〜1996),土佐湾(1997〜2000),南西諸島(2001〜2004),東北(2005〜2008年)と調査を継続している.また白鳳丸や淡青丸で採集された資料も,東京大学や国立科学博物館に蓄積されつつあり,これらが統合されて,より大きな成果となることが期待される.

文献

馬場菊太郎. 1949. 相模湾産後鰓類図譜. 岩波書店, 東京, 4+2+194+7 pp., pls. I-L.

馬場菊太郎. 1955. 相模湾産後鰓類図譜補遺. 岩波書店, 東京, 3+74 pp., pls. I-XX.

Callomon, P. and A. Tada. 2006. Yoichiro Hirase and his role in Japanese Malacology. *Bull. Nishinomiya Shell Mus.*, (4): 30 + 22 pp., 16 pls.

Cosel, R. von 1998. Mayor Lischke and the Japanese marine shells. A bio-bibliography of Carl Emil Lischke and a brief history of maine malacology in Japan with bibliography. *Yuriyagai: J. Malacozool. Ass. Yamaguchi*, 6 (1): 7-50.

江川和文. 1999. 三浦半島湖網代湾の貝類相. みたまき, (35): 3-25.

藤田 正. 1929. 館山湾底棲貝類調査 (1, 2). *Venus*, 1 (2): 58-65, 1 (3): 88-97.

船水 清. 1983. 岩川友太郎伝. 岩川友太郎伝刊行会, 弘前, 281 pp.

波部忠重. 1988. 天皇陛下の貝類ご研究 陛下の貝類標本と「相模湾産貝類」. 採集と飼育, 50 (4): 154-161.

Hasegawa, K. 2006. Sublittoral and bathyal shell-bearing gastropods chiefly collected by the R/V Rinkai-Maru of the University of Tokyo around the Miura Peninsula, Sagami Bay, 2001-2004. *Mem. Natn. Sci. Mus., Tokyo*, (40): 225-281.

葉山しおさい博物館. 1995. 三浦半島のタカラガイ (1). 潮騒ガイドブック①. 葉山しおさい博物館, 葉山, 32 pp.

Horikoshi, M. 1957. Note on the molluscan fauna of Sagami Bay and its adjacent waters. *Sci. Rep. Yokohama Nat. Univ., Sec. II*, (6): 37-64, pl. 11, Charts I-II.

堀越増興・野村洋太郎・斎藤 孝・小菅貞男. 1963. 横須賀市博物館所蔵細谷角次郎氏蒐集貝類標本目録. 横須賀市博物館研究報告 (自然科学), (9): 1-143.

細谷角次郎. 1952. 相模湾産和名貝類目録. 著者自刊 (謄写版). [みたまき, (13): 10-20, 1977に再録]

細谷角次郎. 1954. 相模湾産貝類図絵. 著者自刊 (謄写版).

池田 (等) 尋紀. 1985. 三浦半島の網と貝 (3). みたまき, (18): 13-18.

池田 等. 1987. サガミナガニシは沖の貝. みたまき, (21): 4.

池田 等・渡辺政美. 2002. 相模湾のニューフェイス レイシボラ. 潮騒だより, (13): 14-15.

池田 等. 2003. 細谷角次郎貝類図絵. 遠藤貝類博物館, 真鶴, 321 pp.

Kubodera, T. and K. Yamada. 2001. Cephalopods found in the neritic waters along Miura Peninsula, central Japan. *Mem. Natn. Sci. Mus., Tokyo*, (370): 229-249.

黒田徳米. 1934. 新種ミタマキガイ *Glycymeris imperialis* n. sp. に就いて. *Venus*, 4 (4): 201-203.

黒田徳米・波部忠重・大山 桂. 1971. 相模湾産貝類. 丸善, 東京, xix+741+489+51 pp., pls. 121.

松本克生. 1907. 三崎産貝類目録. 介類雑誌, 1: 266-269, 305-308 [sic = 306-309, 345-348].

村岡健作・内藤武彦. 1991. 野村洋太郎氏寄贈貝類標本目録. 神奈川県立博物館自然部門資料目録, (5): 1-222.

中上川小六郎. 1960-1962. 相模湾, 三浦半島, 磯採集手引草 (その一〜六). ちりぼたん, 1 (2): 43-47; 1 (3): 89-92; 1 (4): 120-125; 1 (5): 159-164; 1 (7-8): 248-255; 2 (1): 17-24.

Okutani, T. 1967. Characteristics and origin of archibenthal molluscan fauna on the Pacific coast of Honshu, Japan. *Venus*, 25: 136-146.

Okutani, T. 1972a. The probable subarctic elements found in the bathyal megalobenthos in Sagami Bay. *J. Oceanogr. Soc. Japan*, 28(3): 95-102.

奥谷喬司. 1972b. 相模湾の深海性貝類. 神奈川県立博物館だより, 5 (2): 4-5.

奥谷喬司. 1979. 調査船"蒼鷹丸"と貝類. ちりぼたん, 10: 199-203.

奥谷喬司. 1987. 相模湾の深海性貝類の研究. 貝のさまざま―鹿間コレクションから―. 神奈川県立博物館, 横浜, pp. 45-47.

奥谷喬司. 1989. 動物分類学会誌, (40): 88-90.

Okutani, T. 2006. Protobranchia and Anomalodesmata (Mollsuca: Bivalvia) collected in shelf, slope and bathyal zones in Sagami Bay, 2002-2004. *Mem. Natn. Sci. Mus., Tokyo*, (40): 295-306.

淤見慶宏. 2004. 日本産タカラガイの分布. みたまき, (41): 20-26.

大里明博・池田 等. 1980. 三浦半島の網と貝 (1). みたまき, (15): 4-8.

Pilsbry, H. A. 1895. Catalogue of the Marine Mollusks of Japan with Descriptions of New Species and Notes on Others Collected by Frederick Stearns. Frederick Stearns, Detroit, viii + 196 pp., pls. 11.

Saito, H. 2006. A preliminary list of chitons (Mollusca: Polyplacophora) from the Sagami Sea. *Mem. Natn. Sci. Mus., Tokyo*, (40): 203-223.

Sasaki, T., T. Okutani and K. Fujikura. 2005. Molluscs from hydrothermal vents and cold seeps in Japan: A review of taxa recorded in twenty recent years (1984-2004). *Venus*, 64 (3-4): 87-133.

渡辺富夫・成毛光之. 1988. 銚子現生貝類目録. 銚子自然を楽しむ会会報, (4): 1-140.

COLUMN 6

魚類寄生虫の多様性を探る

倉持利明

　国立科学博物館の相模灘の生物相調査プロジェクトで，相模灘産の魚類57種について二生虫類を調べたところ，そのうち22種の魚類から30種と7未同定種が得られた（Kuramochi, 2006；Machida et al., 2006）．二生虫類とは扁形動物に含まれる寄生性の動物で，同じ扁形動物の単生虫類や条虫類（サナダムシ），線形動物の線虫類などとともに寄生虫とよばれるものである．今回の調査以前には1963～1968年に発表された㈶目黒寄生虫館（東京都目黒区）による調査（Ichihara et al., 1968ほか）とShimazu and Nagasawa (1985a, b) による調査があり，前者は15種の相模灘産魚類から31種，後者は相模湾に面する諸磯湾の魚類28種から新種を含む23種と8未同定種を得ている．これらを比較したとき，既存の研究と今回の調査でともに記録された二生虫，すなわち再発見された種はわずか3種類（図1）にとどまった．これはむしろ当然のことで，それぞれの調査においてどのような魚類を調べたか，つまり市場などから入手した水産的に重要な魚類，タイドプールなどで採集した沿岸の魚類，底刺網などで捕獲された底生性魚類などという具合にまったく違うためだ．生物相を経時的に比較研究することは今回のプロジェクトの主要なテーマであったが，宿主である魚類の入手方法が既存の研究と異なるためにそのような比較は困難であった．しかし，それ以上に調査が不足しており，インベントリー（当該地域（海域）に生息する生物の種を枚挙し数え上げること）には程遠いものがある．今回の調査を合わせても二生虫類が調べられた魚種はせいぜい100種で，これは相模灘から記録のある魚類1517種（Senou et al., 2006）の約7％にすぎない．宿主と寄生虫の間には特異性といわれる対応関係があって，その程度はさまざまであるから，それぞれの魚種すべてに異なる種の二生虫が寄生していることはもちろんないのだが，相模灘の魚類二生虫類の多様性を把握するまでにはまだまだ努力が足りないことは明らかである．

　多様性が把握されていないから努力さえすれば多くの場合成果はあがる．今回の調査でとりわけ目を引いたのは寒流系と考えられる二生虫類が多くを占めたことと，加えて深海性の種類の出現であった．これは調べた魚種が底生性のものに偏っていたためではあるのだが，世界的に見ても記録が少ない深海性のNeosteganoderma属やProctophantastes属（いずれもズーゴヌス科）に属する種の出現には目を見張った（図2）．とりわけ印象深かったのは新種のNeosteganoderma physiculi Machida, Kamegai & Kuramochi, 2006である．筆者が今回の調査結果のとりまとめに追われている頃，筆者の前任で国立科学博物館の名誉研究員である町田昌昭目黒寄生虫館館長が，偶然にもズーゴヌス科二生虫類に関する論文をまとめていた．その材料の中に，今回の調査で相模灘の水深250～300 mの海底からエビ篭網により漁獲されたチゴダラPhysiculus japonicusから得られた二生虫とよく似たものが含まれていた．町田が調べていたものは故亀谷俊也元目黒寄生虫館館長が駿河湾で漁獲された同属のエ

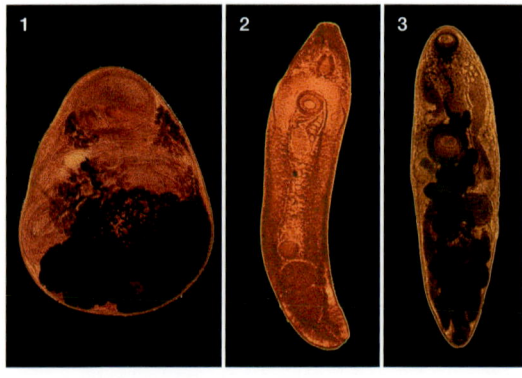

図1　本調査で再発見された二生虫類．1：キタマクラから得られたTrigonocryptus conus Martin, 1958. Shimazu and Nagasawa (1985a) は今回同様にキタマクラから本種を得た．2：ホウボウから得られたStephanostomum pagrosomi (Yamaguti, 1939). Shimazu and Nagasawa (1985a) は本種の幼虫（メタセルカリア）を諸磯湾のアオタナゴの鰓から得ており，本調査で得られたのはその成虫である．3：アカグツから得られたAponurus rhinoplagusiae Yamaguti, 1934. 市原ほか（1966）により東京湾産のイシガレイから得られている．

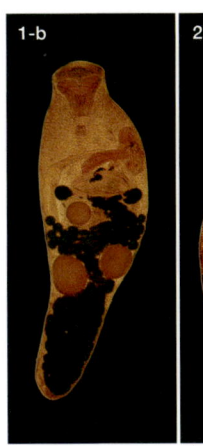

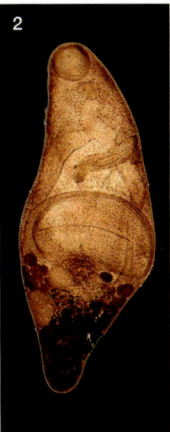

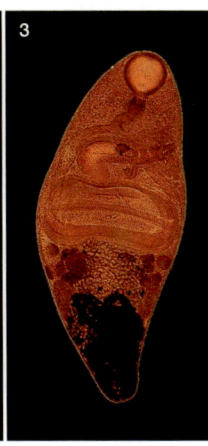

図2 本調査で得られた深海性二生虫類の一部．1：新種 *Neosteganoderma physiculi* Machida, Kamegai & Kuramochi, 2006の原図（Machida *et al*., 2006から転載）(a) とホロタイプ標本 (b)．2：エゾイソアイナメから得られた *Neosteganoderma glandulosum* Byrd, 1964．本種はビスケー湾（北東大西洋），フロリダ海峡（中部大西洋），ハワイ，オーストラリア〜ニュージーランドからの散発的な記録に加えて，駿河湾産のエゾイソアイナメからも得られている（Machida *et al*., 2006）．3：キアンコウから得られた *Proctophantastes abyssorum* Odhner, 1911．本種は大西洋から記録があるのみで，ビスケー湾から北欧沿岸のタラ類から知られる．

ゾイソアイナメ *P. maximoviczi* から採集したもので，亀谷は連続切片（標本を薄く輪切りにして体内の微細構造を観察するための資料作成）まで作って新種記載の準備をされる中で突如倒れ，やがて他界されたのだった．町田は亀谷が残した標本を調べて故人とともに論文に発表している．筆者はチゴダラ由来の標本を亀谷の標本に加え，2人の恩師と論文に名前を連ねることができた（Machida *et al*., 2006）．

チゴダラとエゾイソアイナメは魚類の分類学上難しい種類で，形態的な差異は眼の大きさの違いだけであることから，両者は同一の種類であるとの意見がある（Paulin, 1987）．しかしわが国ではそのわずかな形態的な違いと生息水深に差があること，すなわちチゴダラは深いところにすみエゾイソアイナメは浅い沿岸にすむことを根拠に両者を区別している（中坊（編），2000）．筆者はチゴダラを調べた同じ日にエゾイソアイナメも調べており，両者を並べて形態的に比較し，漁獲水深も鑑みながらそれぞれの種類を決めた．亀谷は何と113個体ものエゾイソアイナメを調べたにもかかわらず得られた *N. physiculi* はわずか6個体，それに対して筆者はチゴダラわずか5個体から25個体もの虫体を得ている．これらの結果は *N. physiculi* の分布水深を反映しているだけでなく，チゴダラとエゾイソアイナメがやはり異なる水深帯にすむそれぞれ独立した種類の魚であることを示しているとも考えられる．寄生虫を調べることで宿主側の知見が得られることは少なくない．

文献

Ichihara, A., K. Kato, Sh. Kamegai and M. Machida. 1968. On the parasites of fishes and shell-fishes in Sagami Bay. (No. 4) Parasitic helminths of mackerel, *Pneumatophorus japonicus* (Houttuyn). *Res. Bull. Meguro Parasit. Mus*., (2): 45-60.

市原醇郎・加藤和子・亀谷俊也・亀谷 了・野々部春登・町田昌昭．1966．東京湾産魚貝類の寄生虫について（第5報）イシガレイの寄生虫．目黒寄生虫館月報，(85・86・87): 2-9.

Kuramochi, T. 2006. Digenean trematodes of fishes caught in the Sagami Sea, central Japan. *Mem. Natn. Sci. Mus., Tokyo*, (40): 175-186.

Machida, M., Sh. Kamegai and T. Kuramochi. 2006. Zoogonidae (Trematoda, Digenea) from fishes of Japanese waters. *Bull. Natn. Sci. Mus., Tokyo, Ser A*, 32: 95-104.

中坊徹次（編）．2000．日本産魚類検索—全種の同定，第二版．東海大学出版会，東京，1818 pp.

Paulin, C. D. 1987. Review of the morid genera *Gadella*, *Physiculus*, and *Salilota* (Teleostei: Gadiformes) with description of seven new species. *New Zeal. J. Zool*., 16: 93-133.

Senou, H., K. Matsuura and G. Shinohara. 2006. Checklist of fishes in the Sagami Sea with zoogeographical comments on shallow water fishes occurring along the coastlines under the influence of the Kuroshio current. *Mem. Natn. Sci. Mus., Tokyo*, (41): 389-542.

Shimazu, T. and K. Nagasawa. 1985a. Trematodes of marine fishes from Moroiso Bay, Misaki, Kanagawa Prefecture, Japan. *J. Nagano-ken Junior Coll*., (40): 7-15.

Shimazu, T. and K. Nagasawa. 1985b. *Lepocreadium kamegaii* sp. n. (Trematoda: Lepocrediidae), a new parasite of marine fishes from Moroiso Bay, Misaki, Kanagawa Prefecture, Japan. *Zool. Sci*., 2: 817-819.

第17章　相模湾の刺胞動物

並河　洋・今原幸光・柳　研介

　刺胞動物は，バラエティに富んだ仲間である．たとえば，波間に漂うミズクラゲやお盆過ぎになると海水浴場に現れるアンドンクラゲ，磯で見かけるウメボシイソギンチャクなど馴染みのある動物が刺胞動物の仲間である．それ以外にも，イソバナやカヤ類など動物とは思えない植物のような形をした種類も含まれる．ミズクラゲとイソバナとを見比べると同じ仲間の動物なのかと疑いたくなるが，刺胞動物は，"刺胞というミクロな毒液のカプセルをもつ"ということと"口はあるが肛門がないという比較的簡単な袋状の体のつくり"であるという共通の特徴でまとめられた仲間なのである．アンドンクラゲに刺されて痛いのは，皮膚に刺さった刺胞の毒が強いからである．ミズクラゲやアンドンクラゲのように海中を漂っている姿をクラゲ形，ウメボシイソギンチャクやイソバナ，カヤ類など海底に付着して生活している姿をポリプ形とよぶ．イソバナやカヤ類はポリプ形が連なった"群体"である．ミズクラゲやアンドンクラゲは一生の間にポリプ形とクラゲ形の両世代があるが，イソバナやイソギンチャクにはポリプ形しかない．小さな動物プランクトンなどを食べる肉食性の種類が多いが，サンゴ礁を造るイシサンゴ類などは，体内に共生する褐虫藻が作り出す栄養も利用して生活している．刺胞動物は，形だけでなく生活の様子も多種多様である．

　刺胞動物には，ヒドロ虫類（カヤ類など），箱虫類（アンドンクラゲなど），鉢虫類（ミズクラゲなど）そして，花虫類（イソバナやウメボシイソギンチャクなど）が含まれており，日本からは1500種ほど知られている．ヒドラなど淡水性の種類もいるが，大部分が海に生息している．

相模湾の刺胞動物相調査

　日本における刺胞動物研究は，他の海産動物と同様に，相模湾の生物相調査に端を発している．ここで簡単に歴史を振り返っておくこととする．

　日本の動物学の黎明期において，刺胞動物についても相模湾やその周辺海域で実施されたデーデルラインやドフラインの相模湾生物相調査，および，これらと相前後して相模湾を訪れた英国の調査船チャレンジャー号の調査(1873〜1876)や米国のアルバトロス号の調査（1896, 1906, 1910）など，外国人によって蒐集された標本に基づき研究された．欧米の博物館に保管されている日本産海洋動物についての最近行われた標本調査では，大森貝塚を発見したモースが，自身の専門であった腕足類以外に八放サンゴの標本も採集してエール大学ピーボディー自然史博物館（図1）に持ち帰っていることもわかってきた(図2)．

図1　モースの八放サンゴの標本が保存されているエール大学ピーボディー自然史博物館．

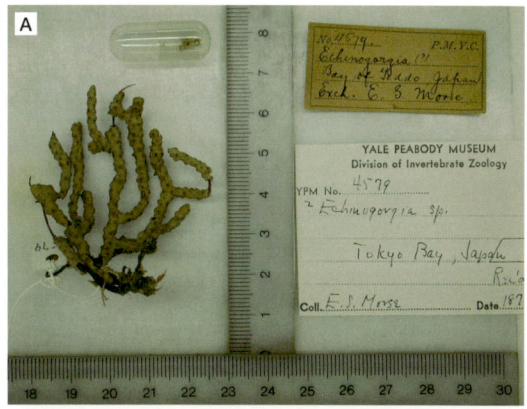

図2 モースが持ち帰った八放サンゴ類標本（ピーボディー自然史博物館蔵）．A：アカヤギ属の一種 *Echinogorgia* sp. B：イソバナ属の一種 *Melithaea* sp. C：ウミハネウチワ属の一種 *Plumarella* sp. D：ツクシヤギ属の一種 *Acanela* sp.

　刺胞動物の場合，ポリプ形とクラゲ形では採集方法も研究上の観点も異なるので同じ研究者が両方とも研究することはあまりない．ヒドロ虫類のポリプ形については，Stechow (1907, 1909, 1913) 等で報告され，ヒドロ虫類，箱虫類，そして，鉢水母類のクラゲ形については Maas (1905, 1909) が報告している．花虫類についての研究は盛んであり，イソバナなどの八放サンゴ類に関しては Gray (1868)，Kölliker (1880)，Studer (1888)，Wright and Studer (1889)，Moroff (1902)，Versluys (1902, 1906)，Kükenthal (1906, 1909 等)，Kükenthal and Gorzawsky (1908)，Balß (1910)，Nutting (1912) などが研究し，イソギンチャクやイシサンゴが含まれる六放サンゴ類については Hertwig (1882)，Ortman (1888)，Wassilieff (1908) などが研究した．

　東京大学三崎臨海実験所が開設された1886年以降は，日本人の研究者による成果も出始め，刺胞動物関係では稲葉昌丸が三崎で採集されたヒドロ虫類のポリプ形を対象に研究し，岸上鎌吉がクラゲ類や宝石サンゴ類（八放サンゴ類），内田亨がクラゲ類，浅野彦太郎がイソギンチャク類，そして，木下熊雄がヤギ類（八放サンゴ類）についてそれぞれ研究を行った（稲葉，1889-1892；Kishinouye, 1902；岸上，1904；Kinoshita, 1908, 1913；浅野，1911；Uchida, 1927など）．稲葉昌丸のヒドロ虫類についての研究は和文で発表されたため，それを五島清太郎が英文にし，さらに，Stechow (1913) が自著の中で発表したという経緯がある（裕仁，1988）．なお，このステッヒョウは，相模湾でドフラインが採集しヨーロッパに持ち帰ったオトヒメノハナガサ

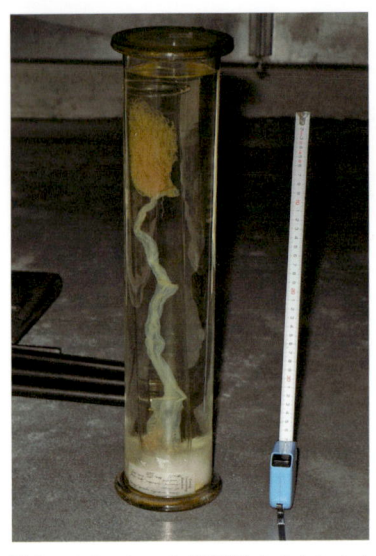

図3 ステッヒョウが研究したオトヒメノハナガサ Branchiocerianthus imperator の標本（ミュンヘン国立動物学博物館蔵）．

図4 川村多実二が新種記載した管クラゲ類のタイプ標本．左から，ヒノマルクラゲ Sagamalia hinomaru，ノキシノブクラゲ Athorybia longifolia，コマガタマニラ Bathyphysa japonica．

Branchiocerianthus imperator (Allman, 1888)（図3）に関する研究で学位を取得している（山田，1996）．木下熊雄は，単にヤギ類の分類学的研究を行うにとどまらず，三崎臨海実験所においてヤギ類の発生生理学や系統学など，当時としては世界でも最先端の研究を行ったが，若くして病に冒され残念ながら彼の研究は中断した．

相模湾の生物相調査の主体が三崎臨海実験所から生物学御研究所に移ると，生物学御研究所から研究委嘱を受けた研究者によってさまざまな研究成果が繰り出されてきた．ヒドロ虫類のうち管クラゲ類については，ヒノマルクラゲ Sagamalia hinomaru やノキシノブクラゲ Athorybia longifolia など珍種を川村多実二が記載した（図4）（Kawamura, 1954）．駒井卓は鉢虫類のイラモの一種のポリプを研究し，Stephanoscyphus corniformis として新種記載を行った（Komai, 1936）．八放サンゴ類については内海富士夫が自著の中で報告した（Utinomi, 1955, 1962）．ヒドロサンゴ類（ヒドロ虫類）とイシサンゴ類（六放サンゴ類）については江口元起が生物学御研究所刊『相模湾産ヒドロ珊瑚類および石珊瑚類』としてまとめた．ヒドロ虫類については，生物学御研究所設立初期の頃はステッヒョウ，エーデルホルム，ルル，フレーザーに同定依頼されたが，昭和天皇御自らご研究になり『相模湾産ヒドロ虫類』，『相模湾産ヒドロ虫類II（有鞘類）』に結実した．

生物学御研究所の生物相調査の後，相模湾の刺胞動物相についてのまとまった研究はなかったが，最近国立科学博物館の相模灘の生物相調査のなかで底生性の種類について精力的に調査がなされ，これまで蓄積されてきた情報も整理して21世紀初頭の相模湾の刺胞動物相を明らかにする試みがなされた．

相模湾の海底にすむ刺胞動物

これまで130年にわたって相模湾とその周辺海域で刺胞動物の調査が行われてきたが，これらの海域からどれくらいの刺胞動物が報告されたのであろうか．

ヒドロ虫類については，これまでに無鞘類

図5　昭和天皇が新種としてご発表になった *Hydractinia cryptogonia* のタイプ標本. このラベルの学名は, *Subhydronema occulogam* となっている. これは, *Hydractinia cryptogonia* の分類学的な位置の扱いが難しく, ご研究の過程で種の分類学的位置を何度かご検討になった跡である.

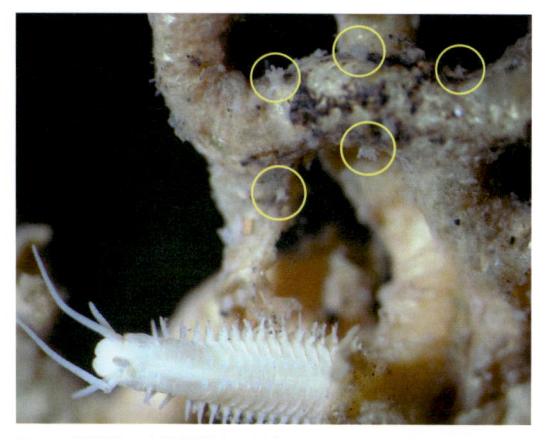

図6　相模灘の生物相調査で採集された *Hydractinia cryptogonia* の標本. ポリプ(円囲み)は多毛類 *Eunice tibiana* の棲管上に生息している.

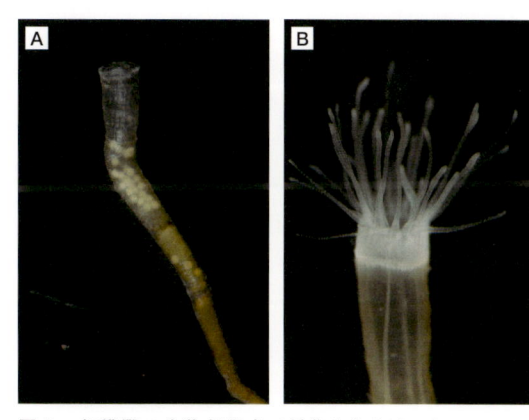

図7　相模灘の生物相調査で採集された *Stephanoscyphus corniformis*. A：鞘に入っているポリプ. B：触手を伸ばしているポリプ.

67種, 有鞘類184種が相模湾から報告されている(裕仁, 1988, 1995). 久保田(1998)によると, 無鞘類141種, 有鞘類276種の合計417種がこれまでに日本から報告されており, 日本産ヒドロ虫類の約60%にあたる種が相模湾に生息していることになる. 相模灘の生物相調査では日本初記録種1種が追加された(Namikawa, 2006). なお, この調査において, 約70年ぶりに採集された種があった. それは, *Hydractinia cryptogonia* Hirohito, 1988である(図5, 6). 新種発表されたのは1988年であったが, 標本自体は1935年に採集されたものであった. 生物学御研究所でもその後この種の標本は採集されていなかった. ヒドロサンゴ類については, これまでに13種報告されており, 最近の調査で新たな種が追加されることはなかった(小川, 2006a).

鉢虫類のポリプを野外から採集することはなかなか難しいことだが, 上記のように生物学御研究所が採集され, 駒井卓が新種記載した *Stephanoscyphus corniformis* が相模湾には生息している. 最近の国立科学博物館の調査でも, 本種のポリプと思われるものが採集されている(図7).

花虫類のうち20世紀初頭に精力的に研究された八放サンゴ類はどうであろうか. 岩瀬・松本(2006)によると, ヤギ類については, これまで115種が記録されていたが, 国立科学博物館の調査により, 17種(相模灘初記録種15種, 日本初記録種5種)が加えられた. Imahara(1996)では日本産のヤギ類が223種とされているので, その半数以上が相模湾に生息していることが示された. ヤギ類以外の八放サンゴ類については, これまでに相模湾から相模灘の海域で71種のトサカ類と30種のウミエラ類が報告されていた. 今回の調査で,

図8 伸縮運動を行う *Paralcyonium* sp.　A：伸張した状態．B：伸びかけの状態．

新たに2初記録種（日本初記録種1種，相模灘初記録種1種）が追加された（Imahara, 2006）．しかしながら，これら以外に種まで同定されていない多数の標本がある．その中にはニンジントサカ属 *Carotalcyon* sp. やヘンゲトサカ属 *Paralcyonium* sp. が含まれている．両属ともに，伸長したときには樹木状に枝を広げるが，退縮時にはポリプを付けたすべての枝が太短い幹の中に完全に収まってしまうというきわめて特異な伸縮運動を行う（図8）．ニンジントサカ *C. sagamianum* は相模湾をタイプ産地とする世界で1属1種，ヘンゲトサカ *P. elegans* は地中海をタイプ産地とし，太平洋からはこれまでにオランダのシボガー号の調査（1889〜1900）がパプアニューギニアとインドネシアとの間の水深32 mから1群体を発見しただけのやはりきわめて珍しい種類である．相模湾から発見された八放サンゴの中には，これら以外にもたとえばヒトツトサカ *Bathyalcyon robustum* がある（図9）．本種は，やはりシボガー号がパプアニューギニアとインドネシアとの間の水深924 mから初めて採集した全長10 cmくらいのウミトサカである．木下（1911）は，東大三崎臨海実験所の名物採集人青木熊吉が，1902年に相模湾の水深約700 mの海底から釣り上げたヒトツトサカの標本を当時の動物学教室で発見していて，そ

図9 珍種の八放サンゴ類ヒトツトサカ *Bathyalcyon robustum*.

の標本のことをおそらく世界で2つ目の標本であろうと述べているが，残念ながら現在では行方不明である．本種は，その後長らく発見例の少なかったきわめて珍しい1属1種のウミトサカであるが，単に発見例が少ないだけではなく，群体の構造においてもきわめて特異なウミトサカである．群体は，頂端に巨大なたった1つのポリプ（通常個虫）を付け，その下でポリプを支えるしっかりとした幹の外周に無数の小さな穴（管状ポリプ）を付ける構造なのである．相模湾は，八放サンゴ類においてもきわめて興味深い種類の生息地として世界的に知られている．

六放サンゴ類のうちイシサンゴ類については，相模湾から相模灘にかけての海域で82種が確認され，このうち共生藻をもつ造礁サンゴ類は13種である（小川，2006b）．造礁サンゴ類は，八重山諸島で338種，和歌山県の串本付近で95種，伊豆半島南部で25種分布することが知られている（西平・Veron，

図10 相模湾三崎をタイプ産地とするイソギンチャク類．A：ムシモドキギンチャク *Edwardsioides japonica*．B：スナイソギンチャク *Dofleinia armata*．

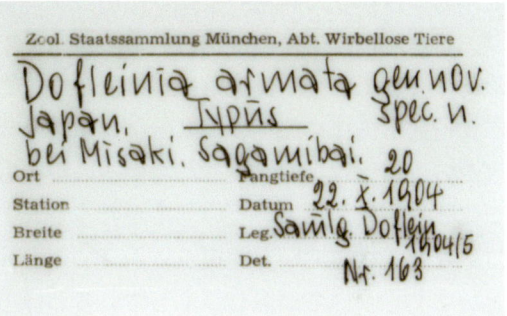

図11 スナイソギンチャク *Dofleinia armata* のホロタイプ．この標本は，ラベルによるとドフラインが1904年10月22日に相模湾三崎で採集したものである．

1995)．このように造礁サンゴ類は亜熱帯に起源をもつ動物であるが，本海域にも造礁サンゴ類が生息しているのは，まさに黒潮の影響にほかならない．残りの69種は，共生藻をもたず非造礁サンゴとよばれる．造礁サンゴが暖かく太陽がさんさんと降り注ぐ浅い海に分布するのに対し，非造礁サンゴは比較的深い海に分布している．国立科学博物館の調査で，相模灘初記録種11種が報告された．これらはすべてドレッジで採集された非造礁サンゴ類であったので，深海域での調査が進むとさらに種数が増えていくのであろう．日本産イソギンチャク類は72種であり，そのうち59種が相模湾から報告されている．この中には本海域をタイプ産地とする27種が含まれている（図10，11）．しかし，分類が混乱し，分類学的位置づけが不明瞭のままの種が多い（柳，2006）．たとえば，相模湾にも産し，磯で普通に見ることのできるヨロイイソギンチャク（図12）でさえも分類学的位置

図12 ヨロイイソギンチャク *Anthopleura uchidai*．

が明確ではない．

刺胞動物相解明への道

　刺胞動物全般にいえることだが，分類するうえでの形質が乏しいために，種の実体を明らかにする研究は一朝一夕には進まない．しかし，これまで見てきたように，ヒドロ虫類や八放サンゴ類では日本産の半数以上が相模

湾に出現していることが明らかになっている．刺胞動物においても相模湾は多様性に富んだ海域なのである．

第一部で述べられているようにデーデルラインやドフライン採集の標本がヨーロッパの博物館に大切に保存されていることが明らかになった．また，三崎臨海実験所で採集された標本も比較的良好な状態で東京大学総合研究博物館に保存されていることが明らかとなり，これらについての再検討が進められている．さらに国立科学博物館に移管された生物学御研究所御採集標本や国立科学博物館の相模灘の生物相調査で収集された標本の中にもまだまだ研究されていない標本がたくさんある．また，相模湾から相模灘にかけての海域といってもすべて網羅しつくしているわけではない．今後未研究の標本や未調査の海域についても調査研究が進めば，未記載種を含むさらなる種数の増加が期待される．

文献

浅野彦太郎．1911．いそぎんちゃくに於いて．動物學雑誌，23: 125-140, pl. 2.

Balß, H. 1910. Japanische Pennatulidan. *In*: Doflein, F. (ed.): Beiträge zur Naturgeschichte Ostasiens. *Abh. math.-phys. Kl. Kongl.-Bayer. Akad. Wiss., Suppl.*, 1(10): 1-106, pls. 1-6.

Gray, J. E. 1868. Note on a new Japanese coral (*Isis gregorii*), and on Hyalonema. *Ann. Mag. Nat. Hist.*, (4)2: 263-264.

Hertwig, R. 1882. Report of the Actiniaria dredged by the H. M. S. Challenger during the years 1873-1876. *Rep. Sci. Res. Voy. Challenger, Zool.*, 6(1): 1-136.

裕仁，昭和天皇．1988．相模湾産ヒドロ虫類．皇居内生物学御研究所，東京，iv+179+110 pp., 4 pls., 2 maps.

裕仁，昭和天皇．1995．相模湾産ヒドロ虫類II．有鞘類．皇居内生物学御研究所，東京，vi+355+233 pp., 13 pls., 2 maps.

Imahara, Y. 1996. Previously recorded octocorals from Japan and adjacent seas. *Precious Corals & Octocoral Research*, 1-5: 17-44.

Imahara, Y. 2006. Preliminary report on the alcyonacean and pennatulacean octocorals collected by the Natural History Research of the Sagami Sea. *Mem. Natn. Sci. Mus., Tokyo*, (40): 91-101.

稲葉昌丸．1889-1892．三崎，三浦，相州に於いて獲れたるヒドロ虫類．動物學雑誌，2(17): 95-100, 4(40): 41-46, (41): 93-101, (42): 124-131.

岩瀬文人・松本亜沙子．2006．相模灘調査で採集されたヤギ類（予報）．国立科博専報，(40): 79-89.

Kawamura, T. 1954. A report on Japanese siphonophores with special references to new and rare species. *J. Shiga Pref. Junior Col., Ser.A.*, 2(4): 99-129.

Kinoshita, K. 1908. Primnoa von Japan. *J. Coll. Sci. Univ. Tokyo*, 23(12): 1-74, pls. 1-6.

木下熊雄．1911．珍奇なる八射珊瑚 *Bathyalcyon*．動物學雑誌，23 (269): 121-131.

Kinoshita, K. 1913. Studien über einige Chrysogorgiiden Janans. *J. Coll. Sci. Univ. Tokyo*, 33(2): 1-47, pls. 1-3.

Kishinouye, K. 1902. Some new Scyphomedudae of Japan. *J. Coll. Sci. Tokyo.*, 17(7): 1-17.

岸上鎌吉．1904．珊瑚の研究．水産調査報告，14(1): 1-31, pls. 1-9.

Koelliker, R. A. 1880. Report on the Pennatulida, deredged by H. M. S. Challenger during the years 1873-1876. *Rept. Sci. Res. Voy. Challenger, Zool.*, 1: 1-41, pls. 1-11.

Komai, T. 1936. On another form of *Stephanoscyphus* found in the waters of Japan. *Mem. Col. Sci., Kyoto Imp. Univ. Ser. B.*, 11(3): 175-183.

久保田信．1998．日本産ヒドロ虫綱（8目）目録．南紀生物，40(1): 13-21

Kükenthal, W. 1906. Japanische Alcyonacee. *In*: Doflein, F. (ed.): Beiträge zur Naturgeschichte Ostasiens. *Abh. math.-phys. Kl. Kongl.-Bayer. Akad. Wiss., Suppl.*, 1(1): 9-86, pls. 1-5.

Kükenthal, W. 1909 Japanische Gorgoniden, 2. Teil: Die Familien der Plexauriden, Chrysogorgiiden und Melitodiden. *In*: Doflein, F. (ed.): Beiträge zur Naturgeschichte Ostasiens. *Abh. math.-phys. Kl. Kongl.-Bayer. Akad. Wiss., Suppl.*, 1(5): 1-78, pls. 1-7.

Kükenthal, W. and Gorzawsky, H. 1908. Japanische Gorgoniden, 1. Teil: Die Familien der Primnoiden, Muriceiden und Acanthogorgiiden. *In*: Doflein, F. ed.: Beiträge zur Naturgeschichte Ostasiens. *Abh. math.-phys. Kl. Kongl.-Bayer. Akad. Wiss., Suppl.*, 1(3): 1-71, pls. 1-4.

Maas, O. 1905. Die Craspedoten Medusen der Siboga Expedition. *Siboga Exped.*, 10: 1-85.

Maas, O. 1909. Japanische Medusen. *In*: Doflein, F. (ed.): Beiträge zur Naturgeschichte Ostasiens. *Abh. math.-phys. Kl. Kongl.-Bayer. Akad. Wiss., Suppl.*, 1(8): 1-52.

Moroff, T. 1902. Einige neue japanische Gorgoniaceen in der Munchener Sammlung; gesammelt von Dr. Haberer. *Zool. Anz.*, 25(678): 582-584.

Namikawa, H. 2006. Preliminary report on polypoid hydrozoan species collected by dredge surbeys in Sagami Bay and adjacent water during 2001-2004.

Mem. Natn. Sci. Mus., Tokyo., (40): 57-62.

西平守孝・J. E. N. Veron. 1995. 日本の造礁サンゴ類. 海游舎, 東京, 439 pp.

Nutting, C. C. 1912. Descriptions of the Alcyonaria collected by the U. S. Fisheries steamer "Albatross," mainly in Japanese waters, during 1906. *Proc. U.S. Nat. Mus.*, 43: 1-104, pls. 1-21.

小川数也. 2006a. 相模灘海域のヒドロサンゴ類相. 国立科博専報, (40): 75-78.

小川数也. 2006b. 相模灘海域のイシサンゴ類相. 国立科博専報, (40): 103-112.

Ortman, A. 1888. Studien ueber Systematik und geographische Verbreitung der Steinkorallen. *Zool. Jahrb.*, 3: 143-188.

Stechow, E. 1907. Neue japanische Athecata und Plumulaidae aus der Sammlung Dr. Doflein. *Zool. Anz.*, 32: 192-200.

Stechow, E. 1909. Hydroidpolypen der japanischen Ostkueste. I. *In*: Doflein, F. (ed.): Beiträge zur Naturgeschichte Ostasiens. *Abh. math.-phys. Kl. Kongl.-Bayer. Akad. Wiss., Suppl.*, 3(2): 1-162.

Stechow, E. 1913. Hydroidpolypen der japanischen Ostkueste. II. *In*: Doflein, F. (ed.): Beiträge zur Naturgeschichte Ostasiens. *Abh. math.-phys. Kl. Kongl.-Bayer. Akad. Wiss., Suppl.*, 1(6): 1-111.

Studer, T. 1888. On some new species of the genus *Spongodes* Less., form the Philippine Islands and the Japanese Seas. *Ann. Mag. Nat. Hist.*, (6)1: 69-72.

Uchida, T. 1927. Studies on Japanese Hydromedusae. I. Anthomedusae. *J. Fac. Sci. Univ. Tokyo, (Zool.)*, 1(3): 145-241.

Utinomi, H. 1955. On five new stoloniferans from Sagami Bay, collected by His Majesty the Emperor of Japan. *Jap. J. Zool.*, 11(3): 121-135, figs. 1-2.

Utinomi, H. 1962. Preliminary list of octocorals of Sagami Bay deposited in the Biological Laboratory of the Imperial Household. *Publ. Seto Mar. Biol. Lab.*, 10(1): 105-108.

Versluys, J. 1902. Die Gorgoniden der Siboga-Expedition I. Die Chrysogorgiiden. *Siboga-Exped.*, 13: 1-120.

Versluys, J. 1906. Die Gorgoniden der Siboga-Expedition II. Die Primnoidae. *Siboga-Exped.*, 13a: 1-187, pls. 1-10.

Wassilieff, A. 1908. Japanische Actinien. *In*: Doflein, F. (ed.): Beiträge zur Naturgeschichte Ostasiens. *Abh. math.-phys. Kl. Kongl.-Bayer. Akad. Wiss., Suppl.*, 1(2): 1-49.

Wright, E. P. and Studer, T. 1889. Report on the Alcyonaria collected by H. M. S. Challenger during the years 1873-1876. *Rep. Sci. Res. Voy. Challenger, Zool.*, 31: i-lxxvii + 1-314, pls. 1-43.

山田真弓. 1996. ヒドロ虫類研究に尽くした人々―稲葉昌丸・ステヒョウ・昭和天皇. 學鐙, 93(4): 16-21.

柳　研介. 2006. 相模灘のイソギンチャク相と本邦産のイソギンチャク分類の現状について. 国立科博専報, (40): 113-173.

第18章　相模湾の海綿類

渡辺洋子・並河　洋

海綿の多様な形態と生態

　海綿はもっとも原始的な多細胞動物である．体の構造や生活様式は他の動物たちと違っていて，一見して動物とは思えない．ほとんどの海綿は動物らしい移動性を欠き，固着生活をする底生動物である．海綿が一生の中で移動することのできるのは卵から発生した幼生の間だけである．海綿の幼生は，刺胞動物のプラヌラによく似ていて，体の表面に生えている繊毛によって1日か2日の短い期間だけ泳ぎ回ることができる．幼生は何か硬いものに付着して変態すると，移動する手段を失い，一生固着生活をするようになる．海綿は，海岸や海底の岩に付着したり海底の砂の中に根のように埋めた骨の束を支えにして生えたり，あるものはサンゴ礁や貝殻，石灰質の岩など硬い基盤に穴を掘ってその中にすみ着いたりと固着した環境の中で多様な生き方をしている．海綿は干潮時には露出するような海岸の浅い海から数百メートルの深い海まで，熱帯の海から極地の海まで地球上のあらゆる海域に広く分布している．

　海綿の形態はきわめて変化に富んでいる．板状に広がって体表のところどころに大孔の開いているもの，小さな壺のような形をしたもの，ボールのように丸くて頂上に1つの大孔が開くもの，大きなかめのようなもの，樹木のように立ち上がって枝分かれしたもの，ヘチマのたわしのようにざらざらしたもの，ヌルヌルして柔らかいもの，石のように堅いもの，ガラス細工のように繊細なものなどがある．体色も黄，橙，赤，紫，灰，黒，青，白などさまざまである．このように，海綿は形態も生態もきわめて多様な動物である．

　海綿の外部形態が多様であっても体の内部構造は基本的には同じである（図1）．より高等な動物たちのようにしっかりした器官や組織にあたるほどの構造はないが，いくつかの種類の細胞が集合したり，あるいは単独に体の中を動き回ったりして細胞単位で生体の機能を果たしている．

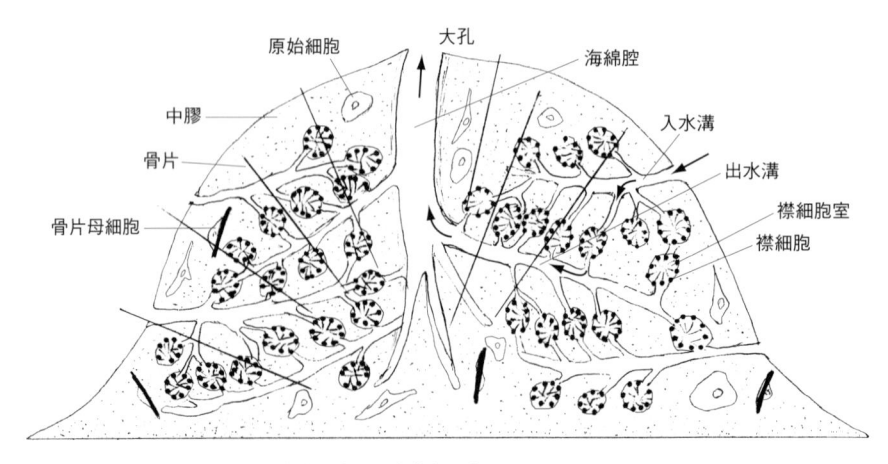

図1　海綿の体の構造模式図．矢印は水流の方向を示す．

体の表面には扁平細胞とよばれる1層の平らな細胞が互いに接着して並び，一種の上皮を形成している．その上皮のところどころには小孔とよばれる穴が開いており，ここから海綿の体内に外界の水が取り込まれる．体内には小孔につながる水の流れ込む通路（入水溝）があり，その通路の先は襟細胞室とよばれる小部屋に連絡している．襟細胞室に並んでいる襟細胞は海綿に特有の細胞で，1本の鞭毛と，それを取り巻く襟を備えており，この鞭毛の運動によって外界の水が海綿の体内に引き込まれる．襟細胞室から先は水を外に吐き出す通路（出水溝）があり，広い海綿腔を経て外界への出口である大孔に至る一方向の水流の通路が形成されている．海綿は体に取り込まれた水の中から微小な生物や生物の破片などの有機物を食物として摂取し，また水中の酸素を取り込んで呼吸をしている．水溝系とよばれるこの特有な構造は，海綿において消化器官と呼吸器官の役割を果たしているということができる．

海綿の表皮と水溝系に挟まれた部分は中膠とよばれ，コラーゲンを主成分とする細胞間基質が含まれている．中膠には，その中を動きながらさまざまな働きをする遊走性の細胞がある．この中にはすべての細胞に分化する能力を有する原始細胞や，海綿の体の構造を支える骨片や海綿繊維をつくる細胞などがある．

骨格を構成する骨片や海綿質繊維の形態や配列は，海綿の形態を決める要素であり，海綿の分類学では昔からこれらの形質を指標として同定してきた．しかし近年，骨片の形態や配列からだけで分類することに問題があると考えられ，海綿の分類体系は大きく変更されつつある．

多様な相模湾の海綿

現在知られている海綿の種類はおよそ8000種で，石灰質の骨片をもつ石灰海綿綱約500種，珪質の骨片または海綿繊維，あるいは，その両者からなる骨格をもつ普通海綿綱約7000種，深海に生息し，珪質の骨片をもつ六放海綿綱約500種の3綱からなっている（渡辺，1992）．

これまでに相模湾で記録された海綿は，小川（2006）のまとめによると，石灰海綿54種，普通海綿292種，六放海綿70種である．このうち2001年から2005年に国立科学博物館により行われた相模湾の調査で記録された海綿は石灰海綿6種，普通海綿119種，六放海綿22種であった．石灰海綿類の種数が少ないのは，この調査で採用された採集の方法が主にドレッジによるものであったため，浅海や岩棚の下に分布する石灰海綿の採集が困難で，得られた標本数が少なかったことによると思われる．

国立科学博物館によるこの調査は，デーデルラインによって初めて収集されてからおよそ130年を経た現在も相模湾は変わらずに海綿の宝庫であることを示している．

石灰海綿

相模湾の水深20 mくらいまでの岩礁は石灰海綿や普通海綿の宝庫である．石灰海綿は白くて小さなものが多いので目に付きにくいが高さ2～3 cmくらいの白く細長い壺のような形をしたケツボカイメンの類が岩棚などに着生している．ツボシメジは茸のシメジのような形で，壺形の単体が根元で束になったように集まっている．ツボシメジは普通白色だが，光の当たる部分が赤みを帯びていることがある．これは共生している藻類によるものである．アミカイメンは直径2 mmくらいの白く細い管が網のように連結して固まり状になっている．柄付の網籠のような形のエモチアミカイメンのようなものもある．石灰海綿は岩に付着するほか，海藻やイソバナ，ヤギなどの刺胞動物にも着生している（図2）．

相模湾の石灰海綿については朴澤三二が詳しく研究を行った（Hozawa, 1929）．

図2　石灰海綿類．A：アミカイメンの一種 *Leucosolenia* sp. B：エモチアミカイメン *Leucosolenia stipitata* Dendy. C：ケツメケツボカイメン *Sycon calcaravis* Hozawa. D：ツボシメジカイメン *Grantessa shimeji* Hozawa. （撮影：鈴木敬宇（A, D），楚山　勇（B, C））．

浅海の普通（尋常）海綿

　最初に相模湾の普通海綿を研究したのは，後述のようにイシカイメンに興味を示した Döderlein (1883) である．その後，Thiele (1898) や谷田（1970），Hoshino (1982) などの研究がなされた．さらに，谷田専治と星野孝治は昭和天皇ご収集の海綿類標本のうち普通海綿の標本490点を研究し，生物学御研究所編『相模湾産尋常海綿類』(1989) の中で161種を記載した．

　普通海綿は，尋常海綿といわれることもあるが，種類も多く浅い海から深い海まで広く分布している．

　干潮時に干上がるような浅い海でよく見かける普通海綿にクロイソカイメン，ダイダイイソカイメン，ナミイソカイメンがある（図3A, B）．岩の上などに着生して平板状に広がり所々に大孔が開いている．干潮時に表面は乾いても潮が満ちるまで大孔を閉じて体の内部の水を保っている．これらより少し深く干潮時でも干上がらないくらいの深さの岩礁には鮮やかな赤紫色のムラサキカイメンが見られる．岩の上に丸い山を連ねたような形で平板上に広がり，それぞれの山の頂上にははっきりした大孔が開いている．

　橙色や黄色のユズダマカイメンは直径3 cm くらいの球状で，岩棚や海底の転石の裏側などに着生している（図3C）．体の表面からは多数の突起を放射状に突き出して，その先端が膨らんでいる．これは無性生殖の出芽で，膨らんだ部分はユズダマカイメンに特有の芽体である．海綿の本体から放射状に伸びてきた骨片に沿って細胞が移動して先端に集まって，球状になり，その周囲に小さな突起を出すようになる．芽体は直径3 mm くらいに成長すると親の海綿から離れ，波に乗って浮遊する．この「浮遊芽体」は，親から離れた場所に運ばれて定着し，新しい個体に発生して分布を広げる．

　水深5〜10 m の海底の砂地には形も色も

図3 浅海の普通海綿．A：クロイソカイメン *Halichondria okadai* (Kadota)．B：ダイダイイソカイメン *Hymeniacidon japonica* (Kadota)．C：ユズダマカイメン *Tethya aurantium* (Pallas)．D：トウナスカイメン *Craniella serica* (Lebwohol)．（撮影：楚山 勇（C，D））．

南瓜のようなレンガ色のトウナスカイメンがいる（図3D）．下部には細くて長い骨片の束があり，これを砂の中に埋めて根のようにして生えている．東京大学三崎臨海実験所のある油壺湾の浅瀬に1960年頃までは大量に出現して，干潮時には海が赤く見えるほどであった．実験所側と対岸とで1年おきに大発生していたので，波か風の影響で片側に寄せられるのであろうと長年言い伝えられていたが，隔年に大発生する確かな原因はわからなかった．数年間，渡辺が卵から飼育して調べたところ，この海綿の独特の生活環と発生様式が，隔年に大発生する要因であることがわかった（Watanabe, 1978）．つまり，トウナスカイメンは2年生の海綿だったのである．トウナスカイメンは卵から発生した1年目には体長5〜6 mmにしか成長せず，色素もなくて白いのでフィールドではほとんど目に付かない．しかし2年目になると，レンガ色の色素をもち，直径10 cmにも急成長するので，海が赤く見えるほど目立ってくる．2年目の夏に卵や精子を作って有性生殖をするとその個体は死ぬというサイクルなのであった．さらに，トウナスカイメンは遊泳幼生を欠く直達発生の海綿で，卵は体外受精するとすぐに他物に固着して成体になり，生涯移動する期間がないということがわかった．産み落とされた大量の卵はその場で大発生するが1年目には砂の間にまぎれてほとんど目に付かない．2年目に大きなトウナスカイメンに成長して海が赤く見えるほどに目立つので，初めて大発生が確認できるが，産卵後に消滅する．このサイクルが対岸と実験所側とで隔年に起こるために，1年おきに海綿が大発生するように見えることがわかったのである．

その後，油壺湾にヨットハーバーが造られるなど開発が進むと，油壺湾のトウナスカイメンは絶滅してしまったが，1990年頃に相模湾の水深約10 m付近の砂泥底で群生しているのが確認された．

図4　岩礁を彩る普通海綿．A：ツノマタカイメン *Raspaillia hirsuta* Thiele．B：ザラカイメン *Callyspongia confoederata* (Ridley)．C：ジュズエダカリナ *Callyspongia truncata* (Lindgren)．D：ゴウシュウナンコツカイメン *Chondrilla australiensis* Carter．E：イシゴロモカイメン *Caminus awashimensis* Tanita．F：モクヨクカイメンの一種 *Spongia* sp.（撮影：鈴木敬宇（A-C），楚山　勇（D-F））．

岩礁斜面を彩る普通海綿

　水深20〜40 m近辺の岩礁斜面は色とりどりの普通海綿が多く生息している（図4）．このあたりに多生するイソギンチャクやヤギなどの刺胞動物とともにあたかも海中のお花畑のような華やかさである．相模湾に多く見られる普通海綿はハリカイメン属，トゲカイメン属，チュウジクカイメン属，ザラカイメン，ジュズエダカリナやハナビラカイメンなど岩に付着して立ち上がるタイプの海綿が多い．これらは相模湾の岩礁を特徴づける海綿たちである．

　岩場には丸みを帯びた団塊状で，光沢のある黒い色のイシゴロモカイメンがある．この海綿の表皮は黒くて薄く，その表皮のすぐ下には微小な星形の骨片がぎっしりと密に並ん

でいるために外側はがっちりと硬い．しかし内部は骨片がなく白くて軟らかい．あたかも柔らかい餡を砂糖で包んだ和菓子の石衣のようである．

見かけは前種に似て表面が黒く光沢があるナンコツカイメンは内部には骨片がまったくないか，または小さな変形した星形の骨片が中膠の中にわずかに散在しているだけで表面はぐにゃぐにゃと柔らかい．内部は白くて軟骨のように緻密で弾力のある中膠によって形が保たれている．イシゴロモカイメンやナンコツカイメンの生息数は多くはないが，相模湾に生息する特異な形態の変わった海綿として注目される．ナンコツカイメンは地中海ではごく普通に見られ，骨片をもたない種であるが，相模湾には少数の骨片をもつゴウシュウナンコツカイメンが分布している．

この水域には石灰岩や貝殻，サンゴの骨格など炭酸カルシウムの基質に穴を穿ってその中で生活するセンコウカイメンがある．この海綿の細胞は炭酸カルシウムの基質と接触する部分で酸を分泌し，周辺の炭酸カルシウムを溶かして少しずつ削り取って掘り進み，あたかも蟻の巣のように炭酸カルシウムの基盤の中に迷路のような穴を掘ってすみついてしまう．海綿が成長するに従って基盤はぼろぼろになって海綿に占領されてしまうのである．カキの殻の内側などにミミズが這ったような跡が見られることがあるが，これはセンコウカイメンがすみ着いた跡である．穿孔する海綿は宝石サンゴや真珠の母貝を侵食するために，これらの産業に大きな被害を与えることがある．

モクヨクカイメンは暖海に多く生息するが相模湾でも見いだされる．生時は黒や赤みを帯びた黒褐色の塗料を塗ったような薄い表皮でおおわれ，ニンニクに似た強烈な臭いがある．

深海の普通海綿

相模湾の100 mを超す深海に生息する海綿にイシカイメンがあげられる．小川（2006）によると，国立科学博物館の最近の調査で収集された普通海綿の15%がイシカイメン類であると報告され，イシカイメン類は相模湾産の代表的な海綿ということができる．

イシカイメンは珪質のデスマという形の骨片が癒合してがっちりと組み合わさって形成された骨格をもつ石のように硬い海綿である．ストラスブール動物学博物館の約130年前に収集されたデーデルライン・コレクションの中には相模湾のイシカイメン類の標本47点が収蔵されている（第5章参照）．イシカイメン類は昔も今も相模湾深部を代表する海綿である．

深海の生きたガラス工芸品，六放海綿

相模湾の水深500 mを超す深海には六放海綿綱の多くの種が生息している．デーデルラインのコレクションの中にも43点の六放海綿の標本が含まれている（第5章参照）．

日本における六放海綿の最初の記録は，1811年栗本丹洲による「栗氏蟲譜」に記載されたカイロウドウケツである．メリヤスの編み物のような体の中には雌雄一対の海老がすんでいると記し，「海老同穴」の漢字があてられている．

日本の近代動物学の創始者としてその建設に貢献した東京帝国大学理科大学（現：東京大学理学部）教授の飯島魁は三崎臨海実験所を根拠にして，カイロウドウケツ，ホッスガイをはじめ多くの六放海綿を収集した．飯島は相模湾の豊富な材料をもとに六放海綿の分類学，組織学，発生学的研究の基礎を造り，日本産六放海綿の研究を世界的なものにした（図5；第6章参照）．

六放海綿は特異な体の構造をしている．中膠内の遊走性の細胞を除いて，珪質の骨格に

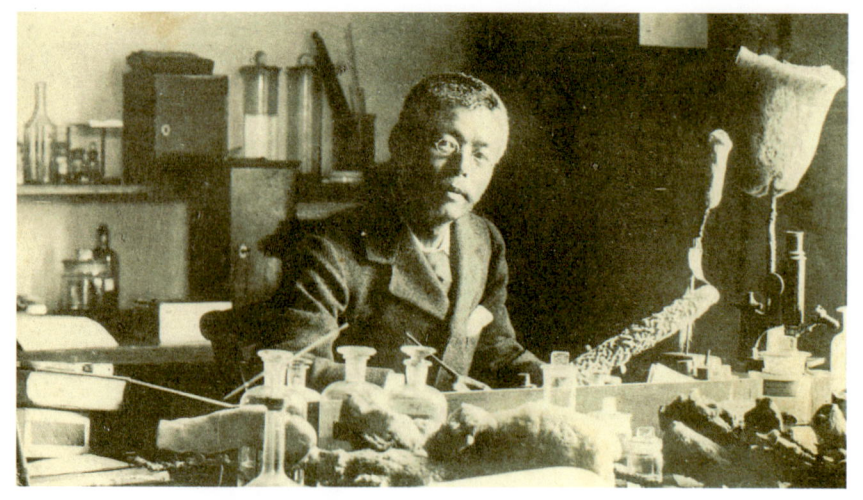

図5　六放海綿の標本を手にする飯島魁博士（動物学雑誌，1907）.

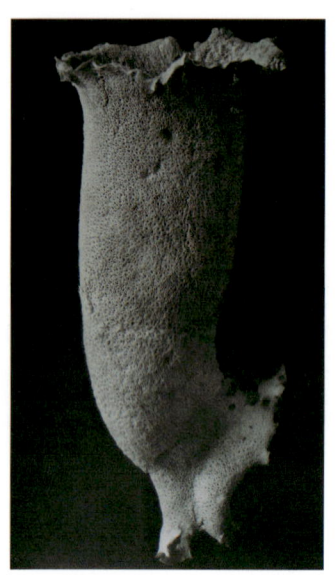

図6　深海の六放海綿．ツリガネカイメン *Acanthascus victor* Ijima（東京大学総合研究博物館所蔵の標本）.

支えられた組織は独立した細胞ではなく，細胞の境界のないひと続きの多核体（シンシチウム）で構成されている．表皮は扁平シンシチウム，襟細胞室は襟シンシチウムとよばれている．他の海綿動物に例を見ないシンシチウム構造の特徴から六放海綿を海綿動物と別の門，あるいは海綿動物の中の亜門として区別すべきという見方もある．

六放海綿はガラス海綿ともよばれ，珪質の繊細な骨格をもつ美しい海綿が多い．カイロウドウケツは英語で "venus's flower basket"（ビーナスの花籠）とよばれ，ガラス繊維で組み立てられた籠のような筒型の海綿である．海綿腔の中に雌雄一対のカイロウドウケツエビが生涯共にすんでいることから，古来，中国では「夫婦共白髪まで円満」の象徴として「偕老同穴」の名で結婚の贈り物として使われたということである．カイロウドウケツエビは，初めは多数入っているのが，淘汰されて最終的に雌雄2匹が残るといわれる．

六放海綿にはガラスで作ったレースのようなキヌアミカイメン，カップ状の体から下向きに太いガラスの糸を撚り合わせたような長い柄で海底に立つホッスガイ，釣鐘を逆さにしたような高さ1mに近いツリガネカイメンなど特異な形態をもつものが多い（図6）．ほとんどの種が白色で乾燥すると透明なガラス細工のように見えることから古くは装飾品として珍重されていた．

海綿は，動物なのか植物なのか，食べられるのか，何かの役に立つのか古くから正体不明の生き物と思われ，ほとんど注目されることがなかった．しかし，その正体は今，科学の手で明らかにされつつあり，人にとって有

用な，そして魅力的な生き物として現代の相模湾に生きつつある．

文献

Döderlein, L. 1883. Studien an Japanischen Lithistiden. *Zeitschr. f. wiss. Zool.*, (40): 62-104.

Döderlein, L. 1897. Über die Lithomina, eine neue Gruppe von Kalkschwammen. *Zool. Jahrb.*, (10): 15-32.

Hoshino, T. 1982. Description of the dominant species of the Class Demospongia dredged from the coastal area of the Izu Peninsula, the Sagami Sea. *Mem. Natn. Sci. Mus. Tokyo.*, (15): 139-148.

Hozawa, S. 29. Studies on the calcareous sponges of Japan. *J. Fac. Sci. Imp. Univ. Tokyo*, Sec. 4, 1: 277-389.

Ijima, I. 1904. Studies on the Hexactinellida. contribution IV. (Rossellidae) *J. Coll. Sci. Imp. Univ. Tokyo.*, 18(7): 1-305, 23 pls.

小川数也．2006．相模灘海域のカイメン類相．国立科博専報，(40): 23-56.

Schulze, F. E. 1887. Report on the Hexactinellida collected by H.M.S. 'Challenger' during the years 1873-1876. *Rep. Sci. Res. Voy. Challenger, Zool.*, 21: 1-514, pls. 1-104, 1 map.

谷田専治．1970．相模湾の海綿類，特に尋常海綿について．東北水研研究報告，30: 87-97, 2 pls.

谷田専治・星野孝治．1989．生物学御研究所（編），相模湾産尋常海綿類．丸善，東京，197 pp.（英文）+166 pp.（和文）+19 pls.

Thiele, J. 1898. Studien über pazifische Spongien. I. Japanische Demospongien. *Zoologica*, (24): 1-72, 8 pls.

Watanabe, Y. 1978. The development of two species of *Tetilla*. *Nat. Sci. Rep. Ochanomizu Univ.*, 29: 71-106.

渡辺洋子．1992．海綿動物門．西村三郎（編），原色検索日本海岸動物図鑑 I．保育社，大阪，pp. 7-19.

TOPICS 2

相模灘の海藻相研究

北山太樹

　相模灘の海藻を最初に調査したのは黒船である．1853年（嘉永6）から1855年（安政2）にかけて日本を訪れた米国の2つの艦隊（第1次がペリー提督率いる東インド艦隊，第2次がロジャーズ提督の北太平洋探検艦隊）には植物学者が随行し，下田や箱館（函館）などで海藻が採集された．それまで200年以上ものあいだ鎖国政策をとっていた日本は，西洋の博物学者にとって興味をそそられる国であったと同時に，きわめて標本の入手が困難なところであったに違いない．保存が難しい海藻に至っては，蝦夷地からの干しコンブのような製品になったものやロシアの探検船がおそらくは海上（流れ藻）から採取したと思われる30数種のホンダワラ類を除けば，学名を与えられているものはほとんどなかった．ペリー艦隊に同行したモローらが植物採集を行った下田は，箱館とともに，日本で最初に海藻相が調べられた場所といえるだろう．古くから日本人が食用としているワカメ（図1）も，ペリー艦隊で来日してロジャーズ艦隊のヴィンセンス号に乗り組んだ植物学者のライト（C. Wright：1811-1886）が1855年の5月に寄港した下田で採取した標本をもとに，アイルランドの海藻学者ハーベイ（W. H. Harvey：1811-1866）が新種記載したものである[*]．川嶋（1995）によれば，ライトが日本で採集した大型藻類は233種に達するという．その中には，下田産の標本としてチャシオグサ（緑藻），イワヒゲ，アラメ，ヒジキ，オオバモク（以上，褐藻），オニクサ，フシツナギ，ユナ（以上，紅藻）など，今日も相模灘のみならず日本の海藻相を特徴づける重要な海藻種が多数含まれている．日本を開国に導いた黒船の来航は，日本の海藻研究の開幕としても位置づけられるだろう．

　ライトの標本の大部分はハーバード大学に保管されたが，コーネル大学で植物学を学んでいた矢田部良吉（1851-1899）が1876年（明治9）の帰国間際にその重複品の一部を譲り受けて日本に持ち帰っている（千原，1982）．翌年，設立直後の東京大学理学部（9年後から帝国大学理科大学）植物学科の初代教授となった矢田部は，江ノ島で海藻採集を行うこともあったが，主な関心は顕花植物にあった．矢田部教授の指導を受けて1889年（明治22）に海藻の研究を始めたのが，のちに日本の海藻学の父とも祖ともよばれることになる岡村金太郎（1867-1935）である．

　岡村（図2）は，生涯にわたって日本全域の海藻を網羅的に研究し，『日本藻類図譜』（全7巻，1906-1936），『日本海藻誌』（1936）など膨大な著作を残した．現在までに日本沿岸からは約1400種の海藻の分布が記録されているが，その半数以上に相当する約800種は，岡村が最初に明らかにしたものである．江戸生まれで，農商務省の水産講習所（現：東京海洋大学）に所長となるまで勤務した岡村は，相模湾沿岸に足繁く通って採集を行ったらしく，発表された新種の中には，ヤハズグサ，ムチモ（褐藻），ヒラクサ，ヒビロウド（紅藻）などのように江ノ島をタイプ産地とするものも少なくない．著作『海藻と人生』（1922）は，相模の地名と海藻の和名を織り込んだ「春の海」と題した歌で始まっている：

　　春風に笑顔こぼるゝ花の山，（中略）江のしま衣を龍の口，片瀬につゞく腰越や，蛤棲のうら表，二つ合わせて鵠沼の，その糸はしを由井ヶ濱，袂ヶ浦につゞくなる，七里ヶ濱の浪ぎはに，散り敷く玉藻撰り分けて，見れば數ある其が中に，緑色濃きみるぶさや，蜀紅の錦其まゝに，色も絶へなるとさかのり，誰が乙女子の手に成りし，網の司やあやにしき，（後略）

　矢田部や岡村の影響もあって，明治の植物学者は海藻採集も精力的に行ったようで，1894年（明治27）3月に帝国大学理科大学助教授の大久保三郎が東京高等師範学校の齊田功太郎とともに江

---

[*] 1859年に *Alaria pinnatifida* Harvey として記載，1872年にオランダのスーリンハー（W. F. R. Suringar）がワカメ属を設立して以来，*Undaria pinnatifida* (Harvey) Suringar の名が使われる．

図1 下田市須崎のワカメ（*Undaria pinnatifida*）．ライトが持ち帰ったワカメの子孫だろうか．

図2 岡村金太郎．七里ヶ浜を採集のところを岡田喜一氏が撮影したとされる（「本田・久内植物採集と標本製作法」（綜合科學出版協會，昭和6年）から転載）．

ノ島（25日），葉山（26日），三崎（27日）の採集旅行をしたことが国立科学博物館などに保管されている標本から読み取れる．英国の植物学者ホームズ（E. M. Holmes：1843-1930）はそのとき2人が作製した標本に基づき，ヤブレグサ，カタシオグサ，ナガミル（緑藻），シワヤハズ，サナダグサ，ウミウチワ（褐藻），コトジツノマタ，オオムカデノリ，タンバノリ（紅藻）など23種の新種（下田産も含む）を発表している．明治期までに相模灘で発見された海藻には本州全域に分布するものが多く，そのまま日本の海藻相を特徴づける重要な要素となっている．

昭和に入ると，日本各地で海藻相についての調査研究が始まるが，とりわけ相模灘は賑やかなところで，水産講習所教授の東道太郎（1935）の「江ノ島館山及其付近産海藻目録」を皮切りに，瀬川宗吉（Segawa, 1935），遠藤庄三（1935），松浦茂寿（1951），松島俊治（1964），谷口森俊（1960），宮代周輔（1958），川瀬ツル（1966），松浦正郎（1972），千原光雄（1976），高橋昭善（1996）など多くの研究者が各所で海藻相を報告している．著者も近年，須崎御用邸の褐藻類について調査を行ったが，やはり暖温帯性の要素がほとんどで，とくにアミジグサ類（図3）とホンダワラ類が多く，黒潮の影響を強く受けていることを裏付けた（Kitayama, 2006）．はたして相模灘全体で何種の海藻が分布するかを述べるのは現時点では難しいが，相模湾に限れば最近，松浦（2004）が380種としている．

これらのほかに特筆すべきものとして，山田幸男（1903-1975）の「Notes on Some Japanese Algae VIII」（Yamada, 1938），「同 IX」（Yamada, 1941），「同 X」（Yamada, 1944）があげられる．その中には須崎や葉山産の海藻20種ほどが新種記載されているが，それらは昭和天皇（1901-1989）と香淳皇后（1903-2000）が葉山御用邸の近海でご採集になられた標本をもとにしている．そのコレクションは質量ともに優れており，生物学者であった昭和天皇はもとより，香淳皇后も相模の海藻に深いご関心をお持ちだったことがうかがえる．生物学御研究所に保管されていた昭和コレクションは，平成6年に国立科学博物館へ移管され，現在，整理が進められているところである．相模灘の海藻相を明らかにするには欠かせないコレクションの1つである．

相模灘は，都市化の激しい場所と自然な岩礁が残されている場所が混在する海域であるが，黒船来航以来，数多の研究者が蓄積してきたあちこちの標本の情報を集積し，相模灘の海藻相の変遷を明らかにできないものかと考えている．

TOPICS 2

図3 須崎御用邸沿岸で採集された褐藻の一部（Kitayama, 2006）．1：ヤハズグサ．2：シワヤハズ．3：フクリンアミジ．4：サナダグサ．5：ウミウチワ．6：アツバコモングサ．7：ヒロハコモングサ．8：コモングサ（以上，アミジグサ目）．9：イシモズク．10：ネバリモ（以上，ナガマツモ目）．11：ウスカワフクロノリ．12：カゴメノリ．13：イワヒゲ．14：ハバノリ（以上，カヤモノリ目）．15：ムチモ（ムチモ目）．16：イチメガサ（ケヤリ目）．17：タバコグサ（ウルシグサ目）．18：ワカメ．19：カジメ．20：アラメ（以上，コンブ目）．21：イシゲ．22：イロロ（イシゲ目）．

文献

千原光雄．1976．藻類採集地案内　神奈川県七里ヶ浜．藻類，24: 78-79.

千原光雄．1982．藻類．日本植物学会百年史編集委員会（編），日本の植物学百年の歩み―日本植物学百年史．日本植物学会，東京，280 pp.

東　道太郎．1935．江ノ島館山及其附近産海藻目録（改訂）．（一）．水産研究誌，30: 95-102.

川瀬ツル．1966．葉山地方の海産生物相　1 海藻類（予報）．神奈川県博物館協会会報，(16): 1-7.

川嶋昭二．1995．黒船が採集した箱館の海藻．黒船が採集した箱館の植物標本里帰り展．図書裡会・函館日米協会・函館植物研究会，函館，pp. 48-58.

Kitayama, T. 2006. Brown algae from the Suzaki Imperial Villa, Suzaki, Shimoda, Japan. *Mem. Natn. Sci. Mus., Tokyo*, (40): 7-21.

松島俊治．1964．小田原市沿岸海藻目録．小田原市郷土文化館研究誌，(1): 6-11.

松浦正郎．1972．相模湾の海藻植生．小田原市郷土文化館研究報告（自然），(8): 17-45.

松浦正郎．2004．相模湾の海藻．箱根博物会，神奈川，214 pp.

松浦茂寿．1951．岩礁に生ずる海藻の継続的観察．自然と人文（自然科学編），2: 69-75.

宮代周輔．1958．神奈川県植物目録．自費出版，東京，153 pp.

Segawa, S. 1935. On the marine algae of Susaki, Prov. Izu, and its vicinity II. *Sci. Pap. Inst. Algol. Res. Hokkaido Univ.*, 1: 59-90.

高橋昭善．1996．大磯の植物・海藻．大磯町史 9 別編・自然，大磯町，pp. 244-270.

谷口森俊．1960．相模湾沿岸の海藻群落学的研究．日生態誌，10(2): 89-96.

Yamada, Y. 1938. Notes on some Japanese algae VIII. *Sci. Pap. Inst. Algol. Res. Hokkaido Imp. Univ.*, 2: 119-130, 13 pls.

Yamada, Y. 1941. Notes on some Japanese algae IX. *Sci. Pap. Inst. Algol. Res. Hokkaido Imp. Univ.*, 2: 195-215, 9 pls.

Yamada, Y. 1944. Notes on some Japanese algae X. *Sci. Pap. Inst. Algol. Res. Hokkaido Imp. Univ.*, 3: 11-25.

遠藤庄三．1935．海藻目録．東京文理科大学附属下田臨海実験所生物報告，(1): 1-11, 3 pls.

相模湾の生物相調査通史

西暦	年	事項	国立科学博物館史	関連する主な出来事
1823	文政6	・フランツ・フォン・シーボルト（Philipp Franz von Siebold：1796-1866）来日		
1828	11	・シーボルト離日		
1833	天保4	・シーボルト『日本動物誌』（甲殻類）刊行（～1850）		
1853	寛永6	・ペリーおよび随行のジェームス・モロー（James Morrow）等による下田での生物相調査 ・米国海軍北太平洋探検艦隊来航，生物相調査（動物担当：ウィリアム・スティンプソン（William Stimpson））		・マシュー・ペリー（Matthew C. Perry）率いる米国海軍東インド艦隊来航
1854	7（安政元）	・ペリーらによる下田での生物相調査（2回目）		・ペリー率いる米国海軍東インド艦隊来航（2回目），日米和親条約締結
1859	6			・チャールズ・ダーウィン（Charls R. Darwin）進化論発表
1861	文久元	・英国測量艦アクテオン号来航，相模湾近海で調査		
1867	慶應3			・大政奉還
1868	明治元	・開成学校，医学校開校		
1871	4		・文部省博物局の観覧施設として湯島聖堂内に博物館を設置	
1872	5	・開成学校，医学校は第一大学区開成学校ならびに同医学校となる	・文部省博物館の名で初めて博覧会を公開	・ナポリ（伊），ロスコフ（仏）の臨海実験所開設
1873	6	・フランツ・ヒルゲンドルフ（Franz M. Hilgendorf：1839-1904）来日，第一大学区医学校に赴任		
1874	7	・第一大学区開成学校と医学校が東京開成学校と同医学校となる		
1875	8	・英国海洋探検船チャレンジャー号来航（相模湾でのドレッジ調査）	・博物館を「東京博物館」と改称	
1876	9	・ヒルゲンドルフ離日		
1877	10	・東京大学創設（東京開成学校と東京医学校を合併） ・エドワード・モース（Edward S. Morse：1838-1925）来日，東京大学理学部動物学教室初代教授に就任．[7～8月江ノ島に日本初の臨海実験所を設置] ・ヒルゲンドルフがベルリン大学動物学博物館に勤務，オキナエビスを新種として発表	・東京博物館を「教育博物館」と改称	
1879	12	・11月22日ルートウィヒ・デーデルライン（Ludwig H. P. Döderlein：1855-1936）来日，東京大学医学部に赴任		
1881	14	・デーデルラインによるドレッジ調査，12月25日デーデルライン離日 ・箕作佳吉米国より帰国（翌年動物学教室教授就任）	・「東京教育博物館」と改称	
1883	16	・デーデルライン『日本の動物相の研究：江ノ島と相模湾』出版し，相模湾の価値を紹介		
1885	18	・デーデルラインがストラスブルク博物館（現ストラスブール動物学博物館）館長に就任		
1886	19	・東京大学三崎臨海実験所設立（翌年「帝国大学臨海実験所」と命名される）		
1888	21			・ウッズホール（米国），プリマス（英国）の臨海実験所開設
1889	22		・高等師範学校の附属となる	・大日本帝国憲法発布
1894	27	・飯島魁の六放海綿類研究が始まる		・日清戦争

西暦	年	事項	国立科学博物館史	関連する主な出来事
1897	30	・三崎臨海実験所が現在地（油壺）に移転		
1898	31	・三崎臨海実験所の初代所長に箕作佳吉が，初代採集人に青木熊吉（1864-1940）がなる		
1900	33	・バシュフォード・ディーン（Bashford Dean）来日（〜1901, 1905）		
1901	34	・迪宮（昭和天皇）ご誕生（〜1989） ・ドフラインがバイエルン国立博物館に勤務		
1904	37	・飯島魁が三崎臨海実験所の第二代所長となる ・フランツ・ドフライン（Franz Doflein：1873-1924）来日，相模湾の深海調査を行う（〜1905）		・日露戦争
1906	39	・米国水産局調査船アルバトロス号来日，相模湾で調査 ・ドフライン・コレクションの研究成果『東亜博物誌』出版（〜1914）		
1914	大正3		・文部省普通学務局所轄の「東京教育博物館」となる	・第一次世界大戦勃発
1918	7			・第一次世界大戦終結
1921	10		・「東京博物館」と改称	
1923	12		・関東大震災により建物や標本類など消失	・関東大震災（三崎周辺が1m近く隆起）
1928	昭和3	・皇居内生物学御研究所設立［1929〜1988：相模湾の生物相調査実施］		
1930	5		・上野新館（現本館）落成	
1931	6		・「東京科学博物館」と改称	
1937	12			・日中戦争勃発
1939	14			・第二次世界大戦勃発
1941	16			・太平洋戦争に突入
1945	20			・第二次世界大戦，太平洋戦争終結
1947	22			・日本国憲法発布
1949	24		・文部省設置法により「国立科学博物館」設置	
1962	37		・文部省設置法の一部改正により，自然史科学研究センターとしての機能が付与される	
1967	42		・日本列島の自然史科学的総合研究開始（〜2001）	
1971	46	・須崎御用邸落成．「海洋生物御研究室」が附設される		
1993	5	・皇居内生物学御研究所から国立科学博物館に標本・資料移管（〜1994）		
1997	9	・国際学術研究「デーデルラインが日本で収集した海産動物標本の調査」（第1期：代表 西川輝昭）（〜1998）		
2000	12	・国際学術研究「デーデルラインが日本で収集した海産動物標本の調査」（第2期：代表 馬渡峻輔）（〜2002） ・三崎臨海実験所を中心とする「相模湾環境保全へ向けての生物保護区制定のための学術研究」（〜2003）		
2001	13	・国立科学博物館「相模灘およびその沿岸域における動植物相の経時的比較に基づく環境変遷の解明」（〜2005） ・相模湾生物ネットワーク（SBnet）設立		

索 引

生物名索引

【A】
Aatesenia sp. 174
Acanela sp. 179
Acanthascus victor 192
Acanthogorgia dofleini 81
Achaeus superciliaris 43
Acharax johnsoni 96
Actaea mortenseni 152
Alaria pinnatifida 194
Alaysia 102
Alcyonium gracillimum 81
Allothyone multipes 142
Alpheidae 150
Alpheus dolichodactylus 42, 154
Alvinella 95
Anapagurus japonicus 42
Anapagurus pusillus var. *japonicus* 42, 44
Anomura 150
Antedon macrodiscus 139
Anthenea chinensis 139
Anthenea pentagonula 139
Anthopleura uchidai 183
Anthoplexaura dimorpha 48, 82
Aphrodita nipponensis 158, 159
Aponurus rhinoplagusiae 176
Araeosoma owstoni 60
Aranea dofleini 147
Araneus dofleini 147
Arcturus hastatus 109
Ashinkailepas seepiophila 101
Astacidea 150
Asterias nipon 39
Asteropteron fusca 12
Asteroschema (Ophiocreas) enoshimanum 78
Asteroschema (Ophiocreas) glutinosum 78
Asteroschema (Ophiocreas) japonicus 78
Asteroschema (Ophiocreas) monacanthum 78
Asteroschema (Ophiocreas) sagaminum 78
Astroboa globifera 78
Astrocladus coniferus 78
Astrocladus dofleini 77, 78
Astrodendrum sagaminum 78
Astropecten brevispinus 139
Astropecten kagoshimensis 140
Astropecten sagaminus 79
Astrophiura kawamurai 63, 109, 140
Astrothorax misakiensis 78
Astrotoma murrayi 78
Athorybia longifolia 180
Atubaria 136
Atubaria heterolopha 88, 136

【B】
Bathyacmaea nipponica 96
Bathyalcyon robustum 182
Bathymodiolus 95, 101
Bathymodiolus platifrons 101
Bathynarius izuensis 109, 150
Bathynomus doederleini 74
Bathypaguropsis carinatus 109, 150
Bathypaguropsis foresti 150
Bathyphysa japonica 180
Bathyplotes dofleinii 77
Betaeus gelasinifer 150
Brachyura 150
Branchiocerianthus imperator 62, 180
Brissopatagus relictus 141
Brookesena sp. 174
Buccinum sagamianum 100
Buccinum soyomaruae 100
Buchneria dofleini 80

【C】
Calappa japonica 43
Calaxiopsis manningi 150
Callianassa subterranea 42
Callyspongia confoederata 190
Callyspongia truncata 190
Calocarididae 150
Calyptogena 95, 97
Calyptogena okutanii 97
Calyptogena soyoae 95
Caminus awashimensis 190
Cancellus mayoae 150
Cancer amphioetus 43
Cancer japonicus 41, 43
Cancer pygmaeus 43
Carcharia nippon 33
Carcinoplax longimana 43
Carcinus aestuari 154
Caridea 150
Carotalcyon sagamianum 182
Carotalcyon sp. 182
Cephalodiscus 136
Cephalodiscus (Idiothecia) levinseni 136
Ceramaster misakiensis 139
Ceratothoa curvicauda 109
Cestopagurus 149
Cestopagurus puniceus 109, 150
Charybdis bimaculata 43
Chilodactylus gibbosus 31
Chilodactylus quadricornis 31
Chilodactylus zebra 31
Chionoecetes japonicus 153
Chirostylus dolichops 42
Chondrilla australiensis 190
Chunella indica 49
Ciliophora 68
Clathrozonidae 89, 90
Clathrozoon wilsoni 90
Clypeaster clypeus 40
Clypeaster japonicus 22, 40
Colossendeis colossea 73
Conchocele biecta 96
Coralliocaris graminea 42, 43
Coralliocaris inaequalis 42, 43
Coralliocaris superba var. *japonica* 42, 43
Corallium 82
Corallium inutile 50
Corallium japonica 50
Corallium rubrum 50
Crangonidae 150
Craniella serica 189
Cryptocnemus obolus 42
Cryptodromia canaliculata var. *ophryoessa* 42
Ctenopleura fisheri 140
Cyathura samagmiensis 109
Cyclodorippe dromioides 42
Cyclodorippe uncifer 42
Cyclograpsus intermedius 43
Cypridina hilgendorfii 11

【D】
Dendronephthya (Dendronephthya) doederleini 51-53
Dendronephthya (Dendronephthya) gigantea 52
Dendronephthya (Dendronephthya) punicea 51-53
Dendronephthya (Morchellana) flabellifera 51, 53
Dendronephthya (Morchellana) pumilio 50-53
Dendronephthya (Roxasia) rigida 50-52
Diacanthurus ophthalmicus 42
Dichrometra doederleini 38
Dicoryne conybearei 136
Dicranodromia doederleini 42
Diogenes nitidimanus 45
Diogenidae 150
Discodermia calyx 55
Discodermia japonica 55
Discodermia vermicularis 55
Discorsopagurus tubicola 150
Distolasterias nipon 39
Doclea japonica 43, 46
Doclea ovis 46
Dofleinia 77, 183
Dofleinia armata 77, 183

【E】
Ebalia conifera 42
Ebalia longimana 43
Ebalia scabriuscula 43
Ebalia tosaensis 152
Echinogorgia sp. 179
Edwardsioides japonica 183
Eiconaxius farreae 42
Elpidiidae 61
Eocuma hilgendorfi 11
Ephesiella oculata 160
Erimacrus isenbecki 153
Eumunida dofleini 77
Eunice palauensis 161
Eunice tibiana 181
Eunice unibranchiata 109

Eunoe spinosa 158, 159
Eupagurus barbatus 42, 46
Eupagurus dubius 42, 45
Eupagurus japonicus 45, 46
Eupagurus obtusifrons 42, 45
Eupagurus ophthalmicus 42, 45
Eupagurus similis 42, 45
Eupagurus triserratus 42, 45
Euphrosine polyclada 160
Euphrosine ramosa 160
Euplexaura parciclados 49
Eurysyllis japonicum 159, 160
Eviota masudai 109
Exogone exilis 160
Exopalaemon orientis 42

【G】
Galacantha camelus 42
Garthambrus pteromerus 43
Glycera amadaiba 158
Gobius rana 33
Goneplacidae 150
Goneplax megalops 150
Goniada brunnea goronba 158
Goniada sagamiana 158, 159
Gonioneptunus subornatus 43
Gorgonocephalus dolichodactylus 78
Gorgonocephalus japonicus 78
Gorgonocephalus tuberosus 78
Grantessa shimeji 188

【H】
Halichondria okadai 189
Harmothoe cylindrica 158
Harmothoe glomerosa 158
Hemigrapsus takanoi 150
Hephthopelta cribrorum 109
Heterocrypta transitans 43
Heteropelogenia japonica 109
Hippasteria imperialis 140
Hippolytidae 150
Hololepida japonica 158, 159
Holothuria dofleinii 77
Hyalonema sieboldi 19, 73
Hyalonema sp. 19
Hyastenus diacanthus var. *elongatus* 43
Hyastenus elongatus 43
Hydractinia cryptogonia 109, 181
Hymeniacidon japonica 189
Hypsosinga sanguinea 147

【I】
Ijimaia dofleini 77
Iodictyum deliciosum 79, 80

【J】
Janiralata sagamiensis 109
Jaocaste japonica 42, 43

【K】
Keratoisis japonica 48
Kolga kumai 61

【L】
Labrichthys affinis 33
Lambrus (Parthenopoides) pteromerus 43
Lamellibrachia 102

Latreutes acicularis 42
Latreutes laminicrostris 42
Leander longipes 42, 43
Leander longirostris var. *japonicus* 42
Lebbeus nudirostris 109, 150
Lebbeus spongiaris 150
Leiodermatium chonelleides 55
Lepidonotus glaber 158
Lepidotrigula tokioensis 30, 33
Leptomithrax bifidus 43
Leucosiidae 150
Leucosolenia sp. 188
Leucosolenia stipitata 188
Linopyrga sp. 174
Lithodes aequispinus 153
Lithodes turritus 42
Lophopagurus triserratus 42
Lucinoma yoshidai 96
Luidia avicularia 139
Luidia moroisoana 139
Luidia quinaria 140
Lyrocteis imperatoris 89

【M】
Macrocheira kaempferi 74
Macrophthalmus laniger 43
Macrophthalmus latreillei 43
Majella brevipes 43
Margarites shinkai 96
Medioantenna clavata 158, 159
Melithaea arborea 48
Melithaea flabellifera 81
Melithaea sp. 179
Melitodes flabellifera 81
Merocryptoides peteri 150
Mesanthura cinctula 109
Metacrangon proxima 150
Metacrinus rotundus 39, 74, 139
Mitsukurina owstoni 60, 74
Mitsukurinidae 60
Munida heteracantha 42
Munidopsis camelus 42
Munidopsis taurulus 42, 44
Muraenichthys aoki 62
Mystides japonica 158

【N】
Naxia mammillata 43
Naxioides lobillardi 43
Neastacilla scabra 109
Neastacilla spinifera 109
Nemopsis dofleini 77
Neoferdina offreti 140
Neosteganoderma 176
Neosteganoderma glandulosum 177
Neosteganoderma physiculi 109, 176, 177
Neostylodactylus hayashii 150
Nephropidae 150
Nephropsis hamadai 150
Nereiphylla crassa 158, 159
Nicomache ohtai 96
Nihonotrypaea japonica 42

【O】
Octopus dofleini 77
Odontodactylus japonicus 86, 91
Odontosyllis trilineata 159, 160
Odostomia sp. 174

Oenopota sagamiana 101
Ophichthys halys 33
Ophiocanops fugiens 140
Ophiocreas enoshimanum 39, 40
Ophiocreas japonicum 39, 40
Opisthoteuthis depressa 61, 73
Orthoecus 136, 137
Osedax 95, 103
Osedax japonicus 103

【P】
Paguridae 150
Paguristes acanthomerus 42, 44
Paguristes albimaculatus 44, 150
Paguristes brachytes 150
Paguristes digitalis 42, 44
Paguristes doederleini 44, 150
Paguristes kagoshimensis 42, 44
Paguristes miyakei 150
Paguristes palythophilus 42, 44
Paguristes setosus 44
Paguristes versus 44, 150
Pagurixus fasciatus 150
Pagurixus pseliophorus 150
Pagurixus ruber 150
Pagurus confusus 45
Pagurus dubius 45
Pagurus decimbranchiae 150
Pagurus erythrogrammus 150, 152
Pagurus ikedai 150
Pagurus japonicus 42, 45, 46
Pagurus maculosus 150
Pagurus minutus 42, 45
Pagurus nigrivittatus 150
Pagurus obtusifrons 45
Pagurus proximus 150
Pagurus quinquelineatus 150
Pagurus rubrior 45, 46, 150
Pagurus similis 42, 45
Pagurus simulans 150
Pagurus yokoyai 45
Palaemonidae 150
Palaemon ortmanni 42, 43
Pandalidae 150
Pandalopsis gibba 109, 150
Panulirus japonicus 42, 43
Paracrangon ostlingos 150
Paradromia japonica 42
Paralcyonium elegans 182
Paralcyonium sp. 182
Paralomis multispina 96, 153
Paralvinella 95
Paramithrax (Leptomithrax) bifidus 43
Paramormula sp. 174
Paranaitis serrata 158, 159
Parapenaeopsis tenella 41, 42
Parastichopus nigripunctatus 142
Parthenina sp. 174
Patiria pectinifera 140
Penaeus crucifer 42
Pennatula murrayi 82
Pentagonaster misakiensis 139
Pentias namikawai 109
Periclimenes kobayashii 150
Persephonaster brevispinus 139
Persephonaster misakiensis 139
Phakellia elegans 56
Pherecardia maculata 159, 160

Philodromus auricomus 147
Philoporidae 79
Philyra heterograna 43
Philyra syndactyla 43
Pholis nebulosa 134
Phrynocrinus nudus 63, 139
Phrynocrinus obtortus 63, 139
Phymorhynchus buccinoides 101
Physiculus japonicus 176
Physiculus maximoviczi 177
Pilumnoplax glaberrima 43
Pilumnus major 43
Pilumnus tomentosus 43
Pinnaxodes major 43
Pinnotheres phoradis 43
Pinnotheres pisoides 43
Pisidia dispar 42, 44
Plesionika williamsi 152
Plumarella hilgendorfi 49
Plumarella sp. 179
Podocatactes hamifer 43
Polycheira rufecens 40
Polyonyx carinatus 42, 44
Pomacentrus adelus 131
Pontogenia dentata 158
Pontogenia sagamiana 158
Pourtalesia laguncula 74
Prionocrangon dofleini 77
Proctophantastes 176
Proctophantastes abyssorum 177
Propagurus obtusifrons 42
Provanna glabra 96
Pseudoclathrozoon cryptolarioides 92
Pseudocoris ocellata 129
Pseudopinnixa carinata 43
Pteroeides breviradiatum 50
Pteroeides dofleini 82
Pteroeides sp. 50
Puer pellucidus 42, 43
Pugettia minor 43

Pyrgulina sp. 174
Pyromaia tuberculata 154
Pyura comma 109

【R】
Raspaillia hirsuta 190
Regardrella okinoseana 61
Retepora axillaris var. *deliciosa* 79, 80
Reteporidae 79
Rhabdocalyptus victor 61
Rhabdopleura 136
Riftia pachyptila 102
Rimicaris 95
Rochinia debilis 153

【S】
Sagamalia hinomaru 180
Scleronephthya gracillima 81
Sertularia stechowi 91
Shinkaia crosnieri 95
Showascalisetosus shimizui 158
Siboglinidae 102
Sigalionidae 109
Sigalion shimodaensis 109
Sigalion tanseimaruae 109
Siphonogorgia dofleini 80, 81
Spinther sagamiensis 160
Spongia sp. 190
Spongodes 53
Spongodes coccinea 52
Spongodes glomerata 52
Spongodes punicea 53
Squilla imperialis 91
Steganoporella magnilabris 110
Stephanoscyphus corniformis 180, 181
Stephanostomum pagrosomi 176
Sthenelais brachiata 158, 159
Sthenelanella japonica 158
Stichopus nigripunctatus 142
Stylodactylidae 150

Subhydronema occulogam 181
Sycon calcaravis 188
Syllis exiliformis 160
Syllis ramosa 61, 160
Sympasiphaea imperialis 86
Synallactes chuni 142
Sytalium martensii 48

【T】
Terelabrus 124
Tethya aurantium 189
Thalassinidea 150
Theridium hilgendorfi 146
Thouarella hilgendorfi 49
Thyone multipes 142
Tridentella takedai 109
Tridentellidae 109
Trigonocryptus conus 176
Tritodynamia japonica 43
Tropiometra afra macrodiscus 139
Trypanosyllis (Trypanobia) foliosa 160
Tubipora musica 48
Tymolus dromioides 42, 46
Tymolus uncifier 42

【U】
Undaria pinnatifida 194, 195
Uroptychus japonicus 42, 44

【V】
Vargula hilgendorfii 11
Varunidae 150
Vercoia japonica 150

【Y】
Ypsilothuria bitentaculata 61

【Z】
Zoogonidae 109
Zostera marina 114

【ア】
アーキア 94
アオギス 34, 36, 123
アオタナゴ 176
アオヒゲヒラホンヤドカリ 150
アカイソガニ 43
アカグツ 36, 176
アカザエビ 149, 151
アカザエビ科 150
アカサンゴ 50, 82
アカシマホンヤドカリ 150, 152
アカトラギス 30, 34, 35
アカヒトデ 18
アカヒトデ目 140
アカヒトデヤドリニナ 18
アカホシカクレエビ 150
アカメフグ 126
アカヤギ属 179
アケウスモドキ 43
アサリ 114
アジ科 125, 126
アシシロハゼ 131
アシナガスジエビ 42, 43

アシナガマメヘイケガニ 42
アシロ科 125
アシロ目 31
アゾレスカイメン 55
アツバコモングサ 196
アナジャコ下目 42, 43, 150, 155
アナハゼ 33
アマモ 114-117
アマモ科 114, 115
アミカイメン 187, 188
アミジグサ 195
アミジグサ目 196
アメリカタカサブロウ 107
アヤアナハゼ 34, 35
アラメ 194, 196
アリジゴク 69
アンコウ目 31
アンドンクラゲ 178

【イ】
イオウ細菌 97, 102
イカ 114
イガグリキンコ 61

イクビホンヤドカリ 150
イケダホンヤドカリ 150, 153
イシカイメン 54, 55, 188, 191
イシガレイ 176
イシゲ 196
イシゲ目 196
イシゴロモカイメン 190, 191
イサンゴ 25, 26, 178-180, 182
イシモチ 113
イシモズク 196
異翅類 144
イズウスベニヤドカリ 149-151, 153
イズシンカイヨコバサミ 149-151, 153
イズハナダイ属 124
イセエビ 42, 43, 171
イセエビ科 42
イセエビ下目 42, 43, 155
イセヨウラク 171
イソカイメン 54
イソギンチャク 75, 86, 178, 179, 183, 190
イソギンポ科 125
イソシジミ 163

イソスズメダイ 126
イソバナ 81, 178, 179, 187
イソバナ属 48, 179
イソメ科 109
イソメ目 109
イチメガサ 196
イチョウガニ 41, 43
イチョウガニ科 43
イッカククモガニ 112, 113, 154
イトエラゴカイ 95
イトベラ 29, 30
イトマキヒトデ 140
イネ科 145
イバラガニ 42
イバラガニモドキ 153
異尾下目 42, 44, 150
異尾類 148, 155
イボベッコウタマガイ 169
イモガイ類 101
イラモ 180
イルカ 109
イロロ 196
イワヒゲ 194, 196
イワホリアナエビ 149, 150
イワムシ 157

【ウ】
ウオノエ科 109
ウスカワフクロノリ 196
ウスイロタマツメタ 172
ウスヒタチオビ 112, 113
ウスヘリコブシ 42
ウズマキキセワタ 167, 170
渦虫類 63
ウチヤマタマツバキ 165
ウナギ目 31, 36
ウニ 18, 19, 37-39, 60, 65, 66, 74, 112, 138, 141
ウネリイシカイメン 55
ウマヅラハギ 112
ウミウシ 168
ウミウチワ 195, 196
ウミエラ 48, 49, 75, 81, 181
ウミグモ 73, 75
ウミケムシ科 160
ウミシダ 66, 139
ウミシダ目 138
ウミトサカ 75, 80, 81, 182
ウミニナ 170
ウミハネウチワ属 179
ウミヒドラ科 109
ウミヘビ科 126
ウミホタル 11, 12
ウミミミズカメムシ 144
ウミミミズムシ科 109
ウミユリ 19, 37-39, 63, 66, 74, 138-140
ウメボシイソギンチャク 178
ウモレマメガニ 43
ウラウズカニモリ 173
ウルシグサ目 196
ウロコムシ科 158

【エ】
エイ 36
エイ目 31, 36
エクボテッポウエビモドキ 150, 152
エゾイソアイナメ 176, 177
エゾイバラガニ 96, 100, 101, 103, 153

エダガタイシカイメン 55
エダツノガニ 43
エノコロフサカツギ 88, 89, 136, 137
エノコロフサカツギ属 136, 137
エビジャコ科 150
エボシカサゴ 29, 30
エモチアミカイメン 187, 188
エラナシフサカツギ属 136
エラフサカツギ科 109
エラフサカツギ属 136, 137
エンコウガニ 43
エンコウガニ科 43, 150
エントツヨウラク 164

【オ】
オウナガイ 96
オオウミシダ 139
オオグソクムシ 74
オオクチイシナギ 34, 36
オオケブカガニ 43
オオシャチブリ 77
オオシラスナガイ 172
オオシラタマ 171
オオジンケンエビ 152
オーストンフクロウニ 60
オオトゲトサカ 52
オオバモク 194
オオヒメグモ 146
オオブンブク科 141
オオベッコウキララ 164, 172, 173
オオムカデノリ 195
オオメハタ 34, 35
オキトラギス 29, 30
オキナエビス 7, 14, 72, 73, 162-164, 171
オキナブンブク 141
オキナブンブク属 141
オキナマコ 141
オサガニ科 43
オスクロハエトリ 146
オストラコーダ 11, 12
オタマヒドラ 136
オトヒメエビ下目 155
オトヒメノハナガサ 62, 112, 179, 180
オトヒメハマグリ科 97
オトヒメハマグリ属 97
オナガリュウグウハゴロモ 167
オニクサ 194
オニグモ 146
オニサザエ 112
オニナナフシ科 109
オニノヤガラ 106
オビシメ 130, 131

【カ】
カイカムリ科 42
海草 115
海藻 14, 86, 110, 160, 174, 187, 194, 195
海綿（カイメン） 18, 20, 25, 28, 54-56, 74, 79, 86, 87, 112, 160, 186-192
カイコウシロウリガイ 97
貝類 14, 86, 87, 112, 113, 152, 162-167, 169-172
カイロウドウケツ（カイロウドウケツカイメン） 61, 160, 191, 192
カイロウドウケツエビ 192
カイロウドウケツモドキ 61, 112, 113
カイワリ 126, 135

カガミガイ 112
カキ 152, 191
カギツメピンノ 43
カキラン 106
カクレガニ科 43
カゴカキダイ 29
カゴシマヒメヨコバサミ 44, 150
カゴメウミヒドラ 90
カゴメウミヒドラ科 89, 90
カゴメノリ 196
カサゴ目 31, 36
ガザミグモ 146
カジカ科 125
カジメ 113, 196
カシワジマヒメホンヤドカリ 150
カタシオグサ 195
カタテモシオエビ 42, 43
カタボシアカメバル 126
カツオ 130
褐藻 194-196
褐虫藻 178
カニ 19
カニダマシ科 42, 44
カノコヒメヨコバサミ 150
カハウミユリ 139, 140
カブトヒザラガイ 163
カマクライグチ 165
カメムシ 144
カモノハシ 145
カヤ類 178
カヤモノリ目 196
カラクサシリス 61, 160
ガラスカイメン（ガラス海綿） 10, 18, 54, 60, 61, 63, 73, 112, 192
カラスザメ科 132
カラッパ科 43
ガラパゴスハオリムシ 102
カレイ 36, 157
カレイ目 31, 36
カレハヒメグモ 146
カロカリス科 150
カワウミユリ科 139
カワハギ科 125
カワムラエゾイソゲチ 173
カワリエビジャコ 149-151, 153
カワリヒシガニ 43
環形動物 109, 157

【キ】
キアンコウ 177
ギス 72, 112
キタフサギンポ 122
キタマクラ 176
キツネダイ 126
キツネメバル 29, 33
キヌアミカイメン 192
キヌジサメザンショウ 173
キヌタレガイ科 95
キヌバリ 126
ギバチ 33
キビレヘビギンポ 130, 131
吸虫綱 109
キュウリウオ目 31, 36
棘皮動物 18, 20, 21, 28, 37, 38, 62, 65, 66, 74, 75, 77, 87, 109, 112, 138, 139
キョダイトクサ 106
魚類 6, 8, 14, 20, 25, 28, 31, 33, 35, 36, 61, 62, 73, 74, 86, 109, 110, 113,

　　　　121-127, 130, 131, 133, 134, 176, 177
キンイロエビグモ　147
キンウチカンス　164, 171
ギンエビス　164, 173
ギンガエソ　132
キンチャクダイ　36
キンチャクダイ科　125
ギンポ　134
キンメダイ　94
キンメダイ目　31
ギンメダイ目　31
菌類　91, 106

【ク】
クサイロギンエビス　164, 173
クサイロモシオエビ　42, 43
クサフグ　131
クシクラゲ　75
鯨　14, 95, 102, 109, 110
クスサン　10
クダサンゴ　48
クノジクダイソメ　160, 161
クボガイ　112
クマガイソウ　106
クマナマコ科　61
グミ　112, 113
クモ　14, 146, 147
クモガニ科　43, 153
クモヒトデ　37-39, 63, 75, 96, 138, 140, 141
クモヒトデ亜綱　140
クモヒトデ科　109
クモヒトデ綱　78, 109
クモヒトデ目　140
クラゲ　75, 86
クリガニ科　153
クルマエビ　171
クルマエビ科　42
クルマエビ下目　41, 42, 155
クルミガイ　164
クレナイヒメホンヤドカリ　150
クロアナゴ　34, 36
クロイシモチ　33
クロイソカイメン　188, 189
クロサンゴ　75, 140
クロシマホンヤドカリ　150
クロスジモミジガイ　140
クロダイ　131, 132
クロフジツガイ　169
クロヘリメジロ　33
クロマグロ　130
クロモジ　106
クロヨロイイタチウオ　125
クワガタケアシガニ　43

【ケ】
ケアシメダカガニ　150
ケガニ　153
ケシウミアメンボ　144
ケショウクロシオヤドカリ　150, 153
ケショウシラトリ　172
ケツボカイメン　187
ケヅメケツボカイメン　188
ケハダウミケムシ科　160
ケブカガニ科　43, 109
ケブカツノガニ　43
ケフサイソガニ　152
ケヤリ目　196

顕花植物　194
ゲンゲ科　101, 126
原生生物　24, 68, 86
原生動物　69

【コ】
コアシダカグモ　146
コアマモ　114, 115
コイ科　134
コイチョウガニ　43
コイ目　31, 36
コウガキ　171
コウナガカムリ科　42
甲殻綱（甲殻類）　8, 11, 18, 74, 75, 86-88, 92, 95, 96, 109, 110, 148, 149
後口動物　66
硬骨魚類　76
後鰓類　86, 87, 168
ゴウシュウナンコツカイメン　190, 191
紅藻　194, 195
コウナガカムリ　42, 153
コウボウシバ　145
コウボウムギ　145
コエビ下目　42, 43, 150, 155
ゴエモンコシオリエビ　95
コオロギ　14
コオロギガイ　112
ゴカイ　157
ゴカイノクダヤドカリ　150
ゴカクウミユリ目　138
コガタコガネグモ　146, 147
コガネウロコムシ科　158
コガネグモ科　146
コガンピ　106
コククジラ　103
コケムシ（苔虫動物）　18, 19, 22, 25, 77, 79, 110
コケリンドウ　106
古細菌　94
コシオリエビ科　42, 44, 155
コシオリエビ上科　148, 155
コシチバイ　173
コシダカオキナエビス　49
コトクラゲ　89
コトジツノマタ　195
コハコベ　106
コビトヒメヨコバサミ　150
コブゴカイ科　160
コブシ　106
コブシガニ科　42, 150
コブモロトゲエビ　150, 151, 153
ゴホンアカシマホンヤドカリ　150
コマガタマニラ　180
コマツヨイグサ　145
ゴミグモ　146
コモンイトギンポ　126, 127
コモングサ　196
コンブ目　196
昆虫　85

【サ】
サカズキウミユリ目　138
サガミアガサエビ　149
サガミウラシマカタベ　162
サガミオキナエビ　150
サガミクロシオヤドカリ　150, 153
サガミトゲエビジャコ　150
サガミナガニシ　172

サガミニセイタチウオ　125
サガミニセモミジ　79
サガミバイ　100, 172, 173
サガミハイカブリニナ　96, 174
サガミハブタエシタダミ　162
サガミハラブトツノガイ　162
サガミヒレアシゴカイ　160, 161
サガミマルミノガイ　162
サガミマンジ　101
サガミヤツアシエビ　150
サガミリュウグウウミウシ　162
サクライハラブトツノガイ　172
サケ　10
サザエ　163
ササノハベラ　33
サシバゴカイ科　158
サシバゴカイ目　109
サッカー　134
サツマカサゴ　34, 35
サナダグサ　195, 196
サナダムシ　176
サバ科　125
サミダレヒメホンヤドカリ　150
サメ　32, 36, 60, 76, 112
サメハダエバリア　43
ザラカイメン　190
ザリガニ下目　150, 155
サル　12
サンゴエビ科　150
サンマ　122

【シ】
シキシマヨウラク　164
刺胞動物　48, 75, 109, 110, 112, 178-180, 183, 184, 186, 187, 190
シボグモ　146
シボグリヌム科　95, 102, 103
シマイシロウリガイ　97, 174
シマメノウフネガイ　112, 113
シモダヒメツバサコブシ　150
シャクジョウソウ　106
シャコ　75
シャジクガイ　164
シャミセンガイ　14, 112
ジャリメ　157
種子植物　114
ジュズエダカリナ　190
十脚目（十脚甲殻類，十脚類）　25, 28, 41, 69, 74, 75, 109, 148
条鰭綱　109
ショウジョウエビ　85, 86, 87
ショウジョウバエ　89
条虫類　176
植物　14, 85, 94, 103, 106, 178, 192
シラコダイ　33
シラタエビ　42, 43
シラタキベラダマシ属　129
シリス科　160
シロウリガイ　5, 95-102, 168, 173, 174
シロオビハナダイ　126, 127
シロギス　34, 36, 113
シロサンゴ　82
シロシノマキガイ　169
シロスジショウジョウグモ　147
シワホラダマシ　163
シワヤハズ　195, 196
シンカイシタダミ　96
シンカイヒバリガイ　95, 101

ジンケンエビ属　152
真骨魚類　36
尋常海綿　54, 90, 188

【ス】
ズーゴヌス科　176
スエヒロキヌタレガイ　96
スゲアマモ　115
スズキ目　31, 36, 109
スズメダイ　124
スズメダイ科　6, 125, 126, 129, 131
ステッヒョウウミシバ　90
スナイソギンチャク　77, 183
スナウミナナフシ科　109
スナギンチャク属　77
スナギンチャクヒメヨコバサミ　42, 44
スナコバネナガカメムシ　144, 145
スナヒトデ　140
スナモグリ科　42
スナヨコバイ　144, 145
スベスベウミシダ　38
スベスベエビ　42
スミクイウオ　34
スルガシロウリガイ　97
スルガバイ　164
スルメイカ　10

【セ】
セイヨウカラシナ　106
脊索動物　109
脊椎動物　75, 76
石灰海綿綱　187
節足動物　109
セノテヅルモヅル　77
セミ　144
セルブラヤドカリ　42
線形動物　176
センコウカイメン　191
前口目　109
線虫類　176
繊毛虫　68

【ソ】
ソウヨウバイ　100
側性ホヤ目　109
ソコダラ科　125, 135
ゾンビワーム　103

【タ】
タイ科　131
ダイダイイソカイメン　188, 189
ダイダイヨウジ　126, 127
ダイナンウミヘビ　135
タカアシガニ　74, 112, 149
タカツキカイメン　160
タカノケフサイソガニ　150, 152
タカノハダイ　31
タカラガイ　169, 170
タカラガイ科　169, 170
タコノマクラ　22, 40
ダツ目　31
タテジマヘビギンポ　129
タテヤマナガウンカ　144, 145
タテヤマヨフバイ　166
多板類　169
タバコグサ　196
ダメサンゴ　50
多毛綱（多毛類）　61, 95, 96, 102, 103,
　　109, 110, 157-160, 181
タラ　10, 177
タラバエビ　151
タラバエビ科　109, 150, 152
タラバガニ科　44, 153
タラ目　31
タンカクヒメヨコバサミ　150
単生虫類　176
タンバノリ　195
短尾下目（短尾類）　42, 46, 148, 150,
　　152, 155
ダンベイキサゴ　113

【チ】
チゴダラ　176, 177
チチュウカイミドリガニ　154
チヂワバイ　173
チビフクロナマコ　142
チャイロイクビホンヤドカリ　150
チャシオグサ　194
チュウジカイメン属　190
長者貝　7
チョウセンハマグリ　113
チョウチョウウオ科　6, 124-126, 129, 130
チヨコガタイシカイメン　55
チロリ科　158

【ツ】
ツキヒガイ　163
ツクシヤギ属　179
ツノナガシンカイコシオリエビ　42
ツノナシオハラエビ　95
ツノマタガイ　172
ツノマタカイメン　190
ツノマタナガニシ　172
ツノワラエビ　77
ツバクロナガニシ　172
ツバサシロウリガイ　97
ツブナリシャジク　101, 102
ツボウミユリ目　138, 139
ツボシメジ　187
ツボシメジカイメン　188
ツボダイ　34, 35
ツマグロハタンポ　29, 30
ツマジロヒメヨコバサミ　150
ツムガタネジボラ　173
ツリガネカイメン　61, 192
ツルクモヒトデ　37, 39, 77, 78, 140
ツルクモヒトデ目　140
ツルナガテヅルモヅル　78

【テ】
テッポウエビ科　42, 150, 152, 154
テナガエバリア　43
テナガエビ科　42, 150
テナガツノヤドカリ　45
テングコウモリ　10
テンジクダイ科　125, 126
テンノウシャコ　91
テンリュウシロウリガイ　97

【ト】
等脚目（等脚類）　74, 75, 109
ドウケツエビ　61
トウゴロウイワシ目　31
同翅類　144
頭足類　61, 73-75, 169

トウナスカイメン　189
トカゲハゼ　131, 132
トガリアシナガグモ　146
トゲウオ目　31
トゲウミエラ　50
トゲウミエラ属　82
トゲカイメン属　190
トゲチョウチョウウオ　126
トゲトサカ　51
トゲトサカ属　48, 50, 53
トゲナシイバラモエビ　150
トゲヒゲガニ　43
トゲヒメヨコバサミ　42, 44
トサエバリア　152
トサカ類　181
トックリブンブク　74
トビハゼ　131
ドフラインオニグモ　147
ドフラインクラゲ　77
トラフナマコ　77
トリノアシ　4, 19, 39, 74, 138, 139
ドロクイ　131
ドロメ　33

【ナ】
ナガコガネグモ　146
ナガニシ　164
ナガハナダイ　126
ナガマツモ目　196
ナガミル　195
ナカムラギンメ　132, 133
ナギサエラフサカツギ　136
ナギナタシロウリガイ　97
ナマコ　38, 40, 61, 75, 77, 96, 112, 138,
　　141, 142
ナマズ　32
ナマズ目　31, 36
ナミイソカイメン　188
ナラクシロウリガイ　97
ナンカイシロウリガイ　97
ナンカイボラ　172
ナンコツカイメン　191
軟体動物　97, 110

【ニ】
ニカイチロリ科　158
ニクイロクダヤギ　80, 81
ニクイロナデシコ　171
ニザダイ科　125, 126
ニシキハゼ　135
ニジハギ　126
ニシン科　131
ニシン目　31, 36
ニセイタチウオ科　125
二生虫類　176, 177
ニセモミジガイ　140
ニッポンウミシダ　66
ニッポンオトヒメゴコロ　168, 173
ニッポンヒトデ　39
ニホンアシカ　10
ニホンカムリ　42
ニホンカモシカ　10
ニホンザル　25
ニホンスナモグリ　42, 43
二枚貝　95-97, 100, 101
ニヨリシロウリガイ　97
ニンジントサカ　182
ニンジントサカ属　182

【ネ】
ネコザメ目　31, 36
ネジレカニダマシ　42, 44
ネズッポ科　125
ネダケシャジク　167, 168
ネバリモ　196
ネンブツダイ　126

【ノ】
ノキシノブクラゲ　180
ノコバオサガニ　43
ノチルシロウリガイ　97
ノトイスズミ　34, 36
ノラリウロコムシ科　158

【ハ】
バイ　113
ハイカブリニナ科　95
ハオリムシ類　95, 102, 103
バカガイ　112
バクテリア　94, 95, 98
ハコダテギンポ　122
箱虫類　178, 179
ハシキンメ　29, 30, 31
ハシボソテッポウエビ　42, 154
ハスノハクモヒトデ　63, 140, 141
ハゼ　30
ハゼ科　109, 125, 126, 131
ハタ　112
ハタ科　125, 126
ハダカイワシ科　125
ハダカカスミザメ　132
ハダカカワウミユリ　63, 139
ハタタテハゼ　129
ハチジョウシダ　106
ハチジョウダカラ　170
鉢虫類　178, 180, 181
八放サンゴ　28, 48, 49, 50, 51, 77, 80, 82, 83, 178-183
バテイラ　112
ハナガサナマコ　61
ハナシガイ科　95
ハナジャコ　86, 91
ハナススキ　34, 35
ハナデンシャ　171
ハナビラカイメン　190
花虫類　178, 179, 181
ハナヤギ　48, 82
ハネコケムシ　10
ハバノリ　196
ハマグリ　112-114
ハマヒルガオ　145
ハマベツチカメムシ　144, 145
ハマベナガカメムシ　144, 145
ハヤシハネツキエビ　150
ハヤマヒラコマ　162
ハリカイメン属　190
ハリサザエ　171
ハリダシクーマ　10
半索動物　89, 109, 136
半翅類　144, 145

【ヒ】
ヒグルマガイ　167
ヒゲガニ科　43
ヒザラガイ　165, 167
ヒシガニ科　43
ヒジキ　194

ヒトツトサカ　182
ヒトデ　18, 37, 39, 65, 66, 79, 138-140
ヒドラ　178
ヒドロサンゴ　180, 181
ヒドロゾア　85
ヒドロ虫綱（ヒドロ虫）　61, 75, 86-91, 109, 136, 137, 178-181, 183
ヒノマルクラゲ　180
ヒノマルコモリグモ　146
ヒビロウド　194
ヒメイトマキボラ　112
ヒメウンカ　144, 145
ヒメグモ科　146
ヒメコシマガニ　43
ヒメジ科　125
ヒメスズメダイ　129
ヒメソコカナガシラ　33
ヒメモガニ　43
ヒメ目　31
ヒメヤゲンイグチ　165
ヒメヨコバサミ属　44
ヒヨクガイ　171
ヒラクサ　194
ヒラコブシ　43
ヒラセギンエビス　173
ヒラメ　171
ヒル　25, 63
ヒルザキツキミソウ　106
ヒレアシゴカイ科　160
ヒロハホウキギク　107
ヒロハコモングサ　196

【フ】
フエダイ科　125
フグ科　125, 126, 131
腹足類　95, 96, 100, 101
フグ目　31
フクリンアミジ　196
フクレツノガニ　153, 154
フクロムシ　75
フサカツギ類　109, 136
フサカサゴ科　125, 126
フジタバイ　173
フジツガイ　169
フジツガイ科　169
フシツナギ　194
フジツボ　101
フジナマコガニ　43
フジナミガイ　112
ブダイ　112
ブダイ科　130
ブタクサ　106
フタゴウミエラ　49
フタバヒザラガイ　167, 168
フタホシイシガニ　43
ブチブダイ　129
普通海綿　54, 55, 187-191
フデヒタチオビ　172
フトヘナタリ　170
フトヤギ属　49
フラサバソウ　106

【ヘ】
ヘイトウシンカイヒバリガイ　101, 102
ベッコウイモ　112
ヘナタリ　170
ベニイモ　112
ベニウミトサカ　81

ベニオオウミグモ　73
ベニオキナエビス　7
ベニサンゴ　50
ベニズワイガニ　153
ベニホンヤドカリ　45, 46, 150
ヘビ　10
ヘビギンポ科　130
ベラ科　6, 124-126, 129
ヘラムシ科　109
ヘラモエビ　42
ヘリトリコブシ　43
変形菌　85
扁形動物　63, 109, 176
ヘンゲトサカ　182
ヘンペイカイメン　56

【ホ】
ボウシュウボラ　171, 172
宝石サンゴ　50, 82, 179, 191
ホウボウ　176
ホシゾラホンヤドカリ　150
ホシダカラ　170
ホソウミエラ　48
ホソウミヒバ　49
ホソウミユリ目　63
ホソタコクモヒトデ　39, 40
ホソトゲヤギ　81
ホソモエビ　42
ホソヤスソキレ　167
ホソヤツメタ　167
ホタテエソ　123, 126
ホタテエソ科　123
ボタンコケムシ　110, 111
ホッスガイ　10, 14, 16, 18-20, 54, 61, 73, 112, 191, 192
ホテイエソ　29, 30
ホテイエソ科　132
ホナガイヌビユ　106
哺乳類　25, 98, 109
ホネクイハナムシ　95, 103
ホネクイハナムシ属　103
ホヤ綱（ホヤ）　61, 87, 109
ボラ目　31
ホンクマサカ　171
ホンダワラ　194, 195
ホンヒタチオビ　163
ホンヤドカリ科　42, 44, 150, 152, 153, 155

【マ】
マアジ　135
マガキ　112
マガリウミユリ目　138
マコガレイ　112
マサバ　135
マダカアワビ　113
マッコウクジラ　102, 103
マトウダイ目　31
マヒトデ　112, 113
マボヤ科　109
マボロシヒタチオビ　163, 164
マメハダカ　6
マメヘイケガニ　46
マメヘイケガニ科　42
マルサルボウ　113
マルスダレガイ目　97
マルツノガニ　43
マルバハッカ　106

蔓脚類　75

【ミ】
ミウライモ　171
ミギマキ　29-32, 34, 35
ミサキウナギ　62, 126, 127
ミズクラゲ　178
ミズジハエトリ　146
ミズダコ　77
ミズムシ亜目（ミズムシ）　10, 96
ミタマキガイ　167, 168
ミツカドヒザラガイ　167, 168
ミツカドヒシガニ　43
ミツクリザメ　60, 62, 74, 112
ミツクリザメ科　60
ミツマタナマコ　142
ミナミアシシロハゼ　131
ミナミイソスズメダイ　131, 132
ミナミクチキレエビス　173
ミナミクロダイ　131, 132
ミヤコヒゲ　29, 30

【ム】
ムカシクモヒトデ亜綱（ムカシクモヒトデ）　140
ムギワラエビ　42
ムシフグ　123
ムシモドキギンチャク　183
無鞘目（無鞘類）　109, 180, 181
ムチモ　194, 196
ムネエソ科　135
無板類　169
ムラサキイガイ　112
ムラサキカイメン　188
ムラサキクルマナマコ　40
ムレイウミエラ　82

【メ】
メガイアワビ　163
メガマウスザメ　132
メクラウナギ目　31, 36
メクラエビ　77
メジロザメ目　31
メナガホンヤドカリ　42

メンダコ　61, 73

【モ】
モエビ科　42, 109, 150
モクズガニ科　43, 150
モクヨウカイメン　191
モクヨクカイメンの1種　190
モグラ　10
モスソガイ　163
モッコク　106
モミジガイ　18
モミジガイ目　139, 140
モルテンセンオウギガニ　152
モンガラカワハギ科　125
モンガラドウシ　33

【ヤ】
ヤギ　48, 75, 81, 82, 179, 180, 181, 187, 190
ヤゲンクダマキ　164
ヤスリヒメヨコバサミ　42, 44
ヤッコヤドカリ　150
ヤドカリ　22, 44, 155
ヤドカリ科　42, 109, 150
ヤハズグサ　194, 196
ヤブレグサ　195
ヤマトエバリア　46
ヤマトオウサマウニ　112, 113
ヤマトカラッパ　43
ヤマトコマチグモ　146
ヤマトクサヤギ　48, 49
ヤマトホシヒトデ　140
ヤマトホンヤドカリ　42, 46
ヤマナラシ　106
ヤマブキホンヤドカリ　42

【ユ】
有殻腹足類　174
有孔虫　24, 25
有鞘類　181
有櫛動物　89
ユウゼン　130, 131
ユウダチタカノハ　31
有柄ウミユリ類　138, 139

ユズダマカイメン　188, 189
ユナ　194
ユビナガホンヤドカリ　42, 45
ユミナリヤドカリ　42
ユメカサゴ　34, 35

【ヨ】
ヨウジウオ科　125, 126
ヨウシュヤマゴボウ　106
翼鰓綱　109, 136
ヨコナガピンノ　43
ヨコバイ　144, 145
ヨコヤホンヤドカリ　42, 45
ヨシダツキガイモドキ　96
ヨツデゴミグモ　146
ヨメゴチ　34, 36
ヨロイイソギンチャク　183

【ラ】
ラブカ　112, 113

【リ】
リュウキュウダツ　122
緑藻　194, 195

【レ】
レイシボラ　169
レヴィンセンフサカツギ　136

【ロ】
六放海綿　54, 56, 187, 191, 192
六放サンゴ　179, 180, 182

【ワ】
ワカメ　194-196
ワタゾコシロアミガサ　173
ワタゾコシロアミガサガイモドキ　96
ワタゾコヤドリカサガイ　174
ワタリガニ科　43
ワニトカゲギス目　31, 36
ワラエビ科　42, 44
腕足類　19, 57, 178

人名索引

【ア】
アールブルク　57
アウグスティーン　77, 141
青木熊吉　7, 59, 60, 61, 62, 71, 72, 87, 112, 135, 139, 140, 182, 199
アガシー, アレクサンダー　141
アガシー, ルイ　13
浅野彦太郎　179
アダムズ　163
阿部宗明　123

【イ】
飯島　魁　60-63, 72, 112, 191, 192, 198
飯塚　啓　157
伊藤圭介　12, 13
稲葉昌丸　179
岩川友太郎　165

【ウ】
ウイリアムス　105
ヴィレメース-ズーム　10
内田　亨　89, 179
内海富士夫　82, 180

【エ】
エーデルホルム　89, 180
江口元起　180

【オ】
大澤謙二　16
大島　廣　138, 142
オーストン　59, 60, 77, 78, 135
丘　浅次郎　8
岡田　要　64
岡村金太郎　194, 195
オルトマン　22, 41, 42, 44-46, 148
オイレンブルク　10

【カ】
カミング　163
カルシュ　146
川村多実二　180

【キ】
岸上鎌吉　50, 82, 179
木下熊雄　82, 179, 180
キュヴィエ　12
キュッケンタール　50, 51, 53, 80, 83
ギル　134
ギルバート　135

【ク】
グールド　163
クラーク, オースチン　139
クラーク, ヒュバート　139
栗本丹洲　191
グレイ　105, 106
黒田徳米　165, 166

【ケ】
ケンペル　10, 163

【コ】
香淳皇后　195
五島清太郎　138, 139, 179

駒井　卓　89, 180, 181

【サ】
西園寺八郎　87
酒井　恒　88, 91
サワービー　163

【シ】
シーボルト　10, 26, 163, 198
ジェイ　163
シュルツェ　54, 56
昭和天皇　85, 86, 89-92, 106, 112, 138, 139, 141, 158, 159, 167, 168, 171, 172, 180, 181, 188, 195, 199
ジョルダン　60, 62, 122, 123, 134, 135

【ス】
スケンク　89
スターンズ　164
スタインダヒナー　28, 31, 32, 34, 35
スツーダー　48, 50-53
スティンプソン　148, 198
ステッヒョウ　89-91, 179, 180
スナイダー　62, 135
スラーデン　139

【タ】
ダーウィン　8, 12, 198
高松数馬　17
田中茂穂　64, 123, 134
谷田専治　188
谷津直秀　63, 64
團　勝磨　65

【ツ】
土田兎四造　59, 70
ツンベルク　10, 163

【テ】
デ=ハーン　148
ティーレ　55, 56
ディーン　62, 199
デーデルライン　1, 3, 6, 8, 16-18, 20-28, 30-35, 37-41, 48-51, 53-58, 61, 62, 68-70, 72, 77-79, 85-87, 105-107, 109-112, 122, 138-141, 146-148, 154, 178, 184, 187, 191, 198
デーニッツ　146
出口重次郎　65

【ト】
ドゥ=ロリオル　38
ドール　165
ドフライン　6, 20, 25, 44, 62, 68-73, 75-83, 86, 87, 107, 138, 140, 141, 146-148, 154, 178, 179, 183, 184, 199
冨山一郎　86, 89, 91, 123

【ナ】
中上川小六郎　167

【ハ】
ハーベイ　194
服部廣太郎　85, 86, 89
波部忠重　166

馬場菊太郎　168
ハベラー　78, 79, 83
林　良二　138, 139
原　十太　139
パリシ　148
バルス　44, 148

【ヒ】
平瀬與一郎　165
ヒルゲンドルフ　7-15, 17, 26, 32, 57, 78, 109, 122, 146-148, 162, 164, 198
ピルスブリー　164, 165

【フ】
ブヒナー　79
ブラント　9, 10
ブルヒャルト　48, 50
フレーザー　89, 180
ブレフールト　122, 124, 134

【ヘ】
ペータース　10
ヘッケル　26, 80
ペリー　105, 122, 134, 163, 194, 198
ベルツ　8

【ホ】
ホイットマン　20, 57, 58, 165
ホームズ　195
朴澤三二　187
星野孝治　188
細谷角次郎　166, 167, 171
ボック　157, 165
ボルグ　79

【マ】
松原新之介　8
松村任三　14, 15
松本彦七郎　63, 138-141
マルクーセン　11
マルテンス　8, 10, 11, 164
マニング　91

【ミ】
箕作佳吉　57, 58, 60, 138, 142, 198, 199
三宅貞祥　148
ミューラー　11, 12

【メ】
明治天皇　10
メービウス　8
メラン　163

【モ】
モース　7, 12-15, 17, 57, 58, 112, 165, 178, 179, 198
モルテンセン　62, 141
モロー　105, 134, 194, 198

【ヨ】
吉原重康　141

【ラ】
ライト　194, 195
ライトフット　162

ライヒェノー　69
ラスパン　148

【リ】
リーヴ　163
リース　90

リシュケ　164
リヒトホーフェン　10
リンネ　162, 163

【ル】
ルル　89, 180

【ロ】
ローレ　49
ロジャーズ　194

事項索引

【ア】
油壺　6, 59, 69, 70, 122, 127, 147, 189, 198
甘鯛場　87, 110, 171
荒磯　4, 5
アルバトロス号　62, 83, 134, 135, 138, 140, 141, 157, 164, 178, 199

【イ】
伊豆大島　63, 72, 90, 107, 121, 124, 126, 129, 144, 149, 152, 153, 170
伊豆諸島　6, 60, 106, 130
伊豆半島　86, 88, 90, 106, 121, 122, 124, 126, 131, 144, 145, 152, 169, 182
遺伝子流動　114-116
遺伝的撹乱　115
遺伝的多様性　114-116
遺伝的分化　115, 116
入船　6, 58-60, 62, 122
石廊崎　10, 72, 107, 121
隠蔽種　152
インポセックス　113

【ウ】
ウィーン自然史博物館　24, 25, 32, 34-37, 83
ウッズホール海洋研究所　58, 91
姥島　18, 19
浦賀水道　44, 73, 149, 153
ヴロツワフ動物学博物館　80, 82

【エ】
栄養体　102
NPO　114
江ノ島　7, 10-15, 17-20, 28, 30, 38, 39, 54, 57, 58, 77, 87, 110, 112, 148, 154, 157, 164, 165, 194, 195, 198
襟細胞　187, 192

【オ】
小笠原諸島　60, 97, 110, 127, 128, 130-132, 135
沖ノ瀬（沖ノ山）　3-5, 61, 63, 73, 79, 87, 139-141, 149, 153
親潮　6, 71
お雇い外国人教師　14, 16, 17, 57

【カ】
海底環境　110, 111
海底地形　3, 4, 72-74, 153
海洋研究開発機構　5, 107, 149, 157, 168
外来種　154
科学研究費補助金　23

化学合成生物群集　94-97, 102, 103, 153
かご網　107, 149
勝山　38, 153
神奈川県立生命の星・地球博物館　4, 122, 124, 125
亀城礁　87, 110, 171
川奈崎　121
観音崎　114, 122
寒流系　176

【キ】
帰化動物　112
寄生虫　63, 176, 177
共生　95, 97-99, 101-103, 178, 182, 183, 187
共生細菌　97-99, 101, 102
漁場　50, 114-116
魚類写真資料データベース　124
魚類相　37, 121, 123, 124, 126-128, 130-133, 135

【ク】
鯨骨生物群集　102, 103
黒潮　6, 71, 74, 110, 121, 122, 128-133, 169, 170, 183, 195
黒船　105, 122, 134, 135, 163, 194, 195

【コ】
小網代　4, 6, 58, 59, 62, 170
ゴールデン・ハインド　60, 87
国立科学博物館　27, 59, 66, 86-88, 92, 105-108, 111, 124, 125, 135, 137-139, 141, 144, 154, 157, 158, 166, 169, 174, 176, 180, 181, 183, 184, 187, 191, 195
国立自然史博物館　91, 122, 134
コケムシ底　110
骨片　49, 55, 56, 82, 187-191
固有種　3, 106, 125, 126, 153, 172, 173

【サ】
相模トラフ　3, 4, 5, 153, 168, 172, 174
相模灘　6, 72, 86, 107, 110, 121, 135-137, 141, 146, 149, 151, 152, 157, 158, 169, 172, 173, 176, 181-184, 194, 195
相模灘の生物相調査　27, 92, 105, 106, 107, 109-111, 138, 144, 157, 174, 176, 180, 181, 184, 199
相模湾　3, 5-7, 10, 15-20, 22, 23, 27, 28, 37, 38, 48-50, 54, 57, 58, 60, 62, 63, 66-83, 85, 86, 88-91, 94, 96, 97, 102, 103, 105-107, 109-114, 121-133,

136, 138-142, 144, 148-150, 152-155, 157, 158, 160, 162-174, 176, 178-184, 186-191, 193-195, 198, 199
相模湾生物ネットワーク　66, 199
刺網　107, 108, 149, 171, 176
サンゴ礁性魚類　129, 132, 133
三番瀬　115-117

【シ】
シボガー号　182
ジュネーブ自然史博物館　25, 37, 38
城ヶ島　19, 20, 38, 54, 78, 87, 112, 121, 136, 154, 168
初島　5, 94, 95, 97, 99, 102, 103, 139, 153, 168, 174
深海　3, 5, 6, 18, 19, 28, 30, 49, 54, 60-62, 65, 68-76, 78, 83, 88, 94, 95, 98, 99, 103, 112, 122, 125, 132, 135, 138, 139, 148, 152-154, 157, 160, 162-164, 166, 168, 172-174, 176, 177, 183, 187, 191, 192
しんかい 2000　5, 94, 139, 168
深海観測ステーション　99
新記録　152
新種　7, 11, 20, 22, 23, 25, 28, 30, 31-33, 35, 37, 39-46, 48, 50, 51, 53, 54, 59-62, 77, 78, 80-82, 88-92, 109, 122, 123, 134, 136, 137, 139, 140, 142, 146, 149, 150, 152, 155, 157-159, 162-168, 172, 176, 177, 180, 181, 194, 195
シンタイプ　41, 46, 82, 137, 154
神鷹丸　107, 108, 136, 149, 157

【ス】
水溝系　187
スキューバ　123, 124, 152
スクリプス海洋研究所　91
須崎御用邸　86, 88, 106, 195, 196
ずそう丸　70
ストラスブール動物学博物館　22-25, 27-29, 31, 37, 39-41, 48, 49, 54-56, 110, 154, 191
砂浜　4-6, 122, 144, 145, 170
スミソニアン自然史博物館　82, 83, 134, 135

【セ】
生物学御研究所　27, 85-92, 105-107, 110, 111, 138, 158, 180, 181, 184, 188, 195, 199
生物地理区　126-128

210

セロトニン　100
ゼンケンベルク博物館　146

【ソ】
造礁サンゴ　6, 169, 182, 183
蒼鷹丸　166, 168

【タ】
大英自然史博物館　91
ダイバー　124, 126
ダイビング　123, 124, 127, 132
タイプ産地　44, 45, 49, 53, 77, 78, 137, 147, 194
タイプ標本　11, 12, 22, 25, 29, 30, 32-35, 37-39, 41, 44-46, 48, 51-56, 77-83, 87, 90, 141, 146, 152, 157, 162, 167, 168, 171, 177, 180, 181
ダボ縄　61, 72, 112
多様性　5, 6, 36, 89, 97, 105, 112, 114-116, 125, 127, 139, 144, 155, 158, 170, 176, 177, 184
暖温帯区　110, 126-128
淡青丸　107, 149, 157, 168, 174

【チ】
千葉県立中央博物館　148, 152
チャレンジャー号　10, 83, 138-141, 157, 164, 178, 198

【テ】
手繰網　171
DNA　26, 115
底生　18, 72, 96, 101, 107, 110, 176, 180, 186
データベース　124, 125, 127
天鴎丸　166
転石　4-6, 170, 188
転倒温度計　71

【ト】
ドイツ東亜博物学民族学協会　9, 10, 13
東亜紀行　69-75
東亜博物誌　75-83, 199
東京医学校　8, 9, 12, 13, 57, 198
東京教育博物館　59, 198
東京大学医学部　8, 16, 17, 22, 57, 198
東京大学総合研究博物館　49, 67, 107, 141, 182, 192
東京大学理学部　7, 12-14, 82, 157, 191, 194, 198
東京湾　11, 34, 38, 70, 72, 112, 114, 115, 116, 117, 121, 123, 148, 153, 154, 163, 176
東宮御学問所　85
同穴場　61
道寸丸　63
同定依頼控え　92
同胞種　152

ドレッジ　14, 54, 71, 72, 86-89, 107, 108, 112, 136, 137, 149, 157, 163, 164, 166-169, 171, 183, 187
トロール　72, 109, 168

【ナ】
長井　87, 88, 107, 110, 169, 171
なつしま　94, 96, 103

【ネ】
熱水噴出孔生物群集　95, 97

【ノ】
野島崎　72, 107, 121

【ハ】
バーゼル自然史博物館　25, 37
ハイダシ場　71
ハイパードルフィン　94, 96, 101-104
白鳳丸　174
はたぐも　86, 168
初記録　109, 111, 132, 136, 152, 157, 158, 181-183
葉山御用邸　86, 87, 195
葉山しおさい博物館　113, 170
葉山丸　86, 168
繁殖　61, 98, 99, 112, 154

【ヒ】
ピーボディー自然史博物館　178, 179
干潟　4, 5, 112, 114, 132, 154, 170
標本送付台帳　92
標本台帳　11, 12, 50, 91, 92

【フ】
フィリピン海プレート　3, 130
富栄養化　112
富津岬　114, 122
プランクトンネット　71, 72
プレート境界域　96
フンボルト大学自然史博物館　8, 11, 12, 23-26, 28, 31-33, 37, 48, 50, 51, 54-56, 77, 80-83

【ヘ】
ヘモグロビン　98
ベルリン大学動物学博物館　8, 10, 80, 198
ベルン自然史博物館　25, 48, 51-53

【ホ】
放精　98-100
房総半島　6, 61, 106, 114, 121, 122, 126, 144, 145, 149, 151-153, 169, 170
放卵　99, 100
保全　66, 105, 114
ホロタイプ　38-40, 78-80, 149, 151, 177, 183

【マ】
マイクロサテライト　115
まつなみ　88
真鶴岬　121

【ミ】
三浦半島　4, 6, 16, 19, 69, 70, 105-107, 112, 114, 121, 122, 127, 135, 144, 147, 154, 165, 169-172
三浦丸　86, 167
三崎　4, 7, 16, 17, 19, 20, 38, 54, 57-63, 70, 77, 122, 123, 135, 139, 165, 183, 195
三崎臨海実験所　6, 20, 27, 57-59, 65-68, 70, 72, 85, 105, 107, 108, 112, 122, 142, 157, 169, 179, 180, 182, 184, 189, 191, 198, 199
みたまき　162, 168, 172
ミュンヘン国立動物学博物館　23, 25, 37, 39, 40, 77, 79-83, 90, 180

【メ】
メタン　5, 94-97, 101, 102

【モ】
目八譜　162, 163
諸磯　4, 6, 59, 139, 176

【ユ】
湧水生物群集　95, 96, 107

【ヨ】
横須賀市自然・人文博物館　107, 123, 168

【ラ】
ラベル　23, 28, 30, 32, 34, 38, 40, 41, 48-50, 52-54, 78, 79, 146, 147, 154, 181, 183

【リ】
硫化水素　5, 94-98, 102
琉球列島　110, 127-132, 136
臨海実験所　6, 13, 15, 16, 20, 57-60, 62
臨海丸　65, 107, 157, 169

【ル】
ルイ・パスツール大学　26, 27
Root structure　103

【レ】
冷湧水群集　5

【ワ】
矮小雄　103

謝　辞

本書を作成するにあたり，特に下記の方々にご協力を頂きました．

伊勢優史，内野啓道，大沼久之，古田土裕子，狐塚英二，重井陸夫，ドロテア・シュヴァーツ（Dorothea Schwarz），ヨアヒム・ショルツ（Joachim Scholz），鈴木敬宇，鈴木寿之，ディビッド・スミス（David Smith），高須英之，財部香枝，千国安之輔，中村光一郎，新井田秀一，スザンヌ・フォレニウス−ビュッソウ（Susanne Follenius-Büssow），深沢安雄，山本　敏，ベンハード・ルーテンシュタイナー（Bernhard Ruthensteiner）

独立行政法人海洋研究開発機構，神奈川県立生命の星・地球博物館，国土地理院，東京大学大学院理学系研究科附属三崎臨海実験所，財団法人日本水路協会海洋情報研究センター

本書掲載の鳥瞰図並びに地図と空中写真は，国土地理院長の承認を得て，同院発行の数値地図50mメッシュを使用するとともに同院発行の20万分の1地勢図と撮影の空中写真を複製したものである（承認番号：平18総使，第515号，平18総複，第907号・第908号）．

執筆者一覧

赤坂甲治（あかさか　こうじ）
東京大学大学院理学系研究科附属三崎臨海実験所
［6章］

尼岡邦夫（あまおか　くにお）
北海道大学名誉教授
［5章−1］

池田　等（いけだ　ひとし）
葉山しおさい博物館
［コラム1］

今島　実（いまじま　みのる）
国立科学博物館動物研究部名誉館員
［15章］

今原幸光（いまはら　ゆきみつ）
和歌山県立自然博物館
［5章−4，8章，17章］

小野展嗣（おの　ひろつぐ）
国立科学博物館動物研究部
［コラム5］

北山太樹（きたやま　たいじゅ）
国立科学博物館植物研究部
［トピックス2］

倉持利明（くらもち　としあき）
国立科学博物館動物研究部
［コラム6］

駒井智幸（こまい　ともゆき）
千葉県立中央博物館動物学研究科
［5章−3，14章］

小松浩典（こまつ　ひろのり）
国立科学博物館動物研究部
［14章］

齋藤　寛（さいとう　ひろし）
国立科学博物館動物研究部
［16章］

篠原現人（しのはら　げんと）
国立科学博物館動物研究部
［コラム2］

瀬能　宏（せのう　ひろし）
神奈川県立生命の星・地球博物館
［12章］

武田正倫（たけだ　まさつね）
帝京平成大学現代ライフ学部
［14章］

田中法生（たなか　のりお）
国立科学博物館筑波実験植物園
［トピックス1］

友国雅章（ともくに　まさあき）
国立科学博物館動物研究部
［コラム4］

並河　洋（なみかわ　ひろし）
別記
［1章，4章，9章，11章，17章，18章，コラム3］

西川輝昭（にしかわ　てるあき）
名古屋大学博物館
［3章，コラム3］

長谷川和範（はせがわ　かずのり）
国立科学博物館昭和記念筑波研究資料館
［16章］

林　正美（はやし　まさみ）
埼玉大学教育学部
［コラム4］

藤倉克則（ふじくら　かつのり）
海洋研究開発機構極限環境生物圏研究センター
［10章］

藤田敏彦（ふじた　としひこ）
別記
［1章，3章，5章−2，6章，7章，8章，13章］

松浦啓一（まつうら　けいいち）
国立科学博物館動物研究部
［12章］

馬渡峻輔（まわたり　しゅんすけ）
北海道大学大学院理学研究科
［4章，8章］

矢島道子（やじま　みちこ）
東京医科歯科大学教養部
［2章］

柳　研介（やなぎ　けんすけ）
千葉県立中央博物館分館海の博物館
［17章］

渡辺洋子（わたなべ　ようこ）
元お茶の水女子大学理学部
［5章−5，18章］

編集幹事

藤田敏彦（ふじた　としひこ）
国立科学博物館動物研究部

並河　洋（なみかわ　ひろし）
国立科学博物館昭和記念筑波研究資料館

国立科学博物館叢書 —— ⑥
相模湾動物誌（さがみわんどうぶつし）

2007年3月20日　第1版第1刷発行

編　集　国立科学博物館
発行者　大塚　保
発行所　東海大学出版会
〒257-0003　神奈川県秦野市南矢名3-10-35　東海大学同窓会館内
TEL 0463-79-3921　FAX 0463-69-5087
URL http://www.press.tokai.ac.jp/
振替　00100-5-46614

装　丁　中野達彦
組版所　株式会社テイクアイ
印刷所　港北出版印刷株式会社
製本所　株式会社石津製本所

Ⓒ National Museum of Nature and Science, 2007　　ISBN978-4-486-03158-1
Ⓡ〈日本複写権センター委託出版物〉
本書の全部または一部を無断で複写複製（コピー）することは，著作権法上の例外を除き，禁じられています．本書から複写複製する場合は日本複写権センターへご連絡の上，許諾を得てください．日本複写権センター（電話03-3401-2382）